高等学校“十三五”规划教材

“安徽省高校机械学院（系）院长（系主任）论坛”推荐用书

高等学校规划教材·应用型本科机械工程系列

总主编◎刘志峰

机械制造技术基础课程设计指导

（第2版）

主　编　汪永明

北京师范大学出版集团
BEIJING NORMAL UNIVERSITY PUBLISHING GROUP
安徽大学出版社

图书在版编目(CIP)数据

机械制造技术基础课程设计指导/汪永明主编. —2 版. —合肥:安徽大学出版社，2021.1

高等学校规划教材　应用型本科机械工程系列

ISBN 978-7-5664-2178-4

Ⅰ.①机…　Ⅱ.①汪…　Ⅲ.①机械制造工艺－课程设计－高等学校－教学参考资料　Ⅳ.①TH16－41

中国版本图书馆 CIP 数据核字(2021)第 004059 号

机械制造技术基础课程设计指导(第 2 版)　　**汪永明** 主编

出版发行: 北京师范大学出版集团
安 徽 大 学 出 版 社
(安徽省合肥市肥西路 3 号 邮编 230039)
www.bnupg.com.cn
www.ahupress.com.cn

印　　刷: 合肥远东印务有限责任公司
经　　销: 全国新华书店
开　　本: 184 mm×260 mm
印　　张: 11.25
字　　数: 273 千字
版　　次: 2021 年 1 月第 2 版
印　　次: 2021 年 1 月第 1 次印刷
定　　价: 35.00 元
ISBN 978-7-5664-2178-4

策划编辑: 李　梅　张明举
责任编辑: 张明举
责任校对: 宋　夏
装帧设计: 李　军
美术编辑: 李　军
责任印制: 赵明炎

编委会名单

为贯彻落实《国家中长期教育改革和发展规划纲要(2010－2020年)》、《国家中长期人才发展规划纲要(2010－2020年)》，编写、出版适应不同类型高等学校教学需要的、具有不同风格和特色的系列教材，对提升本科教材质量，充分发挥教材在提高人才培养质量中的基础性作用，培养实用技术人才具有重要意义。

当前我国经济社会的发展，对精通现代机械设计制造及其管理方面人才的需求正逐渐增大，今后一段时间内，机械类人才仍会有较大需求，具有产品开发能力、智能制造装备操控能力等的人才将成为企业人才需求的重点。所以培养学生知识与技术的应用能力已经成为地方本科高校的共识。但是，高级应用型人才极度短缺已经成为社会的共识，这一现象突出反映了我国高级应用型人才培养体系的不足，迫切需要通过有效的措施予以改善。编写一套适合工程应用型院校机械类系列教材是其中的主要内容之一。

依托"安徽省高校机械学院(系)院长(系主任)论坛"，安徽大学出版社邀请了10多所应用型本科院校20多位有较深厚科研功底、丰富教材编写经验、教学效果优秀的机械类专家、教授参与研讨工程应用型院校机械类系列教材。成立了编写委员会，有计划、有步骤地开展系列教材的编写工作，确定主编学校，规定主编负责制，确保系列教材的编写质量。

本套系列教材有别于研究型本科院校或高职高专院校使用的教材，在强调学科知识体系完整的同时，更注重应用理念与职业知识、实践教育相融合；以学生理解与应用知识为目标，精选教学内容，教学方式多样、活泼。在本套教材中，编者在以下几个方面做了不懈的努力与尝试：

1. 注重培养学生的实践能力和创新能力

本系列教材适合于应用型人才的培养，重点在于培养学生的实践能力和创新能力，基础理论和基本知识贯彻"实用为主、必须和够用为度"的教学原则，基本技能则贯穿教学的始终，具有适量的实践环节与创新能力培养环节。

2. 科学搭建教材体系结构

一是系列教材的体系结构包括专业基础课和专业课，层次分明，结构合理，避免前后内容的重复;二是单本教材的体系结构按照先易后难、循序渐进的原则,根据课程的内在联系,使教材各部分相互呼应,配合紧密,同时注重质量、突出特色,强调实用性,贯彻科学的思维方法,以利于培养学生的实践和创新能力。

3. 教材定位准确

教材的使用对象是工程应用型本科院校,区别于高职高专院校和研究型大学,所以教材的内容主次分明、详略得当,文字通俗易懂,语言自然流畅,便于组织教学。

4. 教材载体丰富多彩

随着信息技术的发展,静态的文字教材,将不再像过去那样在课堂中扮演不可替代的角色,取而代之的是符合现代学生特点的“信息化教学”。本系列教材融入了音像、网络和多媒体等不同教学载体以立体方式呈现教学内容。

本系列教材内容全面系统,知识呈现丰富多样,能力训练贯穿全程,既可以作为机械类本、专科学生的教学用书,亦可供从事相关工作的工程技术人员参考。

特此推荐!

刘志峰

2016年1月10日

第2版前言

Foreword

“机械制造技术基础课程设计”是机械类专业的一门重要的实践教学环节课程，是工科专业学生的必修课之一。它旨在综合运用机械制造技术的基本知识、基本理论和基本技能，分析和解决实际工程问题的一个重要教学环节，是对学生运用所掌握的“机械制造技术基础”知识及相关知识的一次全面训练。

本次修订是在2016年5月出版的第1版教材基础上，结合广大读者的意见和建议，编者对全书内容作了审慎的梳理，删改了部分内容，同时又补充了一些先进的工艺设计方法和必备的知识内容。为了满足学生的设计需求，着重介绍了利用CAXA工艺图表和SolidWorks三维建模软件进行工艺和夹具设计的内容，旨在加强对该课程设计的指导，培养学生设计机械加工工艺规程和机床专用夹具的工程实践能力，为学生后续的毕业设计，走上工作岗位打下基础。

本书共分5章内容，分别是概述、机械加工工艺规程制订的必备知识、机床夹具设计必备知识、课程设计说明书实例和课程设计参考知识。本书提供了机械类专业进行机械制造技术基础课程设计的一般指导原则、设计方法、设计步骤、设计示例和参考图表等。

本书可供高等院校本科、专科等机械类专业或近机类专业作为“机械制造技术基础课程设计”的指导书，也可供工厂企业、科研院所从事机械制造、机械设计工作的工程技术人员参考。

本书由安徽工业大学汪永明教授任主编，对全书各章节进行了多次审稿、改稿和统稿工作。合肥工业大学刘志峰教授担任主审，他对教材的编写大纲、编写内容及特点等方面提出了许多宝贵的意见。

本书在编写过程中得到了安徽省高校机械学院院长（系主任）论坛的各位领导和同仁的大力支持和帮助，并参考了国内外许多学者、专家的有关文献。在此，谨向他们表示衷心感谢。

限于编者的水平，书中不足或错误之处在所难免，恳请读者批评指正。

编　者

2020年11月

第1版前言

Foreword

本书为普通高等教育"十三五"规划教材，其内容是根据机械工程类专业教学指导委员会推荐的指导性教学计划，结合近年高校"机械制造技术基础课程设计"（机械加工工艺规程设计与机床夹具设计）教学的实际情况而编写的。

本书共分5章内容，分别是"概述"、"机械加工工艺规程制订的必备知识"、"机床夹具设计必备知识"、"课程设计说明书实例"和"课程设计参考知识"。本书提供了机械工程类专业进行机械制造技术基础课程设计的一般指导原则、设计方法、设计步骤、设计示例和参考图表。

本书可作为高等院校本科、专科等机械类专业或近机类专业的"机械制造技术基础课程设计"的指导书，也可作为课程配套教材或毕业设计的重要参考资料用书，还可供工厂企业、科研院所从事机械制造、机械设计工作的工程技术人员参考。

本书原稿曾作为安徽工业大学校内讲义使用多年，并在听取了有关老师和学生的意见和建议下，做了较大的增删与修改。

本书由安徽工业大学汪永明教授任主编，对全书各章节进行多次审稿、改稿和统稿。合肥工业大学刘志峰教授担任总主编，他对教材的编写大纲、编写内容及特点等方面提出了许多宝贵的意见。

本书在编写过程中得到了安徽工业大学机械工程学院领导和同仁的大力支持和帮助，参考了国内外许多学者、专家的有关文献。在此，谨向他们表示衷心感谢。

限于编者的水平，书中不足或错误之处在所难免，恳请读者批评指正。

编　者

2016年2月

第 1 章 概述 …… 1

第 1 节 课程设计的目的和内容 …… 1
第 2 节 课程设计的要求 …… 2
第 3 节 课程设计的进度安排与成绩评定 …… 4

第 2 章 机械加工工艺规程制订的必备知识 …… 6

第 1 节 概述 …… 6
第 2 节 零件的工艺分析与毛坯制造 …… 8
第 3 节 工艺路线的拟定 …… 11
第 4 节 工序设计 …… 17
第 5 节 计算机辅助工艺文件填写 …… 21
第 6 节 典型零件的工艺分析 …… 22

第 3 章 机床夹具设计必备知识 …… 35

第 1 节 概述 …… 35
第 2 节 夹具设计的主要步骤 …… 38
第 3 节 夹具设计中的公差及技术要求 …… 40
第 4 节 夹具体的设计 …… 43
第 5 节 夹具设计中常易出现的错误 …… 45
第 6 节 机床夹具设计示例一 …… 48
第 7 节 机床夹具设计示例二 …… 50

第 4 章 课程设计说明书实例 …… 55

第 1 节 零件的分析 …… 55
第 2 节 确定生产类型和毛坯 …… 56
第 3 节 工艺规程设计 …… 58

第 4 节　确定切削用量与时间定额 …………………………………………… 59
第 5 节　计算机辅助工艺卡片填写 …………………………………………… 67
第 6 节　专用夹具设计 …………………………………………………………… 69

第 5 章　课程设计参考知识 ………………………………………………………… 72

第 1 节　课程设计的参考图例格式 …………………………………………… 72
第 2 节　机械加工工艺基本数据 ……………………………………………… 76
第 3 节　机床夹具设计基本数据 ……………………………………………… 92
第 4 节　CAXA 工艺图表软件卡片填写使用说明 ………………………… 144
第 5 节　SolidWorks 三维建模使用说明 …………………………………… 155

概述

“机械制造技术基础课程设计”是以切削理论为基础，制造工艺为主线，兼顾工艺装备知识的机械制造技术基本能力的培养过程，是综合运用机械制造技术的基本知识、基本理论和基本技能，分析和解决实际工程问题的一个重要教学环节，是对学生运用所掌握的“机械制造技术”基础知识及相关知识的一次全面训练。

“机械制造技术基础课程设计”是以机械制造工艺及工艺装备为内容进行的设计。即以所选择的一个中等复杂程度的中小型机械零件为对象，编制其机械加工工艺规程，并对其中某一工序进行机床专用夹具设计。

第1节　课程设计的目的和内容

一、课程设计的目的

“机械制造技术基础课程设计”是作为未来从事机械制造技术工作的一次基本训练。通过课程设计，旨在培养学生制定零件机械加工工艺规程和分析工艺问题的能力以及设计机床夹具的能力。在设计过程中，学生应熟悉有关标准和设计资料，学会使用有关手册和数据库。

(1)能熟练运用机械制造技术基础课程中的基本理论以及在生产实习实践中学到的实践知识，正确地解决一个零件在加工中的定位、夹紧以及工艺路线安排、工艺尺寸确定等问题，保证零件的加工质量。

(2)提高结构设计能力。学生通过夹具设计的训练，应能根据被加工零件的加工要求，设计出高效、省力、经济合理并能保证加工质量的夹具。

(3)学会使用手册、图表及数据库资料。掌握与本设计有关的各种资料的名称、出处，能够做到熟练运用。

二、课程设计的内容

机械制造技术基础课程设计题目为：××××零件的机械加工工艺规程及工艺装备设计，具体设计内容包括编制工艺规程、设计夹具及编写课程设计说明书3部分。

1. 编制工艺规程

主要包括以下4项内容：

(1)零件工艺分析。抄画零件图，熟悉零件的技术要求，找出加工表面的成形方法。

(2)确定毛坯。选择毛坯制造方法，确定毛坯余量，画出毛坯图。

(3)拟定工艺路线。确定加工方法，选择加工基准，安排加工顺序，划分加工阶段，选取加工设备及工艺装备。

(4)进行工艺计算，填写工艺文件。计算加工余量、工序尺寸，选择、计算切削用量，确定加工工时，填写机械加工工艺过程卡片及机械加工工序卡片。

2. 设计夹具

主要包括以下4项内容：

(1)夹具方案的确定。根据工序内容的要求，确定定位元件，选择夹紧方式，布置对刀、引导元件，设计夹具体。

(2)夹具计算。定位误差的计算，夹紧力的计算。

(3)夹具总体设计。绘制夹具结构草图、绘制夹具总装图，拆画夹具的零件图。

3. 编写课程设计说明书

此部分内容主要包括：课程设计封面、课程设计任务书、目录、正文(工艺规程和夹具设计的基本理论、计算过程、设计结果)、参考资料。

第2节　课程设计的要求

一、基本要求

1. 工艺规程设计的基本要求

机械加工工艺规程是指导生产的重要技术文件。因此制定机械加工工艺规程应满足如下基本要求：

(1)应保证零件的加工质量，达到设计图纸上提出的各项技术要求。在保证质量的前提下，能尽量提高生产率和降低消耗，同时要尽量减轻工人的劳动强度。

(2)在充分利用现有生产条件的基础上，尽可能采用国内外先进工艺技术。

(3)工艺规程的内容，应正确、完整、统一、清晰。工艺规程编写，应规范化、标准化。工艺规程的格式与填写方法以及所用的术语、符号、代号等应符合相应标准、规定。

2. 夹具设计的基本要求

设计的夹具在满足实现优质、高产、低耗产品，改善劳动条件的工艺要求的同时，还应满足下列要求：

(1)所设计夹具必须结构性能可靠、使用安全、操作方便。

(2)所设计夹具应具有良好的结构工艺性，便于制造、调整、维修，且便于切屑的清理、排除。

(3)所设计夹具，应提高其零部件的标准化、通用化、系列化。

(4)夹具设计必须保证图纸清晰、完整、正确、统一。

二、学生在规定的时间内应交出的设计文件

(1)零件图　1张

(2)毛坯图　1张

(3)机械加工工艺过程卡片　1套

(4)机械加工工序卡片　1套

(5)机床夹具总装图　1张

(6)机床夹具零件图　若干张

(7)课程设计说明书　1份

三、课程设计说明书的具体要求

说明书是课程设计整个过程的总结性文件。通过课程设计说明书的编写，进一步培养学生分析、总结和表达的能力，巩固、深化在课程设计过程中所获得的知识，是课程设计工作的一个重要组成部分。

学生从设计一开始就应随时逐项记录设计内容、计算结果、分析意见和资料来源，以及指导教师的合理意见、自己的见解与结论等。每一设计阶段后，随即可整理、编写出有关部分的说明书，待全部设计结束后，只要稍加整理，便可装订成册。

说明书应概括地介绍课程设计的全貌，对课程设计中的各部分内容应作重点说明、分析论证及必要的计算。撰写说明书时，要求条理清楚、文字通顺、图例清晰，充分表达自己的见解，力求避免抄书。说明书中涉及的公式、图表、数据等，应以上标序号形式注明参考文献的出处。

说明书包括的内容有：

(1)目录。

(2)设计任务书。

(3)前言。

(4)零件的工艺分析(零件的作用、结构特点、结构工艺性、关键表面的技术要求分析等)。

(5)零件的工艺设计。

①确定生产类型;

②毛坯选择与毛坯图说明;

③工艺路线的确定(主要包括粗、精基准的选择,各表面加工方法的确定,工序集中与分散的考虑,工序顺序安排的原则,加工设备与工艺装备的选择,不同方案的分析比较等);

④加工余量、切削用量、工时定额的确定;

⑤工序尺寸与公差的确定(针对1～2道主要工序进行计算,其余只需简要说明)。

(6)机床夹具设计。

①机床夹具总体方案设计(主要包括定位方案设计、夹紧方案设计、对刀引导方案设计等);

②机床夹具的总装图设计;

③机床夹具的零件图设计。

(7)设计心得体会。

(8)参考文献。

参考文献格式:[1]编著者.书名(版本)[M].出版地:出版社,出版年月。

第3节　课程设计的进度安排与成绩评定

一、课程设计的进度安排

课程设计计划时间为3周,具体安排如下:

(1)布置设计任务、查阅相关资料	1天
(2)绘制零件图、毛坯图	2天
(3)设计零件的加工工艺规程	3天
(4)设计指定工序的工序卡	2天
(5)设计夹具结构、绘制草图	3天
(6)绘制夹具装配图	3天
(7)拆画零件图	1天
(8)整理设计说明书	1天
(9)审图	1天
(10)答辩	1天

二、课程设计的成绩评定

课程设计成绩根据学生设计任务完成情况、设计报告、设计成果的质量以及答辩情况综合评定。成绩按优、良、中、及格、不及格五级评定。

课程设计成绩评定参考标准如下:

1. 优秀(90～100分)

按设计任务书要求圆满完成规定设计任务;综合运用知识能力和动手能力强,设计方案合理,设计成果质量高;设计态度认真,独立工作能力强,并具有良好的团队协作精神。设计报告条理清晰、论述充分、图表规范、符合设计报告文本格式要求。答辩过程中,思路清晰、论点正确、对设计方案理解深入,问题回答正确。

2. 良好(80～89分)

按设计任务书要求完成规定设计任务;综合运用知识能力和动手能力较强,设计方案较合理,设计成果质量较高;设计态度认真,有一定的独立工作能力,并具有较好的团队协作精神。设计报告条理清晰、论述正确、图表较为规范、符合设计报告文本格式要求。答辩过程中,思路清晰、论点基本正确、对设计方案理解较深入,主要问题回答基本正确。

3. 中等(70～79分)

按设计任务书要求完成规定设计任务;能够一定程度的综合运用所学知识,设计方案基本合理,设计成果质量一般;设计态度较为认真,设计报告条理基本清晰、论述基本正确、文字通顺、图表基本规范、符合设计报告文本格式要求,但独立工作能力较差;答辩过程中,思路比较清晰、论点有个别错误,分析不够深入。

4. 及格(60～69分)

在指导教师及同学的帮助下,能按期完成规定设计任务;综合运用所学知识能力和动手能力较差,设计方案基本合理,设计成果质量一般;独立工作能力差;或设计报告条理不够清晰、论述不够充分但没有原则性错误、文字基本通顺、图表不够规范、符合设计报告文本格式要求;或答辩过程中,主要问题经启发能回答,但分析较为肤浅。

5. 不及格(60分以下)

未能按期完成规定设计任务。不能综合运用所学知识,实践动手能力差,设计方案存在原则性错误,计算、分析错误较多;或设计报告条理不清、论述有原则性错误、图表不规范、质量很差;或答辩过程中,主要问题阐述不清,对设计内容缺乏了解、概念模糊,问题基本回答不出。

机械加工工艺规程制订的必备知识

第1节　概述

机械加工工艺规程是规定零件机械加工工艺过程和操作方法等内容的工艺文件。它是机械制造工厂最主要的技术文件。

一、机械加工工艺规程的作用

机械加工工艺规程的作用如下：

(1)工艺规程是指导生产的主要技术文件，是指挥现场生产的依据。

对于大批量生产的工厂，生产组织严密，分工细致，所以要求工艺规程要比较详细，才能便于组织和指挥生产。对于单件小批量生产的工厂，工艺规程可以简单些。但无论生产规模大还是小，都必须有工艺规程，否则生产调度、技术准备、关键技术研究、器材配置等都无法安排，生产将陷入混乱。同时，工艺规程也是处理生产问题的依据，如产品质量问题，可按工艺规程来明确各生产单位的责任。按照工艺规程进行生产，便于保证产品质量、获得较高的生产效率和经济效益。

(2)工艺规程是生产组织和管理工作的基本依据。

首先，有了工艺规程，在新产品投入生产之前，就可以进行有关生产前的技术准备工作。例如为零件的加工准备机床，设计专用的工、夹、量具等。其次，工厂的设计和调度部门根据工艺规程，安排各零件的投料时间和数量，调整设备负荷，各工作地按工时定额有节奏地进行生产等，使整个企业的各科室、车间、工段和工作地紧密配合，保证均衡地完成生产计划。

(3)工艺规程是新建或改(扩)建工厂、车间的基本资料。

在新建或改(扩)建工厂、车间时，只有依据工艺规程才能确定生产所需要的机床和其他设备、车间的面积、机床的布局、生产工人的工种、技术等级及数量、辅助部门的安排。

总之，零件的机械加工工艺规程是每个机械制造厂或加工车间必不可少的技术文件。生产前用它做生产的准备，生产中用它做生产的指挥，生产后用它做生产的检验。但是，工艺规程并不是固定不变的，它是生产工人和技术人员在生产过程中的实践总结，它可以根据生产实际情况进行修改，使其不断改进和完善，但必须有严格的审批手续。

二、工艺规程制订的原则

工艺规程制定的总原则是优质、高产、低成本，即在保证产品质量的前提下，争取最好的经济效益。在制订工艺规程时应首先遵循以下原则：

(1)应以保证零件加工质量，达到设计图纸规定的各项技术要求为前提。

(2)在保证加工质量的基础上，应使工艺过程有较高的生产效率和较低的成本。

(3)应充分考虑零件的生产纲领和生产类型，充分利用现有生产条件，并尽可能做到平衡生产。

(4)尽量减轻工人劳动强度，保证安全生产，创造良好、文明的劳动条件。

(5)积极采用先进技术和工艺，力争减少材料和能源消耗，并应符合环境保护要求。

(6)要从本厂实际出发，所制订的工艺规程应立足于本企业实际条件，并具有先进性，尽量采用新工艺、新技术、新材料。

三、工艺规程制订所需的原始资料

制订机械加工工艺规程时，应注意收集下列原始资料：

(1)产品装配图、零件图及其技术要求。

(2)产品的生产纲领，以便确定生产类型。

(3)毛坯材料与毛坯生产条件。

(4)制造厂的生产条件，包括机床设备和工艺装备的规格、性能和现在的技术状态，工人的技术水平，工厂自制工艺装备的能力以及工厂供电、供气的能力等有关资料。

(5)有关工艺设计手册及有关标准，如各种工艺手册和图表，还应熟悉本企业的各种企业标准和行业标准。

(6)工艺规程设计、工艺装备设计所用设计手册和有关标准。

(7)国内外同类产品的有关工艺资料。

工艺规程的制订，要经常研究国内外有关工艺资料，积极引进适用的先进的工艺技术，不断提高工艺水平，以获得最大的经济效益。

四、工艺规程制订的步骤

可以按照下列步骤来制订机械加工工艺规程：

(1)分析零件图和产品装配图，对零件图进行工艺性审查。

(2)由零件生产纲领确定零件生产类型,确定毛坯种类。

(3)安排加工顺序,拟定零件加工工艺路线。

(4)确定各工序所用机床设备和工艺装备(含刀具、夹具、量具、辅具等)。

(5)工序详细设计与计算(包括确定各工序的加工余量,计算工序尺寸及公差;确定各工序的技术要求及检验方法;确定各工序的切削用量和工时定额等)。

(6)填写工艺文件。

第2节　零件的工艺分析与毛坯制造

一、零件的工艺分析

在编制零件机械加工工艺规程前,首先应研究零件的工作图样和产品装配图样,熟悉该产品的用途、性能及工作条件,明确该零件在产品中的位置和作用;了解并研究各项技术条件制订的依据,找出其主要技术要求和技术关键,以便在拟订工艺规程时采用适当的措施加以保证。

工艺分析的目的,一是审查零件的结构形状及尺寸精度、相互位置精度、表面粗糙度、材料及热处理等的技术要求是否合理,是否便于加工和装配;二是通过工艺分析,对零件的工艺要求有进一步的了解,以便制订出合理的工艺规程。具体内容如下:

1. 抄画并审查零件图的完整性

了解零件的几何形状、结构特点以及技术要求,如有装配图,了解零件在所装配产品中的作用。审查零件图上的尺寸标注是否完整、结构表达是否清楚。在此基础上,还可对图纸的完整性、技术要求的合理性以及材料选择是否恰当等方面提出必要的改进意见。

2. 零件的结构工艺性分析

机械零件的结构工艺性是指所设计的零、部件在保证产品使用性能的前提下,能用生产率高、劳动量小、生产成本低的方法制造出来。零件的结构工艺性,反映在毛坯制备过程、热处理过程和切削加工过程中。

(1)铸造工艺对铸件结构的要求:

①应使造型方便,砂箱和型芯尽量少,具有必要的起模斜度等;

②壁厚变化及布置应避免出现缩孔,避免局部金属堆积;

③应考虑零件在机床上切削加工时有必要的基准面,注意浇铸过程中不应造成激冷过硬的被切削加工面。

(2)热处理对零件结构的要求：

①避免锐边和尖角，采用的过渡圆角应尽可能大；

②尽量使零件截面均匀；为提高零件结构的刚性，必要时可增加强肋；

③零件几何形状力求简单、对称；

④形状特别复杂或者不同部位有不同性能要求时，可改成组合结构。

(3)切削加工对零件结构的要求：

①工件应便于在机床或夹具上装夹，并尽量减少装夹次数；

②刀具易于接近加工部位，便于进刀、退刀、越程和测量，以及便于观察切削情况等；

③尽量减少刀具调整和走刀次数；

④尽量减少加工面积及空行程，提高生产率；

⑤便于采用标准刀具，尽可能减少刀具种类；

⑥尽量减少工件和刀具的受力变形；

⑦改善加工条件，便于加工，必要时应便于采用多刀、多件加工；

⑧有适宜的定位基准，且定位基准至加工面的标注尺寸应便于测量。

3. 确定零件的加工表面及主要表面

零件由多个表面构成，既有基本表面，如平面、圆柱面、圆锥面及球面，又有特形表面，如螺旋面、双曲面等。不同的表面对应不同的加工方法，并且各个表面的精度、粗糙度不同，对加工方法的要求也不同。

找出零件的加工表面及其精度、粗糙度要求，结合生产类型，可查阅工艺手册(或第 5 章中相应表)选取该表面对应的加工方法及经过几次加工。本指导书的第 5 章中的表5-7、表 5-8、表 5-9 给出了外圆加工、孔加工和平面加工的各种常见加工方案和各种加工方法所能达到的经济加工精度，供选择加工方法时参考。查各种加工方法的余量，确定表面每次加工的余量，并可计算得到该表面总加工余量。

按照组成零件各表面所起的作用，确定起主要作用的表面，通常主要表面的精度和粗糙度要求都比较严，在设计工艺规程时应首先保证。

零件分析时，着重抓住主要加工面的尺寸、形状精度、表面粗糙度和热处理以及主要表面的相互位置精度要求，做到心中有数。

二、毛坯制造

1. 选择毛坯制造方法

毛坯的种类有：铸件、锻件、型材、焊接件及冲压件。确定毛坯种类和制造方法时，在考虑零件的结构形状、性能、材料的同时，应考虑与规定的生产类型(批量)相适应。对应锻件,应合理确定其分模面的位置,对应铸件,应合理确定其分型面及浇冒口的位置,以便在粗基准选择及确定定位和夹紧点时有所依据。

2. 常见零件毛坯选择

常用机械零件按其形状和用途不同,可分为杆轴类、盘套类和箱体机架类。以下根据这几类零件的结构特征、工作条件,对毛坯选择方法给予举例说明。

(1)杆轴类零件毛坯的选择。杆轴类零件一般都是各种机械中的重要受力和传动零件。安装齿轮和轴承的轴,其轴颈处要求有较好的力学性能,常选用中碳调质钢;承受重载或冲击载荷以及要求耐磨性较高的轴多选用合金结构钢,用这些材料制造的轴多数采用锻造毛坯。某些异形断面或弯曲轴,如凸轮轴、曲轴等,亦可采用球墨铸铁铸造成型。对于一些直径变化不大的轴可采用圆钢直接切削加工。在有些情况下,毛坯也可选锻—焊、铸—焊结合的办法,如发动机中的排气阀零件,可将合金耐热钢和普通碳素钢焊在一起,以节约贵重材料。

(2)盘套类零件毛坯的选择。盘套类零件常见的有齿轮、飞轮、手轮、法兰、套环、垫圈等,这类零件在机械产品中的功能要求、力学性能要求等差异较大,其材料及毛坯成型方法也多种多样。以齿轮为例,对承受冲击载荷的重要齿轮,一般选综合机械性能好的中碳钢或合金钢,采用型材锻造而成;结构复杂的大型齿轮可采用铸钢件毛坯或球墨铸铁件毛坯;对单件小批量生产的小齿轮可选用圆钢为毛坯;对批量大的中小型齿轮宜采用模锻件;对于低速轻载的齿轮可采用灰铸铁铸造;对高速、轻载、低噪声的普通小齿轮,可选用铜合金、铝合金、工程塑料等材料的棒料做毛坯或采用挤压、冲压或压铸件毛坯。带轮、手轮、飞轮等受力不大的零件可选用灰铸铁或铸钢件毛坯,法兰、套环等零件可采用铸铁件、锻件或圆钢做毛坯。垫圈一般采用低碳钢板冲压件。

(3)箱体机架类零件毛坯的选择。这类零件的结构特点是结构比较复杂,形状不规则,结构不均匀等。要求有较好的刚度和减振性,有的要求密封好或耐磨等。其工作条件是以承压为主。常见的有机身、机架、底座、箱体、箱盖、阀座等。根据这类零件的特点,一般选铸铁件或铸钢件;单件小批生产时也有采用焊接件毛坯。航空、军舰发动机中的这类零件通常采用铝合金铸件毛坯,以减轻重量。特殊情况下,形状复杂的大型零件也可采用铸—焊或锻—焊组合毛坯。

3. 确定毛坯余量

可查阅工艺手册有关毛坯余量表,确定各加工表面的总余量、毛坯的尺寸及公差。

余量修正。将查得的毛坯总余量与零件分析中得到的加工总余量对比,若毛坯总余量比加工总余量小,则需调整毛坯余量,以保证有足够的加工余量;若毛坯总余量比加工总余量大,需考虑增加走刀次数,或是减小毛坯总余量。

4. 绘制毛坯图

毛坯轮廓用粗实线绘制，零件实体用双点画线绘制，比例尽量取 1∶1。毛坯图上应标出毛坯尺寸、公差、技术要求，以及毛坯制造的分模面、圆角半径和拔模斜度等。

第 3 节　工艺路线的拟定

拟定零件的机械加工工艺路线是制订工艺规程的一项重要工作，其内容主要包括：选择定位基准、机加工工序安排、热处理工序的安排、确定各工序所用机床设备和工艺装备等。

零件的结构、技术特点和生产批量将直接影响到所制订工艺规程的具体内容和详细程度，所以在工艺路线拟定时必须予以考虑。

工艺路线与零件的加工质量、生产率和经济性有着密切的关系，设计时要遵循“优质、高产、低耗”的总体原则。因此，拟定工艺路线时应同时考虑几个方案，经过分析比较，选择比较合理的工艺路线方案。

一、定位基准的选择

正确地选择定位基准是设计工艺过程的一项重要内容，也是保证零件加工精度的关键。

定位基准分为精基准、粗基准。在最初加工工序中，只能用毛坯上未经加工的表面作为定位基准（粗基准）。在后续工序中，则使用已加工表面作为定位基准（精基准）。选择定位基准时，既要考虑零件的整个加工工艺过程，又要考虑零件的特征、设计基准及加工方法，根据粗、精基准的选择原则，合理选定零件加工过程中的定位基准。

通常在制定工艺规程时，总是先考虑选择怎样的精基准以保证达到精度要求并把各个表面加工出来，即先选择零件表面最终加工所用精基准和中间工序所用的精基准，然后再考虑选择合适的最初工序的粗基准把精基准面加工出来。

1. 粗基准选择原则

选择粗基准时，主要考虑两个问题：一是保证加工面与不加工面之间的相互位置精度要求；二是合理分配各加工面的加工余量。具体选择时参考下列原则：

（1）对于同时具有加工表面和不加工表面的零件，为了保证不加工表面与加工表面之间的位置精度，应选择不加工表面作为粗基准。

（2）如果工件必须首先保证某重要表面的加工余量均匀，则应选择该表面为粗基准。

(3)零件上有较多加工面时,为使各加工表面都得到足够的加工余量,应选择毛坯上加工余量最小的表面作为粗基准。

(4)选作粗基准的表面应尽可能平整,没有浇冒口或飞边等缺陷,以便定位可靠。

(5)基准应避免重复使用,在同一尺寸方向通常只允许使用一次,否则会造成较大的定位误差。

2. 精基准选择原则

选择精基准应考虑如何保证加工精度和装夹的准确方便。具体选择一般参考下列原则:

(1)基准重合原则。

为了较容易地获得加工表面对其设计基准的相对位置精度要求,应尽量选用被加工表面的设计基准作为精基准,这样可以避免由于基准不重合引起的定位误差。在用设计基准不可能或不方便时,允许出现基准不重合情况。

(2)基准统一原则。

应尽可能选择同一组精基准加工工件上尽可能多的加工表面,以保证各加工表面之间的相对位置关系。

例如,加工轴类零件时,一般都采用两个顶尖孔作为统一精基准来加工轴类零件上的所有外圆表面和端面,这样可以保证各外圆表面间的同轴度和端面对轴心线的垂直度。齿轮的齿坯和齿形加工多采用齿轮内孔及端面为定位基准。采用基准统一原则还可以减少夹具种类,降低夹具的设计制造费用。

作为统一基准的表面,往往是为了使工件便于装夹和易于获得所需加工精度,在工件上专门设计和加工出来的定位基准,其被称为"辅助基准"。这些作为辅助基准的孔、面等在零件工作时不起作用或要求不高。除了轴类零件的两端面顶尖孔外,还有箱体类零件"一面两孔"定位时的两定位孔。

(3)互为基准原则。

当工件上两个加工表面之间的位置精度要求比较高时,可以采用两个加工表面互为基准反复加工的方法。例如车床主轴加工时,主轴前后支承轴颈与主轴锥孔间有严格的同轴度要求,先以主轴锥孔为基准磨主轴前、后支承轴颈表面,然后再以前、后支承轴颈表面为基准磨主轴锥孔,最后达到图纸上规定的同轴度要求。

(4)自为基准原则。

一些表面的精加工工序,要求加工余量小而均匀,常以加工表面自身为精基准。浮动铰刀铰孔、圆拉刀拉孔、珩磨头珩孔、无心磨床磨外圆等都是以加工表面作为精基准的例子。

(5)便于装夹原则。

所选择的精基准,应能保证定位准确、可靠,夹紧机构简单,操作方便。用作定位的表面,除具有较高精度和较小的表面粗糙度值外,还应具有较大的面积并尽量靠近加工表面。

二、加工顺序的安排

零件上的全部加工表面应以一个合理的加工顺序安排加工,这对保证零件质量、提高生产率、降低加工成本都至关重要。在零件分析中,确定了各个表面的加工方法以后,安排加工顺序就成了工艺路线拟定的一个重要环节。

1. 机加工顺序的安排

通常机加工顺序的安排可概括为十六字原则:"先粗后精、先主后次,先面后孔、基面先行"。

(1)先粗后精。先安排粗加工,中间安排半精加工,最后安排精加工。如果还有光整加工,可以放在工艺路线的末尾。

(2)先主后次。先安排零件的装配基面和工作表面等主要表面的加工,后安排如键槽、紧固用的光孔和螺纹孔等次要表面的加工。由于次要表面加工工作量小,又常与主要表面有位置精度要求,所以一般放在主要表面的半精加工之后,精加工之前进行。多个次要表面排序时,按照和主要表面位置关系确定先后。最后的工序可安排清洗、去毛刺及最终检验。

(3)先面后孔。对于箱体、支架、连杆、底座等零件,先加工用作定位的平面和孔的端面,然后再加工孔。这样可使工件定位夹紧稳定可靠,利于保证孔与平面的位置精度,减小刀具的磨损,同时也给孔加工带来方便。

(4)基面先行。用作精基准的表面,要首先加工出来。所以,第一道工序一般是进行定位面的粗加工和半精加工(有时包括精加工),然后再以精基面定位加工其他表面。例如,轴类零件顶尖孔的加工。

2. 热处理工序的安排

为了提高材料的力学性能,改善材料的切削加工性和消除工件内应力,在工艺过程中要适当安排一些热处理工序。热处理可分为两大类:预备热处理和最终热处理。

(1)预备热处理。预备热处理的目的是改善加工性能、消除内应力和为最终热处理准备良好的金相组织。其热处理工艺有退火、正火、时效、调质等。

①退火和正火。退火和正火用于经过热加工的毛坯。含碳量高于0.5%的碳钢和合金钢,为降低其硬度使其便于切削,常采用退火处理;含碳量低于0.5%的碳钢和合金钢,为避免其硬度过低切削时粘刀,而采用正火处理。退火和正火

也能细化晶粒、均匀组织，为以后的热处理做准备。退火和正火常安排在毛坯制造之后、粗加工之前进行。

②时效处理。时效处理主要用于消除毛坯制造和机械加工中产生的内应力。为减少运输工作量，对于一般精度的零件，在精加工前安排一次时效处理即可。但精度要求较高的零件(如坐标镗床的箱体等)，应安排两次或数次时效处理工序。简单零件一般可不进行时效处理。除铸件外，对于一些刚性较差的精密零件(如精密丝杠)，为消除加工中产生的内应力，稳定零件加工精度，常在粗加工、半精加工之间安排多次时效处理。有些轴类零件加工，在校直工序后也要安排时效处理。

③调质。调质即是在淬火后进行高温回火处理，它能获得均匀细致的回火索氏体组织，为以后的表面淬火和渗氮处理时减少变形做准备，因此调质也可作为预备热处理。由于调质后零件的综合力学性能较好，对某些硬度和耐磨性要求不高的零件，可作为最终热处理工序。

(2)最终热处理。最终热处理的目的是提高硬度、耐磨性和强度等力学性能。

①淬火。淬火有表面淬火和整体淬火。其中表面淬火因为变形、氧化及脱碳较小而应用较广，而且表面淬火还具有外部强度高、耐磨性好，而内部保持良好的韧性、抗冲击力强的优点。为提高表面淬火零件的机械性能，常需进行调质或正火等热处理作为预备热处理。其一般工艺路线为：下料－锻造－正火(退火)－粗加工－调质－半精加工－表面淬火－精加工。

②渗碳淬火。渗碳淬火适用于低碳钢和低合金钢，先提高零件表层的含碳量，经淬火后使表层获得高的硬度，而心部仍保持一定的强度和较高的韧性和塑性。渗碳分整体渗碳和局部渗碳。局部渗碳时对不渗碳部分要采取防渗措施(镀铜或镀防渗材料)。由于渗碳淬火变形大，且渗碳深度一般为0.5～2 mm，所以渗碳工序一般安排在半精加工和精加工之间。其工艺路线一般为：下料－锻造－正火－粗、半精加工－渗碳淬火－精加工。

③渗氮处理。渗氮是使氮原子渗入金属表面获得一层含氮化合物的处理方法。渗氮层可以提高零件表面的硬度、耐磨性、疲劳强度和抗蚀性。由于渗氮处理温度较低、变形小、且渗氮层较薄(一般不超过0.7 mm)，因此渗氮工序应尽量靠后安排，常安排在精加工之后进行。为减小渗氮时的变形，在渗氮前一般需进行消除应力的高温回火。

3. 辅助工序的安排

辅助工序主要包括：检验、清洗、去毛刺、去磁、防锈和平衡等。

(1)检验工序。它是主要的辅助工序，是保证产品质量的主要措施之一。除了各工序操作者自检外，在粗加工阶段结束后，重要的关键工序前后，生产车间之间周转前后，以及零件全部加工结束后，均安排检验工序。

（2）表面强化工序。如滚压、喷丸处理等，一般安排在工艺过程的最后。

（3）表面处理工序。如发蓝、电镀等一般安排在工艺过程的最后。

（4）探伤工序。如 X 射线检查、超声波探伤等多用于零件内部质量的检查，一般安排在工艺过程的开始。磁力探伤、荧光检验等主要用于零件表面质量的检验，通常安排在该表面加工结束以后。

（5）平衡工序。包括动、静平衡，一般安排在精加工以后。

（6）其他辅助工序。如去毛刺、倒棱和清洗等辅助工序。在铣键槽、齿面倒角等工序后应安排去毛刺工序。零件在装配前都应安排清洗工序，特别在研磨等光整加工工序之后，更应注意进行清洗工序，以防止残余的磨料嵌入工件表面，加剧零件在使用中的磨损。

根据零件加工顺序安排的一般原则及零件特征，在拟定零件加工工艺路线时，各种工艺资料中介绍的各种典型零件在不同生产类型下的工艺路线，以及在生产实习和工厂参观时所了解到的现场工艺方案，皆可供设计时参考。

三、加工方法的选择

机器零件的结构形状虽然多种多样，但它们都是由一些最基本的几何表面（外圆、孔、平面等）组成的，切削加工过程即为获得这些几何表面的过程。

表面加工方法的选择，就是为零件上每一个有质量要求的表面选择一套合理的加工方法。在选择时，一般先根据零件表面的精度和粗糙度要求选定最终工序加工方法，然后再确定精加工前准备工序的加工方法，即确定加工方案。

由于获得同一精度和粗糙度的加工方法往往有几种，在选择时除了考虑生产率要求和经济效益外，还应考虑下列因素：

（1）工件材料的性质。例如，淬硬钢零件的精加工要用磨削的方法；有色金属零件的精加工应采用精细车或精细镗等加工方法，而不应采用磨削。

（2）工件的结构和尺寸。例如，对于 IT7 级精度的孔采用拉削、铰削、镗削和磨削等加工方法都可。但是箱体上的孔一般不用拉或磨，而常常采用铰孔和镗孔，直径大于 60 mm 的孔不宜采用钻、扩、铰。

（3）生产类型。选择加工方法要与生产类型相适应。大批量生产应选用生产率高和质量稳定的加工方法。例如，平面和孔采用拉削加工。单件小批生产则采用刨削、铣削平面和钻、扩、铰孔。又如为保证质量可靠和稳定，保证较高的成品率，在大批量生产中采用珩磨和超精加工工艺加工较精密零件。

（4）具体生产条件。应充分利用现有设备和工艺手段，不断引进新技术，对老设备进行技术改造，挖掘企业潜力，提高工艺水平。

零件同一表面的最终加工可以选用不同的方法，而且有一定技术要求的加工表面，往往需要多次加工才能达到加工质量要求。因此，可以有不同的加工方案，但是不同加工方法(方案)所能获得的加工质量、生产率、费用及生产准备和设备投入各不相同。本指导书第5章中的表5-7、表5-8、表5-9分别列出了外圆加工、孔加工和平面加工的各种常见加工方案，供选择加工方法时参考，各种加工方法的详细资料可参考相关的工艺人员手册。

四、选择机床及工艺装备

机床及工艺装备(刀具、夹具、量具、辅具)的选择是制订工艺规程的一个重要环节，对零件加工质量、生产率和加工经济性产生重要影响。机床及工艺装备的选择应考虑下列因素：

(1)零件的生产类型；

(2)零件的材料；

(3)零件的外形尺寸和加工表面尺寸；

(4)零件的结构特点；

(5)该工序的加工质量要求以及生产率和经济性等相适应；

(6)工厂的现有生产条件，尽量采用标准设备和工具。

这时应认真查阅有关手册或实地调查，应将选定的机床或工装的有关参数记录下来，如机床型号、规格、工作台宽、T型槽尺寸；刀具形式、规格、与机床连接关系；夹具、专用刀具设计要求，与机床的连接方式等，为后面填写工艺卡片和夹具(刀具、量具)设计作好必要准备。

具体选择时应遵循以下原则：

(1)机床的选择。所选机床设备的尺寸规格应与工件的形体尺寸相适应；精度等级应与本工序加工要求相适应；电机功率应与本工序加工所需功率相适应；机床设备的自动化程度和生产效率应与工件生产类型相适应。

(2)夹具的选择。夹具的选择主要考虑生产类型。单件小批量生产，应尽量选用通用夹具和机床自带的卡盘和钳台、转台等。大批量生产时，应根据工序加工要求采用或设计制造高效率专用夹具，积极推广气、液传动与电控结合的专用夹具。夹具的精度应与零件的加工精度相适应。

(3)刀具的选择。刀具的选择主要取决于工序所采用的加工方法、加工表面的尺寸、工件材料、加工精度和表面粗糙度、生产率及经济性等，在选择时一般应尽可能采用标准刀具。采用组合机床加工时，考虑到加工质量和生产率的要求，可采用专用的复合刀具，数控机床刀具选择应考虑刀具寿命期内的可靠性，加工中心机床所使用的刀具还要注意选择与其相适应的刀夹、刀套结构。

(4)量具的选择。量具的选择主要是根据生产类型和检验要求的精度。在单件小批量生产中，应尽量采用通用量具，而大批量生产中应采用各种量规和高生产率的检验仪器和检验夹具等。

机床及工艺装备的选择可参阅有关的工艺、机床和刀具、夹具、量具和辅具手册。

五、工艺方案的论证

根据加工零件的不同特点，可以有选择地进行以下几方面的工艺方案论证：

(1)对比较复杂的零件，可考虑两个甚至更多的工艺方案进行分析比较，择优而定，并在说明书中论证其合理性。

(2)当零件的主要技术要求是通过两个甚至更多个工序综合加以保证时，可以应用工艺尺寸链方法加以分析计算，从而确定有关工序的工序尺寸公差和工序技术要求。

(3)对于影响零件主要技术要求且误差因素较复杂的重要工序，需要分析论证如何保证该工序技术要求，从而明确提出对定位精度、夹具设计精度、工艺调整精度、机床和加工方法精度甚至刀具精度(若有影响)等方面的要求。

(4)其他需要加以论证分析的内容。

第4节　工序设计

对于工艺路线中的工序，按照要求进行工序内容设计，其主要内容包括：

(1)划分工步。根据工序内容及加工顺序安排的一般原则，合理划分工步。

(2)确定加工余量。用查表法确定各主要加工面的工序(工步)余量。因毛坯总余量已由毛坯(图)在设计阶段定出，故粗加工工序(工步)余量应由总余量减去精加工、半精加工余量之和而得出。若某一表面仅需一次粗加工即完成，则该表面的粗加工余量就等于已确定出的毛坯总余量。

(3)确定工序尺寸及公差。对简单加工的情况，工序尺寸可由后续加工的工序尺寸加上名义工序余量简单求得，工序公差可用查表法按加工经济精度确定。对加工时有基准转换的较复杂的情况，需用工艺尺寸链来求算工序尺寸及公差。

(4)选择切削用量。切削用量可用查表法或访问数据库方法初步确定，再参照所用机床实际转速、进给量的挡数最后确定。

(5)确定加工工时。对加工工序进行时间定额的计算，主要是确定工序的机加工时间。对于辅助时间、服务时间、自然需要时间及每批零件的准备终结时间等，可按照有关资料提供的比例系数估算。

一、切削用量选择

切削用量不仅是在机床调整前必须确定的重要参数,而且其数值合理与否对加工质量、加工效率、生产成本等有着非常重要的影响。所谓“合理的”切削用量是指充分利用刀具切削性能和机床动力性能(功率、扭矩),在保证质量的前提下,获得高的生产率和低的加工成本的切削用量。

1. 切削用量的选用原则

粗加工时,应尽量保证较高的金属切除率和必要的刀具耐用度。选择切削用量时应首先选取尽可能大的背吃刀量 a_p,其次根据机床动力和刚性的限制条件,选取尽可能大的进给量 f,最后根据刀具耐用度要求,确定合适的切削速度 v_c。

精加工时,对加工精度和表面粗糙度要求较高,加工余量不大且较均匀。选择精加工的切削用量时,应着重考虑如何保证加工质量,并在此基础上尽量提高生产率。因此,精加工时应选用较小(但不能太小)的背吃刀量和进给量,并选用性能高的刀具材料和合理的几何参数,使其尽可能提高切削速度。

2. 切削用量的选取方法

(1)背吃刀量的选择。粗加工时,除留下精加工余量外,一次走刀尽可能切除全部余量。当粗车余量太大或加工的工艺系统刚性较差时,则加工余量分两次或数次走刀后切除。如需分两次走刀,也应将第一次走刀的背吃刀量尽量取大些,第二次走刀的背吃刀量尽量取小些,以保证精加工刀具有较高的刀具耐用度、较高的加工精度及较小的加工表面粗糙度。精加工的加工余量一般较小,可一次切除。在中等功率机床上,粗加工的背吃刀量可达8～10 mm;半精加工(表面粗糙度为 R_a6.3～3.2 μm)时,背吃刀量取为0.5～2 mm。精加工(表面粗糙度为 R_a1.6～0.8 μm)时,背吃刀量取为0.1～0.4 mm。具体选取可参考有关工艺手册或本指导书第5章中的相应数据表。

(2)进给量的确定。粗加工时,由于对工件的表面质量没有太高的要求,这时主要根据机床进给机构的强度和刚性、刀杆的强度和刚性、刀具材料、刀杆和工件尺寸以及已选定的背吃刀量等因素来选取进给量。精加工时,则按表面粗糙度要求、刀具及工件材料等因素来选取进给量。具体选取可参考有关工艺手册或本指导书第5章中的相应数据表。

(3)切削速度的确定。可按刀具的耐用度所允许的切削速度来计算。除了用计算方法外,生产中经常按实践经验和有关手册资料经查表方法来选取切削速度。

粗加工或工件材料的加工性能较差时,宜选用较低的切削速度。精加工或工件材料的切削性能较好时,宜选用较高的切削速度。切削速度 v_c 确定后,可根据刀具或工件直径按公式 $n=1000v_c/\pi D$ 来确定主轴转速 n(r/min)。在工厂的实际生产过程中，切削用量一般根据经验并通过查表的方式进行选取，具体选取可参考有关工艺手册或本指导书第 5 章中的相应数据表。

3. 切削用量选择举例

例 2-1　工件材料 45 钢(热轧)，$\sigma_b=637$ MPa，毛坯尺寸 $d_W \times l_W=\varnothing 50$ mm $\times$ 350 mm，装夹如图 2-1 所示。要求车外圆至 $\varnothing 44$ mm，表面粗糙度 $R_a 3.2$ mm，加工长度 $l_m=300$ mm。试确定外圆车削时，拟采用的机床、刀具以及切削用量。

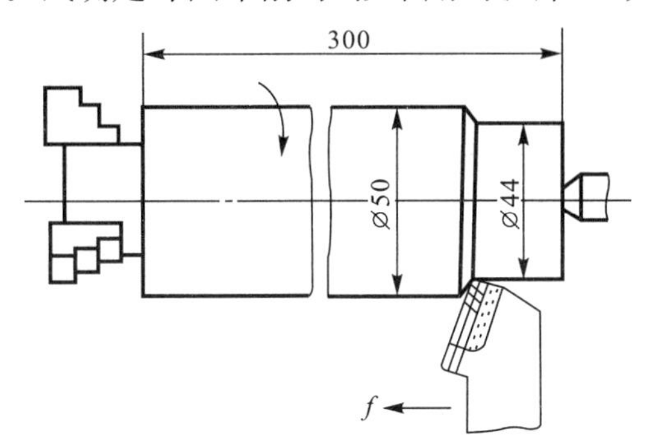

图 2-1　车削工件外圆

解　根据工件尺寸及加工要求，选用 CA6140 车床，焊接式硬质合金外圆车刀，材料为 YT15，刀杆截面尺寸为 16 mm×25 mm，几何参数：$\gamma_o=15°$，$\alpha_o=8°$，$\kappa_r=75°$，$\kappa'_r=10°$，$\lambda_s=6°$，$r_\varepsilon=1$ mm，$b'_{\gamma1}=0.3$ mm，$\gamma'_o=15°$。

因粗糙度有一定要求，故分粗车和半精车两道工步加工。

(1)粗车工步。

①确定背吃刀量 a_p。单边加工余量为 3 mm，粗车取 $a_{p1}=2.5$ mm，半精车 $a_{p2}=0.5$ mm。

②确定进给量 f。根据工件材料、刀杆截面尺寸、工件直径及背吃刀量，根据第 5 章表5-13中查得 $f=0.4 \sim 0.5$ mm·r^{-1}。按机床说明书实际的进给量，取 $f=0.51$ mm·r^{-1}。

③确定切削速度 v_c。切削速度可以根据表5-15中的公式和表 5-16 中的修正系数通过计算得到，也可查表 5-17 得到。现根据已知条件，查表 5-17 得 $v_c=$ 90 m·min^{-1}，然后由下式求出机床主轴转速为

$$n=\frac{1000v_c}{\pi d_W}=\frac{1000\times 90}{3.14\times 50}\ \text{r}\cdot\text{min}^{-1}=573\ \text{r}\cdot\text{min}^{-1}$$

按机床说明书选取实际机床转速为 560 r/min，故实际切削速度为

$$v_c=\frac{\pi d_W n}{1000}=\frac{3.14\times 50\times 560}{1000}\ \text{m}\cdot\text{min}^{-1}=87.9\ \text{m}\cdot\text{min}^{-1}$$

④校验机床功率(略)。

(2)半精车工步。

①确定背吃刀量 a_P。$a_P=0.5$ mm。

②确定进给量 f。根据表面粗糙度 $R_a 3.2$ mm，$r_\varepsilon=1$ mm，从表5-14中查得(估计 $v>50$ m·min^{-1}) $f=0.3\sim0.35$ mm·r^{-1}。按机床说明书实际的进给量，取 $f=0.30$ mm·r^{-1}。

③确定切削速度 v_c。查表5-17得 $v_c=130$ m·min^{-1}，然后由下式求出机床主轴转速为

$$n=\frac{1000v_c}{\pi d_W}=\frac{1000\times 90}{3.14\times(50-5)}\ \text{r}\cdot\text{min}^{-1}=920\ \text{r}\cdot\text{min}^{-1}$$

按机床说明书选取实际机床转速为900 r/min，故实际切削速度为

$$v_c=\frac{3.14\times(50-5)\times 900}{1000}\ \text{m}\cdot\text{min}^{-1}=127.2\ \text{m}\cdot\text{min}^{-1}$$

④校验机床功率(略)。

二、工时定额计算

时间定额指在一定生产条件(生产规模、生产技术和生产组织)下规定生产一件产品或完成一道工序所需消耗的时间。时间定额是安排作业计划、进行成本核算、确定设备数量、人员编制等的重要依据。

时间定额的组成：时间定额由基本时间(T_j)、辅助时间(T_f)、布置工作地时间(T_w)、休息和生理需要时间(T_x)和准备与终结时间(T_z)组成。

(1)基本时间 T_j：直接改变生产对象的尺寸、形状、相对位置以及表面状态等工艺过程所消耗的时间，称为“基本时间”。对机加工而言，基本时间就是切去金属所消耗的时间。

(2)辅助时间 T_f：各种辅助动作所消耗的时间，称为“辅助时间”。主要指装卸工件、开停机床、改变切削用量、测量工件尺寸、进退刀等动作所消耗的时间。可查表确定。

(3)操作时间：操作时间=基本时间 T_j+辅助时间 T_f。

(4)服务时间 T_w(布置工作地时间)：为正常操作服务所消耗的时间，称为“服务时间”。主要指换刀、修整刀具、润滑机床、清理切削、收拾工具等所消耗的时间。计算方法：一般按操作时间的2%～7%进行计算。

(5)休息时间 T_x：为恢复体力和满足生理卫生需要所消耗的时间，称为“休息时间”。计算方法：一般按操作时间的2%进行计算。

(6)准备与终结时间 T_z：为生产一批零件，进行准备和结束工作所消耗的时间，称为“准备与终结时间”。主要指：熟悉工艺文件、领取毛坯、安装夹具、调整机床、拆卸夹具等所消耗的时间。计算方法：根据经验进行估算。

其中：单件时间 $T_d=T_j+T_f+T_w+T_x$，单件工时定额 $T_h=T_j+T_f+T_w+T_x+T_z/n$，式中 n 为一批工件的数量。

第 5 节　计算机辅助工艺文件填写

本课程设计涉及的工艺文件主要包括两类：机械加工工艺过程卡片和机械加工工序卡片。其中，机械加工工艺过程卡片的格式参见第 5 章的第 1 节表 5-5，它是以工序为单位，简要说明零件的加工过程的一种工艺文件，主要包括机械加工工艺过程的工序名称、工序内容、实施车间、机床设备、工艺装备和工段及各工序时间定额等内容，是生产管理的主要技术文件，广泛用于成批生产和单件小批生产中比较重要的零件。机械加工工序卡片的格式参见第 5 章的第 1 节表 5-6，它主要用于大批量生产中所有零件，中批生产中的重要零件和单件小批生产中的关键工序。课程设计时由指导教师指定有关重要工序进行工序卡的填写。要求绘制工序简图，并详细说明该工序的每一个工步的加工内容、工艺参数以及所用设备和工艺装备等。

绘制工序简图时注意事项：

(1)简图可按比例缩小，用尽量少的投影视图表达。简图也可以只画出与加工部位有关的局部视图，除加工面、定位面、夹紧面、主要轮廓面外，其余线条均可省略，以必需、明了为度。

(2)被加工表面用粗实线(或红线)表示，其余均用细实线表示。

(3)应标明本工序的工序尺寸、公差及粗糙度要求。

(4)定位、夹紧表面应以规定的符号标明。常见的定位、夹紧符号可参考第 5 章的第 1 节表 5-3 和表 5-4。

本课程设计要求采用 CAXA 电子图板工艺版软件进行工艺卡片的填写。CAXA 电子图板工艺版是一款高效快捷有效的工艺卡片编制软件，可以方便地引用设计的图形和数据，同时为生产制造准备各种需要的管理信息。它提供了大量的工艺卡片模板和工艺规程模板，可以帮助技术人员提高工作效率，缩短产品的设计和生产周期，把技术人员从繁重的手工劳动中解脱出来，并有助于促进产品设计和生产的标准化、系列化、通用化。利用它提供的大量标准模板，可以直接生成工艺卡片，用户也可以根据需要定制工艺卡片和工艺规程。由于 CAXA 电子图板工艺版集成了电子图板的所有功能，因此也可以用来绘制二维图纸。

一般有 2 种工艺卡片的填写方法：

(1)通过新建【工艺规程】填写工艺卡片。此法可以填写多种格式的工艺卡片，常用于填写工艺规程的一整套卡片，包含封面、机加工过程卡片、工序卡片、检验卡片等，添加附页卡片时可选择不同的卡片模板，过程卡片与工序卡片可以保持关联，公共信息自动关联。

(2)通过新建【工艺卡片】填写工艺卡片。此法用于填写任何一张定制好的过程卡片或工序卡片,用于填写单张卡片。不存在过程卡与工序卡的信息关联问题。

第5章的第4节给出了CAXA工艺图表软件卡片填写使用说明。

第6节　典型零件的工艺分析

零件的加工工艺分析,就是对工件从毛坯准备到成品完成的加工工艺路线和过程进行合理的科学分析。一个零件除要进行车削加工外,往往根据不同的要求,还得经过刨、铣、钳、热处理和磨削等多种加工工序。而加工一个零件时,一般又总是要加工几个工作表面。因此我们在切削加工前,必须结合零件各部分加工工序的相互关系,制订出合理的加工工艺过程。本节将对典型零件加工工艺进行实例分析。

一、轴类零件加工工艺

1. 轴类零件结构特点及技术要求

轴类零件是机械加工中经常遇到的典型零件之一。在机器中它主要用来支承传动零件、传递运动和扭矩。轴类零件是回转体零件,其长度大于直径,加工表面通常有内外圆柱面、圆锥面以及螺纹、花键、键槽、横向孔、沟槽等。根据结构形状特点,可将轴分为光滑轴、阶梯轴、空心轴和异形轴(包括曲轴、凸轮轴、偏心轴和十字轴等)。

轴类零件的主要技术要求有:

(1)尺寸精度和几何形状精度。轴颈是轴类零件的主要表面。轴颈尺寸精度按照配合关系确定,轴上非配合表面及长度方向的尺寸要求不高,通常只规定其基本尺寸。轴颈的几何形状精度是指圆度、圆柱度。这些误差将影响其与配合件的接触质量。一般轴颈的几何形状精度应限制在直径公差范围之内,对几何形状精度要求较高时,要在零件图上规定形状公差。

(2)相互位置精度。保证配合轴颈(装配传动件的轴颈)对于支承轴颈(装配轴承的轴颈)的同轴度,是轴类零件相互位置精度的普遍要求,其次对于定位端面与轴心线的垂直度也有一定要求。这些要求都是根据轴的工作性能制定的,在零件图上注有位置公差。普通精度的轴,配合轴颈对支承轴颈的径向圆跳动一般为0.01～0.03 mm,高精度轴为0.001～0.005 mm。

(3)表面粗糙度。支承轴径表面粗糙度比其他轴径表面要求严格,取Ra0.8～1.6 μm,其他轴径表面取Ra3.2～6.3 μm。

2. 轴类零件的毛坯、材料及热处理

轴类零件的毛坯常用棒料和锻件。光滑轴、直径相差不大的非重要阶梯轴宜选用棒料，一般比较重要的轴大都采用锻件作为毛坯，只有某些大型的、结构复杂的轴采用铸件。

根据生产规模的不同，毛坯的锻造方式有自由锻和模锻两种。中小批生产多采用自由锻，大批量生产通常采用模锻。

轴类零件应根据不同的工作条件和使用要求选用不同的材料，并且采用不同的热处理方法，以获得一定的强度、韧性和耐磨性。

轴类零件的常用材料为 45 号钢，它价格便宜，经过调质（或正火）后，可得到较好的切削性能，而且能够获得较高的强度和韧性，淬火后表面硬度可达 45～52HRC。

中等精度而转速较高的轴类零件，可选用 40Cr 等合金结构钢。这类钢经调质和表面淬火处理后，具有较高的综合机械性能。

精度较高的轴可选用轴承钢 GCr15、弹簧钢 65Mn 及低变形的 CrMn 或 CrWMn 等材料，通过调质、表面淬火及其他冷热处理，它可具有更高的耐磨、耐疲劳或结构稳定性能。

对于高速、重载荷等条件下工作的轴可选用 20CrMnTi、20Mn2B、20Cr 等低合金钢或 38CrMoAl 氮化钢。低合金钢经渗碳淬火处理后，具有很高的表面硬度、耐冲击韧性及心部强度，但热处理变形大。氮化钢经调质和表面氮化后，具有很高的心部强度，优良的耐磨性能及耐疲劳强度，热处理变形却很小。

精密机床的主轴，如磨床砂轮轴、坐标镗床主轴，可选用 38CrMoAl 氮化钢。这种钢经调质和表面渗氮处理后，不仅能获得很高的表面硬度、耐磨性及抗疲劳性能，而且渗氮处理要比渗碳和各种淬火的热处理变形要小，不易产生裂纹，所以更有利于获得高精度和高性能。

3. 轴类零件加工工艺过程分析

（1）加工阶段划分。以主要表面为主线，粗、精加工分开，以调质处理为分界点，次要表面加工及热处理工序适当穿插其中，支承轴颈和锥孔精加工最后进行。

（2）定位基准与装夹方法的选择。在轴类零件加工中，为保证各主要表面的相互位置精度，轴的加工通常按照基准统一的原则来选择定位基准。对于实心轴（锻件或棒料毛坯），在粗加工之前，应先打顶尖孔，以后的工序都用顶尖孔定位。这样，可以实现基准统一，能在一次安装中加工出各段外圆表面及其端面，可以很好地保证各外圆表面的同轴度以及外圆与端面的垂直度，加工效率高并且所用夹具结构简单。若是空心轴，由于中心的孔钻出后，顶尖孔消失，则可以用锥堵或锥套心轴代替顶尖孔，如图 2-2 所示。此外，轴类零件的内锥面加工则以支承轴颈为定位基准。

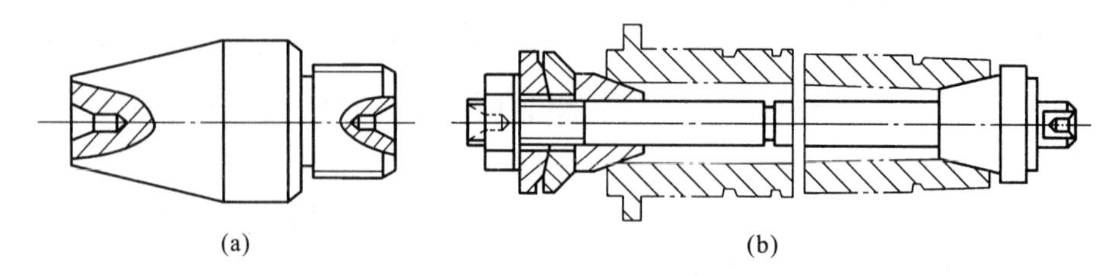

图2-2　锥堵与锥套心轴

(3)加工顺序安排。按照粗精加工分开,先粗后精原则,主要表面精加工安排在最后,在各阶段先加工基准,后加工其他面,根据零件技术要求和自身特点合理安排热处理,淬硬表面上孔,槽加工应在淬火之前完成,非淬硬表面上的孔,槽尽可能往后安排,一般在外圆精车(或粗磨)之后,精磨加工之前进行。

4. 轴类零件的一般加工工艺路线

对于7级精度、表面粗糙度Ra1～0.5 μm的一般传动轴,其典型工艺路线为:正火→车端面、钻顶尖孔→粗车各表面→精车各表面→铣花键、键槽等→热处理→修研顶尖孔→粗磨外圆→精磨外圆→检验。

在轴类零件的加工过程中,通常都要安排适当的热处理,以保证零件的力学性能和加工精度,并改善切削加工性。一般毛坯锻造后安排正火工序,而调质处理则安排在粗加工后,以消除粗加工产生的应力及获得较好的金相组织。如果工件表面有一定的硬度要求,则需要在磨削之前安排淬火工序或在粗磨后、精磨前安排渗氮处理工序。

5. 某车床主轴的加工工艺过程

轴类零件加工工艺因其用途、结构形状、技术要求、材料、产量等因素而有所差异,现以车床主轴为例加以说明。

如图2-3所示的某卧式车床主轴中,支承轴颈A、B为装配基准,圆度和同轴度要求很高;主轴莫氏6号锥孔为顶尖、工具锥柄的安装面,必须与支承轴颈的中心线严格同轴;主轴前端圆锥面C和端面D是安装卡盘的定位表面,该圆锥表面必须与支承轴颈同轴,端面应与支承轴颈垂直。此外,配合轴颈及螺纹也应与支承轴颈同轴。若大批量生产该主轴,其加工工艺过程如表2-1所示。

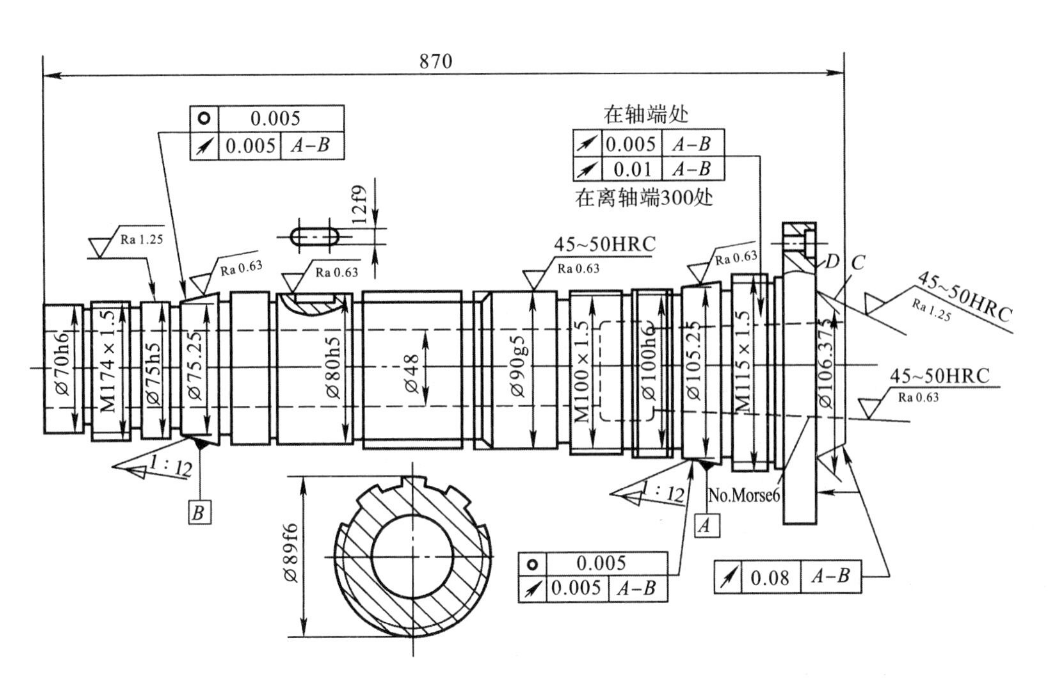

图 2-3　某卧式车床主轴

表 2-1　卧式车床主轴大批量生产的加工工艺过程

工序号	工序名称	工序内容	加工设备
10	备料		
20	精锻		立式精锻机
30	热处理	正火	
40	锯头		
50	铣端面打中心孔		专用机床
60	荒车	车各外圆面	卧式车床
70	热处理	调质 220～240HB	
80	车	车大端各部	卧式车床
90	车	仿形车小端各部	仿形车床
100	钻	钻中心通孔深孔	深孔钻床
110	车	车小端内锥孔	卧式车床
120	车	车大端内锥孔、外短锥及端面	卧式车床
130	钻	钻、锪大端端面各孔	立式钻床
140	热处理	高频淬火∅90g5，莫氏 6 号锥孔及短锥	
150	精车	精车外圆各段并切槽	数控车床
160	粗磨	粗磨 A、B 外圆	外圆磨床
170	粗磨	粗磨莫氏锥孔	内圆磨床
180	铣	粗、精铣花键	花键铣床

续表

工序号	工序名称	工序内容	加工设备
190	铣	铣键槽	铣床
200	车	车大端内侧面及三段螺纹	卧式车床
210	磨	粗、精磨各外圆及两定位端面	外圆磨床
220	磨	组合磨三圆锥面及短锥端面	组合磨床
230	精磨	精磨莫氏锥孔	主轴锥孔磨床
240	检查	按图纸要求检查	

二、箱体零件加工工艺

1. 箱体零件的结构特点及技术要求

箱体零件是机器及其部件的基础件。通过它将机器部件中的轴、轴承、套和齿轮等零件按一定的位置关系装配在一起,按规定的传动关系协调地运动。它的加工质量对机器精度、性能和寿命都有直接的关系。

箱体零件结构主要特点是:①形状复杂,有内腔;②体积较大;③壁薄而且不均匀;④有若干精度较高的孔(孔系)和平面;⑤有较多的紧固螺纹孔等。

一般箱体零件的主要技术要求可归纳为以下几项:

①孔径精度。孔径的尺寸精度和几何形状精度会影响轴的回转精度和轴承的寿命,因此箱体零件对孔径精度要求较高。

②孔与孔的位置精度。同一轴线上各孔的同轴度误差和孔的端面对轴线的垂直度误差会影响主轴的径向跳动和轴向窜动,同时也使温度增加,并加剧轴承磨损。一般同轴线上各孔的同轴度约为最小孔径尺寸公差的一半。孔系之间的平行度误差会影响齿轮的啮合质量。

③主要平面的精度。箱体零件上的装配基面通常既是设计基准又是工艺基准,其平面度误差直接影响主轴与床身连接时的接触刚度,加工时还会影响轴孔的加工精度,因此这些平面必须本身平直,彼此相互垂直或平行。

④孔与平面的位置精度。箱体零件一般都要规定主要轴承孔和安装基面的平行度要求,它们决定了主要传动轴和机器上装配基准面之间的相互位置及精度。

⑤表面粗糙度。重要孔和主要表面的粗糙度会影响连接面的配合性质和接触刚度,所以都有较严格的要求。

下面以图 2-4 所示的车床主轴箱为例,具体分析箱体类零件的技术要求。

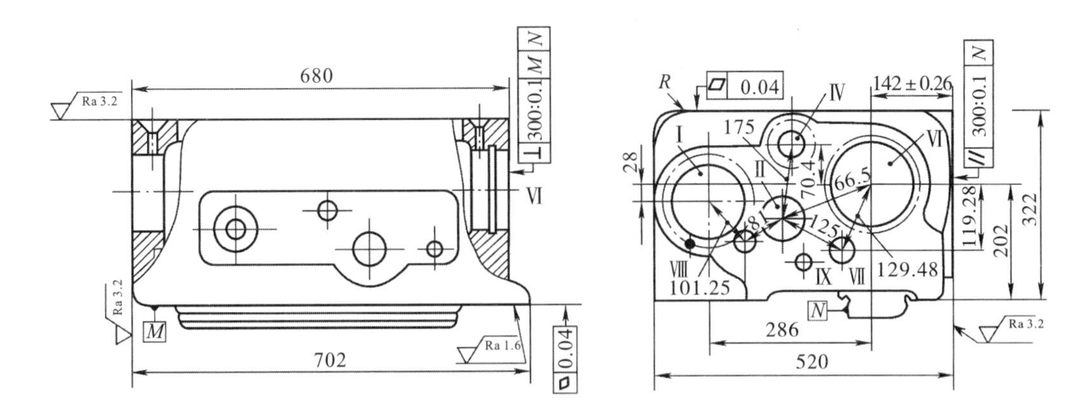

图2-4　某普通车床主轴箱简图

(1)支承孔的尺寸精度、几何形状精度及表面粗糙度。主轴支承孔的尺寸精度为IT6级，表面粗糙度R_a为0.4～0.8 μm，其他各支承孔的尺寸精度为IT6～IT7级，表面粗糙度R_a均为1.6 μm；孔的几何形状精度(圆度、圆柱度)一般不超过孔径公差的一半。

(2)支承孔的相互位置精度。各支承孔的孔距公差为±0.025～±0.06 mm，中心线的不平行度公差取0.012～0.021 mm，同中心线上的支承孔的同轴度公差为其中最小孔径公差值的一半。

(3)主要平面的形状精度、相互位置精度和表面粗糙度。主要平面(箱体底面、顶面及侧面)的平面度公差为0.04 mm，表面粗糙度$R_a \leqslant 1.6$ μm；主要平面间的垂直度公差为0.1/300 mm。

(4)孔与平面间的相互位置精度。主轴孔对装配基面*M*、*N*的平行度公差为0.1/600 mm。

2. 箱体零件的材料、毛坯及热处理

一般箱体零件材料常选用灰铸铁，其价格便宜，并具有较好的耐磨性、可铸性、可切削性和吸振性。一般为HT200或HT250灰铸铁；当载荷较大时可采用HT300、HT350高强度灰铸铁。有时为了缩短生产周期和降低成本，在单件生产时或在某些简易机器的箱体，也可以采用钢材焊接结构，一般选用ZG25、ZG35铸钢件。

对于批量小、尺寸大、形状复杂的箱体，采用木模砂型地坑铸造毛坯；对尺寸中等以下，采用砂箱造型；对批量较大，选用金属模造型；对受力大，或受冲击载荷大的箱体，应尽量采用整体铸件做毛坯。单件小批情况下，为了缩短生产周期，箱体也可采用铸—焊、铸—锻—焊、锻—焊、型材焊接等结构。

箱体零件的热处理，根据生产批量，精度要求及材料性能，有不同的方法。通常在毛坯未进行机械加工之前，为消除毛坯内应力，对铸铁件、铸钢件、焊接结构件须进行人工时效处理。批量不大的生产，人工时效处理可安排在粗加工之后进行。对大型毛坯和易变形、精度要求高的箱体，在机械加工后可安排第二次时效处理。

3. 箱体零件的孔系加工

孔系加工是箱体零件加工的关键。箱体零件上的孔，不仅本身精度要求高，而且孔之间相互位置精度要求也高。

(1)平行孔系的加工。箱体上轴线相互平行而且孔距也有一定精度要求的一组孔称为“平行孔系”。生产中保证孔距精度的方法如下：

①找正法。找正法是工人在通用机床上利用各种辅具来找正孔的正确加工位置的方法。这种方法加工效率低，通常只适用于单件小批生产。找正法可分为划线找正法、样板找正法、心轴块规找正法、定位套找正法等。

②坐标法。坐标法的基本原理是将孔系所有孔距尺寸及其公差换算成直角坐标系中的坐标尺寸及公差，然后按换算后的坐标尺寸调整机床进行镗削加工，以达到图样要求。这种方法的加工精度取决于机床坐标的移动精度，实际上就是坐标测量装置的精度。采用坐标法加工孔系时，要特别注意基准孔和镗孔顺序的选择，否则，坐标尺寸的累积误差会影响孔距精度。

③镗模法。在成批和大量生产中，多采用镗模在镗床上加工孔系(见图2-5所示)。这种方法加工精度高，生产率也高。在小批生产中，当零件形状比较复杂，精度要求较高时，也常采用此法。

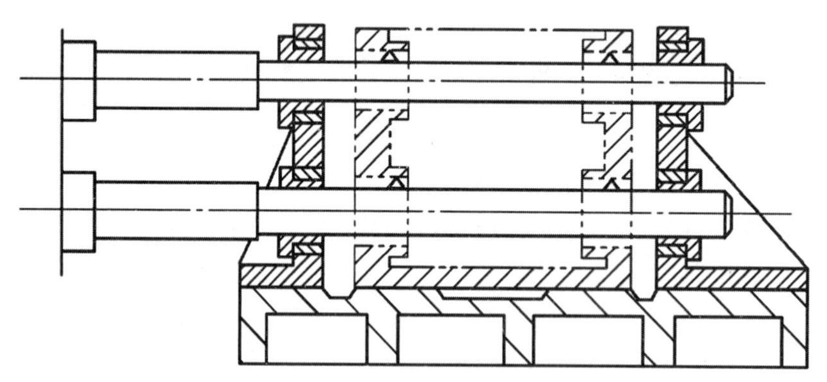

图2-5　用镗模法加工箱体孔系

用镗模加工时，一般镗杆与机床主轴之间采用浮动联接，机床主轴仅起传递转矩的作用，所以，如果镗模的精度足够高，即使在普通精度的机床上，也能加工出较高精度的孔系。

(2)同轴孔系的加工。同轴孔系的加工方法与生产批量有关。成批生产时，一般采用镗床专业夹具(镗模)进行加工，孔系的同轴度由镗模来保证。单件小批生产时，常采用以下方法：

①利用镗床后立柱上的导向套支承镗杆。采用此法加工时，镗杆系两端支承，刚性较好，但镗杆较长，加工时调整比较麻烦，一般适用于大型箱体零件的同轴孔加工。

②利用已加工孔导向。如图 2-6 所示，此法用于加工距离箱壁较近的同轴孔。

③采用调头镗。当箱体壁距离较远时，可以采用调头镗的方法。采用这种方法，必须采取一定措施仔细找正工作台回转后的方向，以保证同轴度精度。考虑到调整工作台回转后会带来误差，所以实际加工中一般用工艺基面校正，即利用箱体上与所镗孔的轴线有平行度要求的较长平面工艺基面来找正。如果工件上没有这种已加工好的工艺基面，也可以用平行长铁置于工作台上，用类似的方法找正。

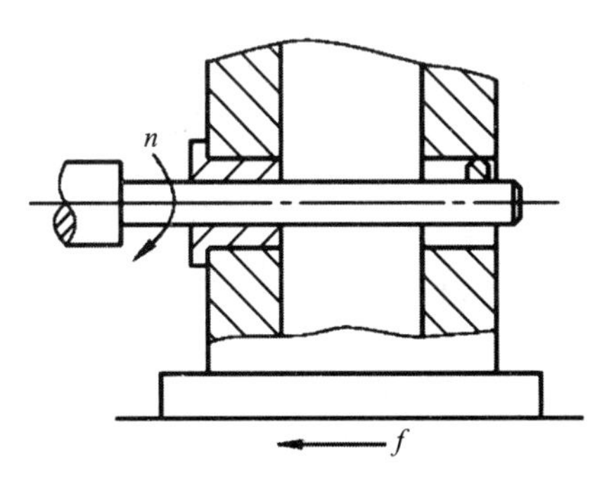

图 2-6　利用已加工孔导向加工箱体同轴孔系

4. 箱体零件的加工工艺分析

箱体零件的加工主要是平面和孔的加工，平面加工相对容易，故支承孔本身加工及孔与孔之间、孔与面之间位置精度保证是加工的重点。现以图 2-4 所示某普通车床主轴箱为例，进行箱体零件加工工艺分析。

(1)车床箱体工艺过程。按照生产类型的不同，可以分成两种不同的工艺方案，分别如表 2-2 和表 2-3 所示。

表 2-2　中小批量生产某车床主轴箱的工艺过程

工序号	工序内容	定位基准
10	铸造	
20	时效	
30	漆底漆	
40	划线	
50	粗、半精加工顶面 R	按划线找正，支承底面 M
60	粗、半精加工底面 M 及侧面	支承顶面 R 并校正主轴孔的中心线
70	粗、半精加工两端面	底面 M

续表

工序号	工序内容	定位基准
80	精加工顶面 R	底面 M
90	精加工底面 M	顶面 R
100	粗、半精加工各纵向孔	底面 M
110	精加工各纵向孔	底面 M
120	粗、半精加工各横向孔	底面 M
130	精加工主轴孔	底面 M
140	加工螺孔及紧固孔	
150	清洗	
160	检验	

表2-3　大批量生产某车床主轴箱的工艺过程

工序号	工序内容	定位基准
10	铸造	
20	时效	
30	漆底漆	
40	铣顶面 R	Ⅵ轴和Ⅰ轴铸孔
50	钻、扩、铰顶面两定位工艺孔，加工固定螺孔	顶面 R、Ⅵ轴孔及内壁一端
60	铣底面 M 及各平面	顶面 R 及两工艺孔
70	磨顶面 R	底面及侧面
80	粗镗各纵向孔	顶面 R 及两工艺孔
90	精镗各纵向孔	顶面 R 及两工艺孔
100	半精、精镗主轴三孔	顶面 R 及两工艺孔
110	加工各横向孔	顶面 R 及两工艺孔
120	钻、锪、攻螺纹各平面上的孔	
130	滚压主轴支承孔	顶面 R 及两工艺孔
140	磨底面、侧面及端面	
150	钳工去毛刺	
160	清洗	
170	检验	

(2)车床箱体工艺过程分析。

①定位方案与定位基准的选择。常见的方案有如图2-7、图2-8所示两种。图2-7所示方案以箱体底面作为统一精基准。这种方案保证了基准重合，同时在加工各支承孔时，便于观察和测量，安装和调整刀具也较方便。但为增加箱体中间壁孔加工时的镗杆刚度而设立的中间安置导向支承装置，刚度差，安装误差大，

且装卸不便。这种定位方案只适用于中小批量的生产。

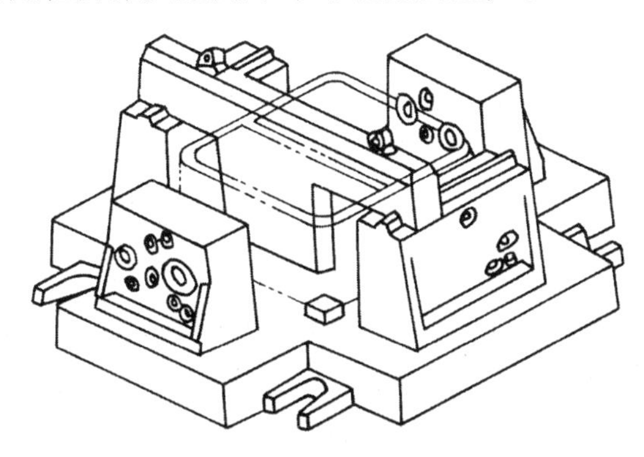

图 2-7　悬挂式中间导向支承架

图 2-8 所示方案采用主轴箱顶面及两定位销孔作为统一精基准。这种方案加工时箱体口朝下,中间导向支承架可以紧固在夹具座体上。但由于基准不重合,需进行工艺尺寸换算,且箱体开口朝下,观察、测量及调整刀具困难,需采用定径尺寸镗刀加工。这种方案适合大批量生产。

此外,选择粗基准时,应能保证重要加工表面(主轴支承孔)的加工余量均匀;应保证装入箱体中的轴、齿轮等零件与箱体内壁各表面间有足够的间隙,应保证加工后的外平面与不加工的内壁之间的壁厚均匀以及定位、夹紧牢固可靠。

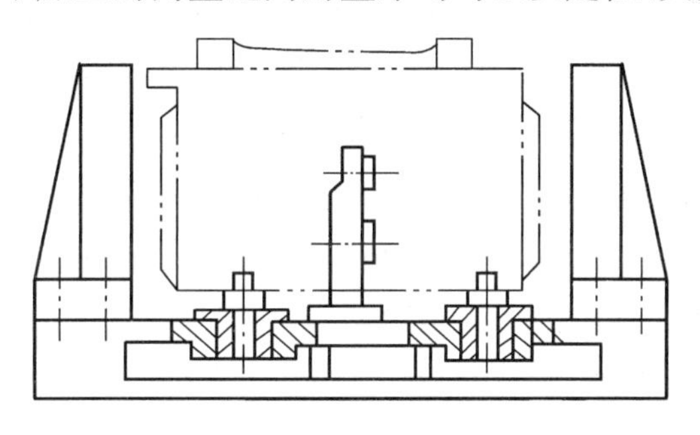

图 2-8　箱体“一面两销”定位方案

为此,通常选择主轴孔和与主轴孔相距较远的一个轴孔(Ⅰ轴孔)作为粗基准。生产批量小时采用划线工序,生产批量较大时采用夹具,生产率高。

②加工方法与加工顺序的选择。箱体加工主要是平面和孔的加工。平面加工时,粗、半精加工采用刨削或铣削,批量大,多采用铣削;精加工批量小时,采用精刨(少量手工刮研),批量大时,采用磨削。孔加工时,常分别以精铰和精镗作为直径较小孔和直径较大孔的精加工方法。

箱体加工顺序遵循以下原则:

a.“先粗后精,粗精分开”。因箱体结构复杂,刚度低,主要表面的加工要求高,为减少或消除粗加工时产生的切削力、夹紧力和切削热对加工精度的影响,一般应尽可能地把粗精加工分开,并分别在不同的机床上进行。至于要求不高的平面、孔则可以在同一工序完成粗精加工,以提高工效。

b."先面后孔"。从表2-2、表2-3可以看出,平面加工总是先于平面上孔的加工。除了作为精基准的平面必须最先加工外,其他平面的加工则可以改善孔的加工条件,减少钻孔时钻头偏斜,扩、铰、镗时刀具崩刃等情况发生。

③箱体的时效处理。箱体毛坯比较复杂,壁厚不均,铸造应力较大。为了消除内应力,减少变形,保证箱体的尺寸稳定性,对于普通精度的箱体,毛坯铸造完后要安排一次人工时效。对于高精度的箱体或结构特别复杂的箱体,在粗加工后再安排一次人工时效处理,以消除粗加工中产生的残余应力。对于特别精密的箱体零件,在机械加工阶段尚需安排较长时间的自然时效处理。

三、齿轮零件加工工艺

1. 齿轮零件的结构特点及技术要求

齿轮是各类机械中广泛应用的重要零件,其功用是按规定的速比传递运动和动力。齿轮结构由于使用要求不同而具有不同的形状,但从工艺角度可将其看成是由齿圈和轮体两部分构成。按照齿圈上轮齿的分布形式,齿轮可分为直齿轮、斜齿轮和人字齿轮等;按照轮体的结构形式特点,齿轮可大致分为盘形齿轮、套筒齿轮、轴齿轮、内齿轮、扇形齿轮和齿条等,其中以盘形齿轮应用最广。

国家标准GB/T10095.1、GB/T10095.2—2008中将齿轮公差分为13个等级,其中0级最高,12级最低。3～4级为超精密级,5～6级为精密级,7～8级为普通级,8级以下为低精度级。齿轮传动精度包括四个方面,即传递运动的准确性(运动精度)、传动的平稳性、载荷分布的均匀性(接触精度)及适当的侧隙。齿坯加工要求按照齿轮的精度等级确定。

2. 齿轮的材料与毛坯

齿轮材料根据齿轮的工作条件和失效形式确定。中碳结构钢(如45钢)进行调质或表面淬火,常用于低速、轻载或中载的普通精度齿轮。中碳合金结构钢(如40Cr)进行调质或表面淬火,适用于制造速度较高、载荷较大、精度较高的齿轮。渗碳钢(如20Cr、20CrMnTi等)经渗碳后淬火,齿面硬度可达58～63HRC,而芯部又有较好的韧性,既耐磨又能承受冲击载荷。这种材料适于制作高速、中载或具有冲击载荷的齿轮。氮化钢(如38CrMoAlA)经氮化处理后,比渗碳淬火齿轮有更高的耐磨性与耐蚀性。由于变形小,可以不磨齿,常用于制作高速传动的齿轮。铸铁及其他非金属材料,如胶木与尼龙等,这些材料强度低,容易加工,适于制造轻载荷的传动齿轮。

齿轮毛坯的制造形式取决于齿轮的材料、结构形状、尺寸大小、使用条件及生产类型等因素。齿轮毛坯形式有轧钢件、锻件和铸件。一般尺寸较小、结构简单而且对强度要求不高的钢制齿轮可采用轧制棒料做毛坯。强度、耐磨性和耐冲击性要求较高的齿轮多采用锻钢件，生产批量小或尺寸大的齿轮采用自由锻造，批量较大的中小齿轮采用模锻。尺寸较大且结构复杂的齿轮，常采用铸造毛坯。小尺寸且结构复杂的齿轮常采用精密铸造或压铸方法制造毛坯。

3. 齿轮加工工艺路线

齿轮根据其结构、精度等级及生产批量的不同，工艺路线有所不同，但基本工艺路线大致相同，即：备料→毛坯制造→毛坯热处理→齿坯加工→齿形加工→齿部淬火→精基准修正→齿形精加工→终检。渗碳钢齿轮淬火前作渗碳处理。

4. 齿轮零件加工工艺分析

（1）齿轮加工工艺过程。如图 2-9 所示为某一高精度齿轮的零件图。材料为 40Cr，齿部高频淬火 52HRC，小批生产。该齿轮加工工艺过程如表 2-4 所示。

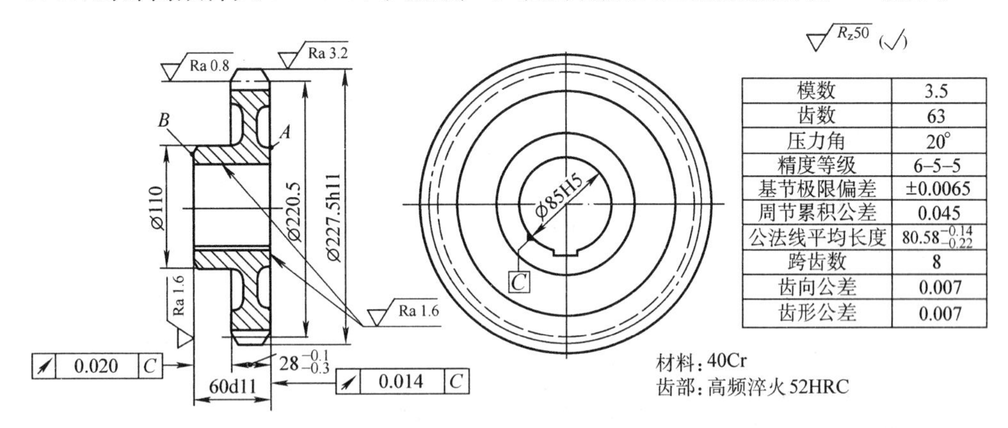

图 2-9　某高精度齿轮

表 2-4　某高精度齿轮加工工艺过程

序号	工序内容	定位基准
1	毛坯锻造	
2	正火	
3	粗车各部分，留加工余量 1.5～2 mm	外圆及端面
4	精车各部分，内孔至⌀84.8H7，总长留加工余量 0.2 mm，其余至尺寸	外圆及端面
5	检验	
6	滚齿（齿厚留磨削余量 0.10～0.15 mm）	内孔及 *A* 面
7	倒角	内孔及 *A* 面
8	钳工去毛刺	
9	齿部高频淬火，硬度 52HRC	
10	插键槽	内孔（找正用）及 *A* 面
11	磨内孔至⌀85H5	分度圆和 *A* 面
12	靠磨大端 *A* 面	内孔

续表

序号	工序内容	定位基准
13	平面磨 B 面至总长尺寸	A 面
14	磨齿	内孔及 A 面
15	总检入库	

(2)齿轮加工工艺过程分析。

①定位基准选择。齿形加工时,定位基准的选择主要遵循基准重合原则。为了保证齿形的加工质量,应选择齿轮的装配基准和测量基准作为定位基准,而且尽可能在整个加工过程中保持基准的统一。对于带孔齿轮,一般选择内孔和一个端面定位,基准端面相对内孔的端面圆跳动应符合规定要求。

②齿形加工方法选择。齿形的加工是整个齿轮加工的核心和关键。齿形加工按原理分为成形法和展成法两大类。常见齿形加工方法如表2-5所示。

表2-5　常见齿形加工方法和使用范围

<table>
<tr><th colspan="2">齿形加工方法</th><th>刀具</th><th>机床</th><th>加工精度和适用范围</th></tr>
<tr><td rowspan="2">成形法</td><td>铣齿</td><td>模数铣刀</td><td>铣床</td><td>9级以下齿轮,生产率较低</td></tr>
<tr><td>拉齿</td><td>齿轮拉刀</td><td>拉床</td><td>5～7级齿轮,生产率高,拉刀为专用,制造困难,价格昂贵,大批量生产情况下使用,宜于内齿加工</td></tr>
<tr><td rowspan="5">展成法</td><td>滚齿</td><td>齿轮滚刀</td><td>滚齿机</td><td>6～10级齿轮,生产率较高,通用性好,常加工直齿、斜齿外圆柱齿轮及蜗轮</td></tr>
<tr><td>插齿</td><td>插齿刀</td><td>插齿机</td><td>7～9级齿轮,生产率较高,通用性好,常加工内外齿轮、扇形齿轮、齿条</td></tr>
<tr><td>剃齿</td><td>剃齿刀</td><td>剃齿机</td><td>5～7级齿轮,生产率高,用于齿轮滚、插加工后,淬火前的精加工</td></tr>
<tr><td>珩齿</td><td>珩磨轮</td><td>珩齿机</td><td>6～7级齿轮,多用于剃齿和高频淬火后,齿形的精加工</td></tr>
<tr><td>磨齿</td><td>砂轮</td><td>磨齿机</td><td>3～7级齿轮,生产率较低,成本较高,多用于齿形淬硬后的精密加工</td></tr>
</table>

机床夹具设计必备知识

第1节　概述

机床夹具是一种在各种金属切削机床上实现装夹任务的工艺装备,如车床上使用的三爪自定心卡盘,铣床上使用的平口虎钳等。

一、机床夹具的功用

1. 能稳定地保证工件的加工精度

用夹具装夹工件时,工件相对于刀具及机床的位置精度由夹具保证,不受工人技术水平的影响,使一批工件的加工精度趋于一致。

2. 能减少辅助工时,提高劳动生产率

使用夹具装夹工件方便、快速,工件不需要划线找正,可显著地减少辅助工时;工件在夹具中装夹后提高了工件的刚性,可加大切削用量;可使用多件、多工位装夹工件的夹具,并可采用高效夹紧机构,进一步提高劳动生产率。

3. 能扩大机床的使用范围,实现一机多能

根据加工机床的成形运动,附加以不同类型的夹具,即可扩大机床原有的工艺范围。例如在车床的溜板或摇臂钻床工作台装上镗模,就可以进行箱体零件的镗孔加工。

二、机床夹具的分类

随着机械制造业的发展,机床夹具的种类日趋增多,其分类也很多,一般可按专门化程度、使用的机床和夹紧动力源来进行分类。

1. 按专门化程度分类

(1)通用夹具。通用夹具是指已经标准化的,在一定范围内可用于加工不同工件的夹具。例如,车床上三爪自定心卡盘和四爪单动卡盘,铣床上的平口钳、分度头和回转工作台等。它们由于具有一定的通用性,故得其名。这类夹具一般由专业工厂生产,常作为机床附件提供给用户。其特点是适应性广,生产效率低,主要适用于单件、小批量的生产中。

(2)专用夹具。专用夹具是指专为某一工件的某道工序而专门设计的夹具,因其用途专一而得名。其特点是结构紧凑,操作迅速、方便、省力,可以保证较高的加工精度和生产效率,但设计制造周期较长、制造费用也较高。当产品变更时,夹具将由于无法再使用而报废。所以它只适用于产品固定且批量较大的生产中。

(3)通用可调夹具和成组夹具。它们的特点是夹具的部分元件可以更换,部分装置可以调整,以适应不同零件的加工。用于相似零件的成组加工所用的夹具,称为"成组夹具"。通用可调夹具与成组夹具相比,加工对象不是很明确,适用范围更广一些。

(4)组合夹具。组合夹具是指按零件的加工要求,由一套事先制造好的标准元件和部件组装而成的夹具。由专业厂家制造,其特点是灵活多变,万能性强,制造周期短、元件能反复使用,特别适用于新产品的试制和单件小批生产。

(5)随行夹具。随行夹具是一种在自动线上使用的夹具。该夹具既要起到装夹工件的作用,又要与工件成为一体沿着自动线从一个工位移到下一个工位,进行不同工序的加工。

2. 按使用的机床分类

由于各类机床自身工作特点和结构形式各不相同,对所用夹具的结构也相应地提出了不同的要求。按所使用的机床不同,夹具又可分为:车床夹具、铣床夹具、钻床夹具、镗床夹具、磨床夹具、齿轮机床夹具和其他机床夹具等。

3. 按夹紧动力源分类

根据夹具所采用的夹紧动力源不同,可分为:手动夹具、气动夹具、液压夹具、气液夹具、电动夹具、磁力夹具、真空夹具等。

三、机床夹具的组成

机床夹具的组成,可以通过一个专用夹具的实例来说明。

图3-1为加工薄壁套工件外圆$\varnothing 91.5_{-0.20}^{-0.05}$的端面$A$的车轴套夹具。工件8以内孔$\varnothing 85_{0}^{+0.1}$和端面$B$为基准,在夹具的涨块7上定位,转动螺母2,带动拉杆9向左移动,使涨块7涨开定位夹紧工件。卸工件时,反向转动螺母2、销钉5推动涨块7向右移动,工件松动。

通过上述例子可以看出,夹具要起到应有的作用,一般来说应由以下几部分组成:

(1)定位元件及定位装置。它与工件的定位基准相接触,用于确定工件在夹具中的正确位置,从而保证加工时工件相对于刀具和机床加工运动间的相对正确位置。如图3-1中的涨块7。

本指导书第5章表5-35～表5-45给出了常用定位元件的国家标准数据表，供设计时参考。

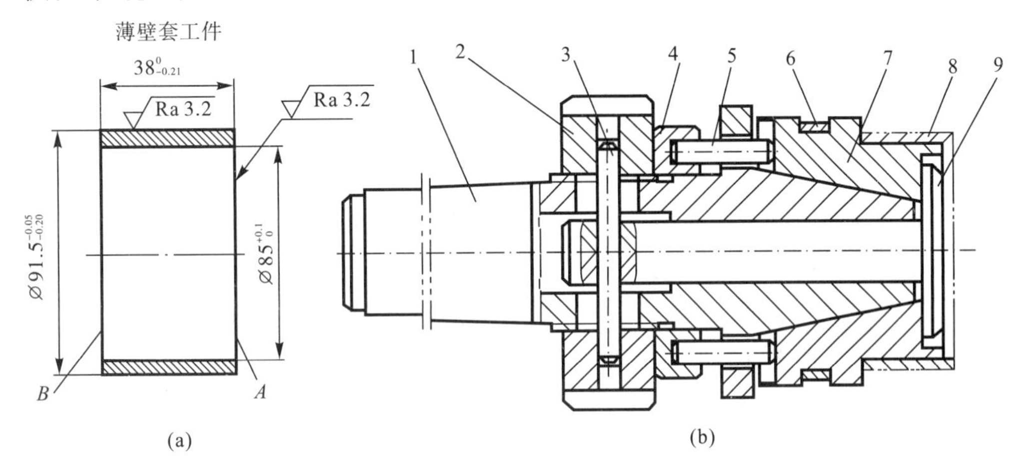

1-心轴　2-螺母　3-销钉　4-滑套　5-销钉　6-弹簧圈　7-涨块　8-工件　9-拉杆

图3-1　车轴套夹具

(2)夹紧装置。用于夹紧工件，在切削时使工件在夹具中保持既定位置。如图3-1中各元件组成的楔块夹紧装置。

(3)对刀与引导元件。这些元件的作用是保证工件与刀具之间的正确位置。用于确定刀具在加工前正确位置的元件，称为“对刀元件”，如对刀块。用于确定刀具位置并引导刀具进行加工的元件，称为“引导元件”。本指导书第5章表5-46～表5-51给出了常用对刀元件的国家标准数据表，供设计时参考。

(4)夹具体。用于连接或固定夹具上各元件及装置，使其成为一个整体的基础件。它与机床有关部件进行连接、定位，使夹具相对机床具有确定的位置。如图3-1中的心轴1。

(5)其他元件及装置。有些夹具根据工件的加工要求，要有分度机构，铣床夹具还要有定位键等。

以上这些组成部分，并不是对每种机床夹具都是缺一不可的，但是任何夹具都必须有定位元件和夹紧装置，它们是保证工件加工精度的关键，目的是使工件定准、夹牢。

夹具照片

泵体孔车床夹具

夹具照片

成组车床夹具

第2节 夹具设计的主要步骤

一、机床夹具设计的基本要求

机床夹具的设计，一般需满足以下基本要求：

(1)稳定地保证工件的加工精度。专用夹具要有合理的定位方案，必要时进行定位误差分析和计算，同时要合理地确定夹紧力三要素，尽量减少因加压、切削、振动所产生的变形，这是对专用夹具设计的最基本要求。

(2)提高生产率，降低成本，提高经济性。根据工件生产批量的大小，设计不同复杂的高效夹具，以缩短辅助时间，提高生产率。夹具设计时要力求结构简单，尽量采用标准元件，以缩短设计和制造周期，降低夹具制造成本，提高经济性。

(3)操作方便、省力和安全。有条件时尽可能采用气动、液压等机动夹紧机构，同时，要从结构上保证操作的安全性，必要时要设计和配备安全防护装置。

(4)有良好的结构工艺性。设计的夹具应便于制造、检验、装配、调整和维修等。

总之，在考虑上述四方面要求时，应在满足加工要求的前提下，根据具体情况处理好生产率与劳动条件、生产率与经济性的关系，力图解决主要矛盾。

二、夹具设计的主要步骤

1. 收集和研究原始资料

工艺设计人员在编制零件机械加工工艺规程的过程中，应提出相应的夹具设计要求。为明确设计任务，夹具设计人员首先应分析研究零件的结构特点、材料、生产批量和本工序加工的技术要求以及前后工序的联系，然后收集有关机床方面和刀具方面的资料；必要时收集国内、外有关设计和制造同类型夹具的资料，作为设计的参考。

(1)零件图及工序图。零件图是夹具设计的重要资料之一。夹具设计人员需认真分析零件图，了解零件的结构特点及所使用的材料类型，熟悉零件的尺寸、形状和位置精度等方面的技术要求。工序图则给出了零件加工时的工序尺寸、工序基准、已加工表面、待加工表面、工序加工精度等信息，它是设计该工序夹具的主要参考依据。

(2)零件的生产批量。被加工零件的生产批量对工艺规程的编制和夹具设计都有着十分重要的影响。夹具结构的合理性及经济性与生产批量有着密切的关系。大批量生产多采用气动、液动或其他机动夹具，其自动化程度高，同时夹紧的工作数量多，结构也比较复杂。中小批量生产，易采用结构简单，成本低廉的手动夹具，以及万能通用夹具或组合夹具。

(3)零件工艺规程。零件的工艺规程中明确了该工序所采用的机床、刀具和量具，以及该工序的加工余量、切削用量、工步安排、工时定额及同时加工的工件数量等，这些都是确定夹具的尺寸、形式、夹紧方案以及夹具与机床连接部分的结构尺寸的主要依据。

(4)夹具典型结构及其有关标准。设计夹具时，还需要收集典型夹具结构图册和有关夹具零部件标准等资料。了解本企业有关机床设备、制造技术水平和使用夹具情况以及国内、外同类型夹具的设计资料，以便使所设计的夹具能够适合本企业的生产实际，吸取先进经验，并尽量采用国家标准。

2. 拟定夹具的结构方案，绘制结构草图

在广泛收集和研究有关资料的基础上，着手拟定夹具的结构方案，主要包括：

(1)确定工件的定位方案，包括定位原理、方法、元件或装置。

(2)确定工件的夹紧方案和设计夹紧机构。

(3)确定夹具的其他组成部分，如分度装置、微调机构、对刀块或引导元件等。

(4)考虑各种机构、元件的布局，确定夹具体和总体结构。

在确定夹具结构方案的过程中，工件定位、夹紧，对刀和夹具在机床定位等各部分的结构以及总体布局都会有几种不同的方案可供选择，因此最好多考虑几个方案，画出草图，并通过必要的计算(如定位误差及夹紧力计算等)与分析比较，从中选择一个最合理、最简单的方案。

3. 绘制夹具总图和零件图

夹具总图应遵循国家标准绘制，图形大小的比例尽量取 1∶1，使所绘制的夹具总图有良好的直观性。

夹具总图应按夹紧机构处在夹紧工作状态下时绘制，视图应尽量少，但必须能够清楚地表示出夹具的工作原理和构造，表示各种机构或元件之间的位置关系等。夹具总图的主视图应取操作者实际工作时的位置，以作为装配夹具时的依据并供使用时参考。被加工工件在夹具中被看作为透明体，所画的工件轮廓线与夹具上的任何线彼此独立，不相干涉，其外廓以双点划线表示。

绘制总图的顺序是先用双点划线汇出工件轮廓外形和主要表面的几个视图，并用网纹线表示出加工余量。围绕工件的几个视图依次绘出定位元件，夹紧机构，对刀及夹具定位元件以及其他元件位置，最后绘制出夹具体及连接元件，把夹具的各组成元件和装置连成一体。

最后标注夹具总图上各部分的尺寸(如轮廓尺寸，必要的装配、检验尺寸及其公差)，制订技术条件及编写零件明细表和标题栏。

夹具中的非标准零件都必须绘制零件图。在确定这些零件的尺寸、公差或技术条件时,应注意使其满足夹具总图的要求。

夹具照片

开合螺母上加工孔的车床夹具

夹具照片

拨叉键槽铣床夹具

夹具照片

拨叉叉口成组车床夹具

第3节　夹具设计中的公差及技术要求

一、夹具总图中应标注的尺寸公差

在夹具总图上应标注的尺寸及公差有以下几个方面:

(1)工件与定位元件的联系尺寸:常指工件以内孔在心轴或在定位销上定位(或工件以外圆在内孔中定位)时,工件定位表面与夹具上定位元件间的配合尺寸。

(2)夹具与刀具的联系尺寸:用来确定夹具上对刀、引导元件位置的尺寸。对于铣床和刨床夹具,是指对刀元件与定位元件的位置尺寸;对于钻床和镗床夹具,则是指钻(镗)套与定位元件间位置尺寸,钻(镗)套之间的位置尺寸,以及钻(镗)套与刀具导向部分的配合尺寸等。

(3)夹具与机床的联系尺寸:用于确定夹具在机床上正确位置的尺寸。对于车床和磨床夹具,主要是指夹具与主轴端的配合尺寸;对于铣床和刨床夹具,则是指夹具上的定位键与机床工作台上的T型槽的配合尺寸。

(4)夹具内部的配合尺寸:它们与工件、机床、刀具无关,主要是为了保证夹具装配后能满足规定的使用要求。

(5)夹具的外廓尺寸:一般是指夹具最大外形轮廓尺寸。若夹具上有可动部分,应包括可动部分处于极限位置所占的尺寸空间。

上述诸尺寸公差的确定可分为两种情况处理:

(1)夹具上定位元件之间,对刀、引导元件之间的尺寸公差,直接对工件上相应的加工尺寸发生影响,因此可根据工件的加工尺寸公差确定,一般可取工件加工尺寸公差的1/5～1/3。

(2)定位元件与夹具体的配合尺寸,夹紧装置各组成零件间的配合尺寸公差等,则应根据其功用和装配要求,按一般公差与配合原则决定。

第5章中表5-29列出了各类机床夹具公差与工件相应公差的比例关系,按此比例可选取夹具公差。表5-30和表5-31分别列出了按工件相应尺寸公差和角度公差选取夹具公差的参考数据。表 5-32 给出了常用夹具元件的公差配合，可供设计时参考。

二、夹具总图中应标注的技术条件

在夹具总图上应标注的技术条件(位置精度要求)有以下几个方面：

(1)定位元件之间或定位元件与夹具体底面间的位置要求，其作用是保证工件加工面与工件定位基准面间的位置精度。

(2)定位元件与连接元件(或找正基面)间的位置要求，其作用是保证定位元件与连接元件(或找正基面)间的位置精度。

(3)对刀元件与连接元件(或找正基面)间的位置要求，其作用是保证对刀元件与连接元件(或找正基面)间的位置精度。

(4)定位元件与引导元件的位置要求。

上述技术要求是保证工件相应的加工要求所必需的，其数值应取工件相应技术要求所定的数值的 1/5～1/3。在具体选取时，则必须结合工件的加工精度要求、批量大小以及工厂在制造夹具方面的生产技术水平等因素进行细致分析和全面考虑。通常有下列规律可循：

(1)当工件的加工精度要求较高时，若夹具公差取得过小，则将造成夹具难以制造，甚至无法制造。这时则可使夹具公差所占比例略大些。反之，工件加工精度要求较低时，夹具公差所占比例则可适当取小些。

(2)当工件的生产批量大时，为了保证夹具的使用寿命，这时夹具公差宜取小些，以增大夹具的磨损公差；而当工件的生产批量小时，此时夹具使用寿命问题并不突出，但为了便于制造，夹具公差可取得大些。

(3)若工厂制造夹具的技术水平较高，则夹具公差可取小些。

三、夹具标准零件及部件的技术要求

夹具常用的零件及部件都已标准化，从标准中可查出夹具零件及部件的结构尺寸、精度等级、表面粗糙度、材料及热处理条件等。它们的技术要求可参阅《机床夹具零件及部件技术条件》国家标准 GB/T2259—91。

机床夹具零件及部件技术的一般要求：

(1)制造零件及部件采用的材料应符合相应的国标规定。允许采用力学性能不低于原规定牌号的其他材料制造。

(2)铸件不允许有裂纹、气孔、砂眼、夹渣、浇冒口、毛刺等缺陷。

(3)锻件不许有裂纹、皱折、飞边、毛刺等缺陷。

(4)机械加工前，对铸件或锻件应经时效处理或退火、正火处理。

(5)零件加工表面不应有锈蚀或机械损伤。

(6)热处理后的零件应清除氧化皮、脏物和油污,不允许有裂纹或龟裂等缺陷。

四、夹具专用零件公差和技术要求

设计夹具专用零件及部件时,其公差和技术要求可依据夹具总图上标注的配合种类、精度等级和技术要求,参照《机床夹具零件及部件技术条件》的国家标准制订。一般包括以下内容:

(1)夹具零件毛坯的技术要求。如毛坯的质量、硬度、毛坯热处理以及精度要求等。

(2)夹具零件常用材料和热处理的技术要求。包括为改善机械加工性能和为达到要求的力学性能而提出的热处理要求。所定要求应与选用的材料和零件在夹具中的作用相适应。夹具零件常用材料和热处理技术的要求见第5章中表5-33。

(3)夹具零件的尺寸公差和技术要求。

①工件有公差要求的尺寸,夹具零件的相应尺寸公差应为1/5～1/2的工件公差。

②工件无公差要求的直线尺寸,夹具零件的相应尺寸公差,可取为±0.1 mm。

③工件无角度公差要求的角度尺寸,夹具零件的相应角度公差,可取为±10′。

④紧固件用孔中心距 L 的公差。当 $L<150$ mm时,可取±0.1 mm;$L>150$ mm时,取±0.15 mm。

⑤夹具体上的找正基面,是用来找正夹具在机床上位置的,同时也是夹具制造和检验的基准。因此,必须保证夹具体上安装其他零件(尤其是定位元件)的表面与找正基面的垂直度或平行度应小于0.01 mm。

⑥找正基面本身的直线度或平面度应小于0.005 mm。

⑦夹具体、模板、立柱、角铁、定位心轴等夹具元件的平面与平面之间、平面与孔之间、孔与孔之间的平行度、垂直度和同轴度等,应取工件相应公差的1/3～1/2。

(4)夹具零件的表面粗糙度。夹具定位元件工作表面的粗糙度数值应比工件定位基准表面的粗糙度数值降低1～3个数值段。夹具其他零件主要表面的粗糙度见第5章中表5-34。

夹具照片

车十字轴外圆方槽分度车床夹具

夹具照片

带分度装置车床夹具

第 4 节　夹具体的设计

一、对夹具体的要求

1. 有适当的精度和尺寸稳定性

夹具体上的重要表面，如安装定位元件的表面、安装对刀或导向元件的表面以及夹具体的安装基面（与机床相连接的表面）等，应有适当的尺寸和形状精度，它们之间应有适当的位置精度。

为增加夹具体尺寸稳定，铸造夹具体要进行时效处理，焊接和锻造夹具体要进行退火处理。

2. 有足够的强度和刚度

加工过程中，夹具体要承受较大的切削力和夹紧力。夹具体需有一定的壁厚，铸造和焊接夹具体常设置加强肋，或在不影响工件装卸的情况下采用框架式夹具体，如图 3-2(c)所示。

3. 结构工艺性好

夹具体应便于制造、装配和检验。铸造夹具体上安装各种元件的表面应铸出凸台，以减少加工面积。夹具体毛面与工件之间应留有足够的间隙，一般为 4～15 mm。夹具体结构型式应便于工件的装卸，如图 3-2 所示，其中图 3-2(a)为开式结构，图 3-2(b)为半开式结构，图 3-2(c)为框架式结构。

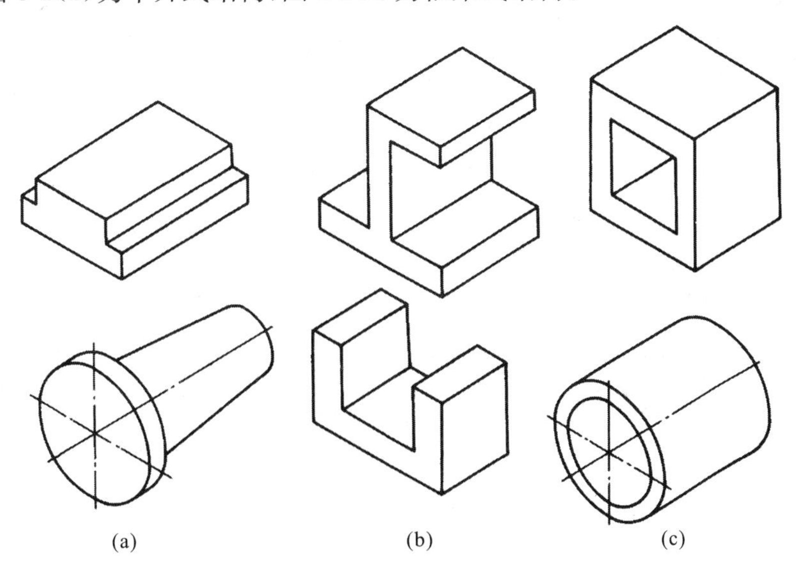

图 3-2　夹具体的结构型式

4. 排屑方便

切屑多时,夹具体上应考虑排屑结构。如图 3-3 所示,在夹具体上开排屑槽及夹具体下部设置排屑斜面,斜角可取 30°～50°。

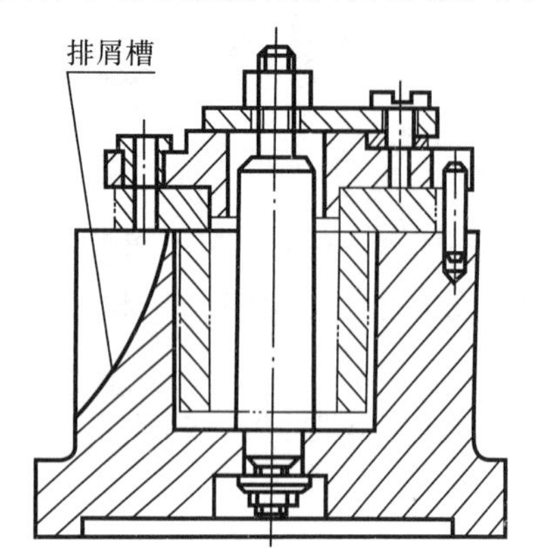

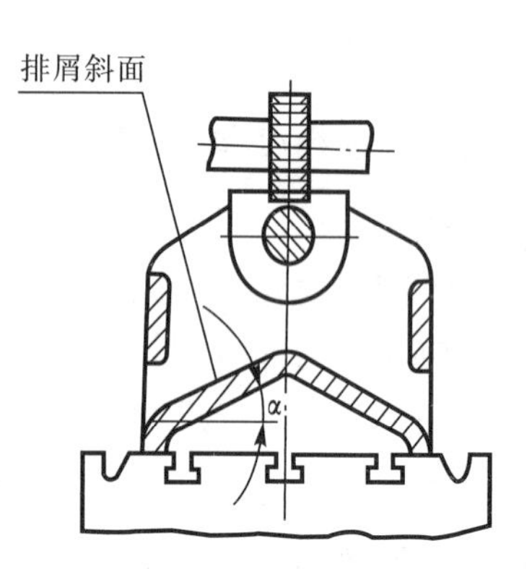

图 3-3　夹具体上设置排屑结构

5. 在机床上安装稳定可靠

(1)夹具在机床工作台上安装,夹具的重心应尽量低,重心越高则支承面越大。

(2)夹具底面四边应凸出,使夹具体的安装基面与机床的工作台面接触良好,如图 3-4 所示,接触边或支脚的宽度应大于机床工作台梯形槽的宽度,应一次加工出来,并保证一定的平面精度。

(3)夹具在机床主轴上安装,夹具安装基面与主轴相应表面应有较高的配合精度,并保证夹具体安装稳定可靠。

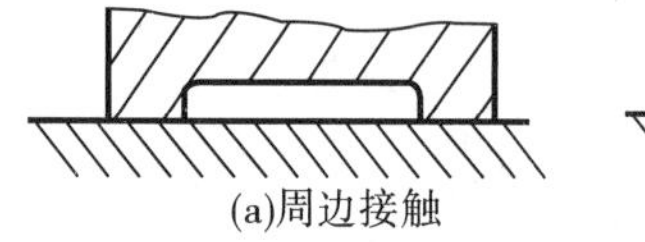
(a)周边接触

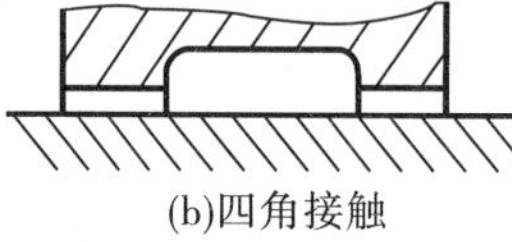
(b)四角接触

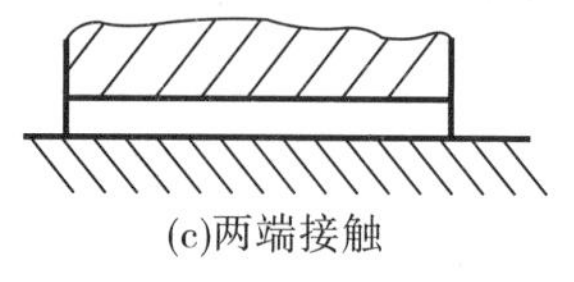
(c)两端接触

图 3-4　夹具体安装基面的形式

二、夹具体的毛坯类型

1. 铸造夹具体

它的铸造工艺性较好,可铸出各种复杂形状,具有较好的抗压强度、刚度和抗震性,但生产周期长,需进行时效处理,以消除内应力。其常用材料为灰铸铁。

2. 焊接夹具体

它由钢板、型材焊接而成,这种夹具体制造方便、生产周期短、成本低、重量轻(壁厚比铸造夹具体薄)。但焊接夹具体的热应力较大,易变形,需经退火处理,以保证夹具体尺寸的稳定性。

3. 锻造夹具体

它适用于形状简单、尺寸不大、要求强度和刚度大的场合。锻造后也需经退火处理，此类夹具体应用较少。

4. 型材夹具体

小型夹具体可以直接用板料、棒料、管料等型材加工装配而成，这类夹具体取材方便、生产周期短、成奉低、重量轻。

5. 装配夹具体

它由标准的毛坯件、零件及个别非标准件通过螺钉、销钉连接组装而成。此类夹具体具有制造成本低、周期短、精度稳定等优点，有利于夹具标准化、系列化，也便于夹具的计算机辅助设计。

夹具照片

短轴钻孔成组钻床夹具

夹具照片

多用途铣床夹具

夹具照片

阀体偏心四孔回转车床夹具

第 5 节　夹具设计中常易出现的错误

由于学生是第一次独立进行夹具的设计，因而常会出现一些结构设计方面的错误，现将它们以正误对照的形式列于表 3-1 中，以资借鉴。

表 3-1　夹具设计中易出现的错误示例

项目	正误对比		简要说明
	错误或不好的	正确或好的	
定位销在夹具体上的定位与连接			1. 定位销本身位置误差太大，因为螺纹不起定心作用 2. 带螺纹的销应有旋紧用的扳手孔或扳手平面
螺纹连接			被连接件应为光孔。若两者都有螺纹，将无法拧紧

续表

项目	正误对比		简要说明
	错误或不好的	正确或好的	
可调支承	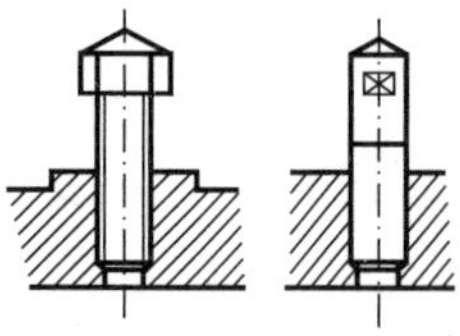	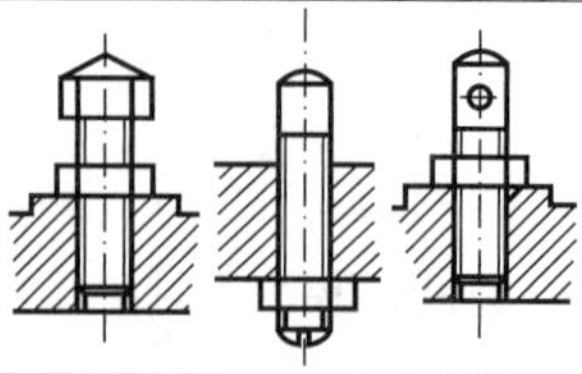	1. 应有锁紧螺母 2. 应有扳手孔(面)或一字槽(十字槽)
工件安放	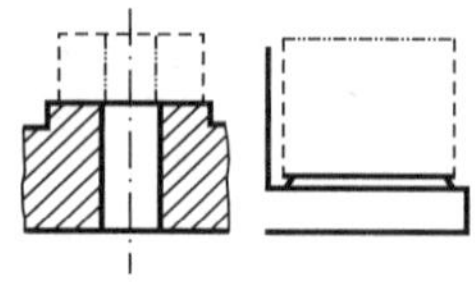	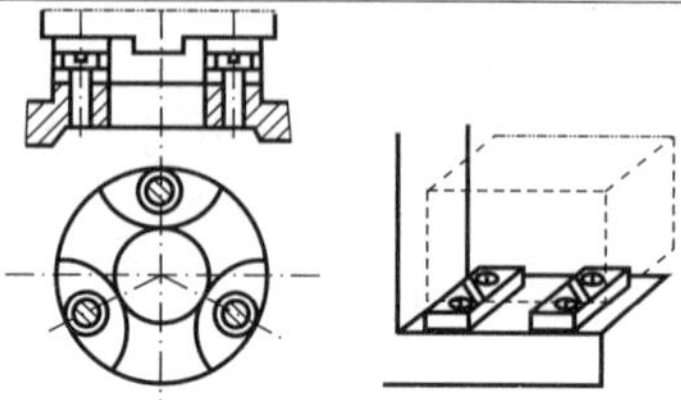	工件最好不要直接与夹具体接触,应加放支承板、支承垫圈等
机构自由度	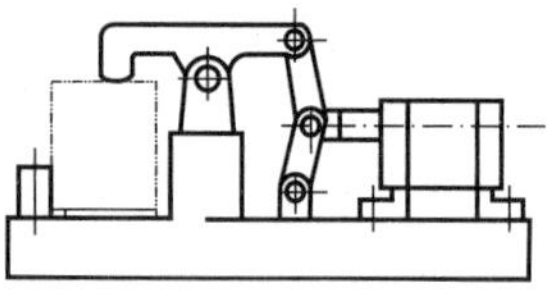	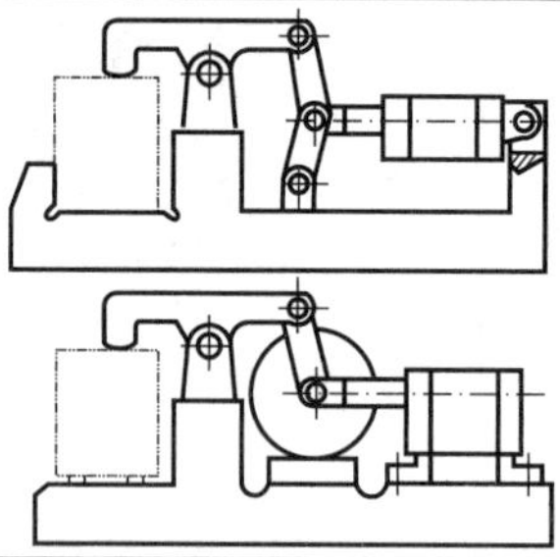	夹紧机构运动时不得发生干涉,应验算其自由度 $F\neq 0$ 如左图: $F=3\times 4-2\times 6=0$ 右上图: $F=3\times 5-2\times 7=1$ 右下图: $F=3\times 3-2\times 4=1$
考虑极限状态不卡死	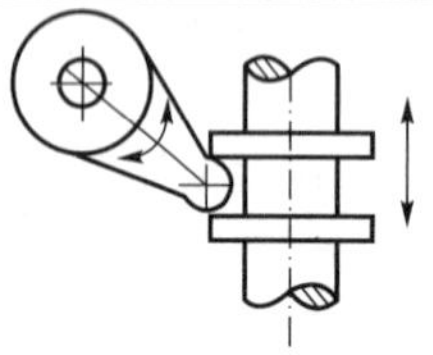	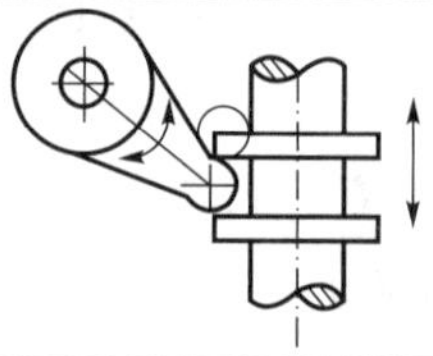	摆动零件动作过程中不应卡死,应检查极限位置
联动机构的运动补偿	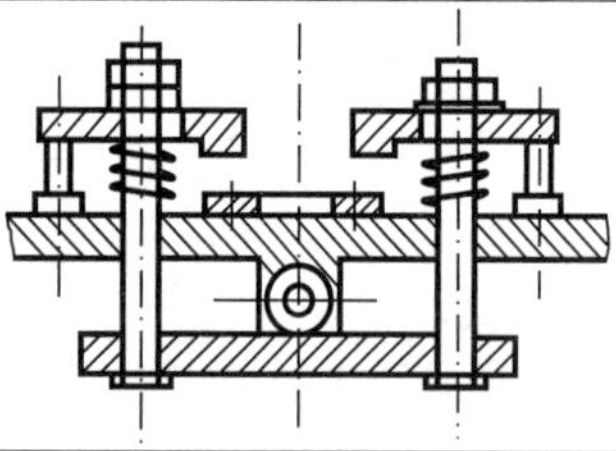	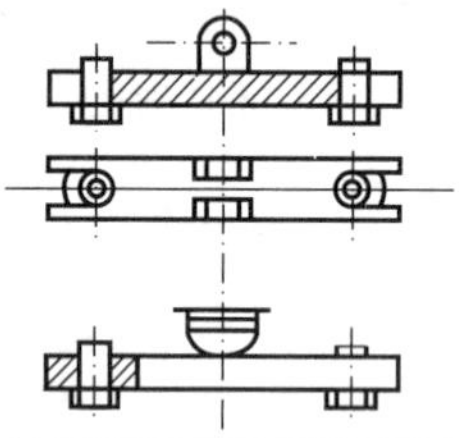	联动机构应操作灵活省力,不应发生干涉,可采用槽、长圆孔、高副等作为补偿环节
摆动压块	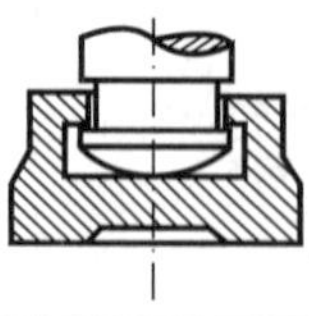	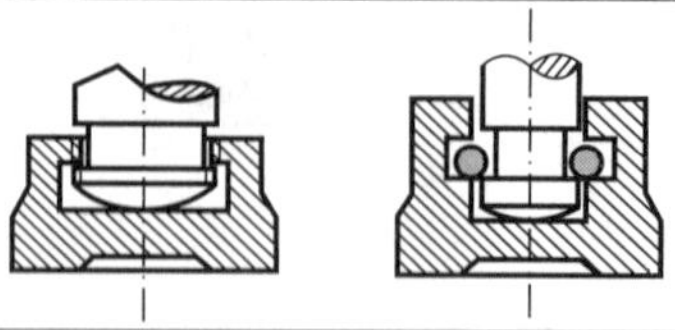	压杆应能装入,且当压杆上升时摆动压块不得脱落
可移动心轴	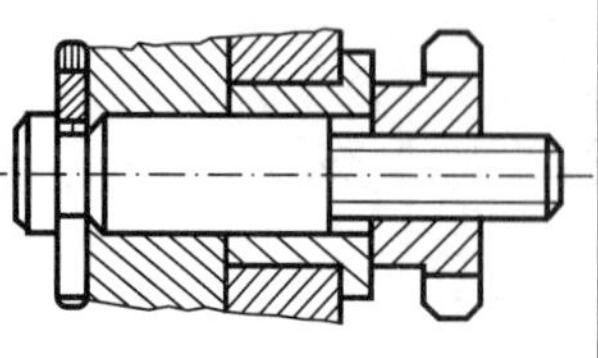	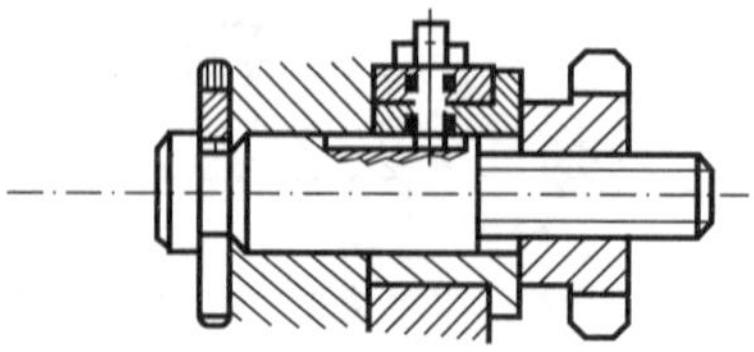	手轮转动时应保证心轴只移不转

续表

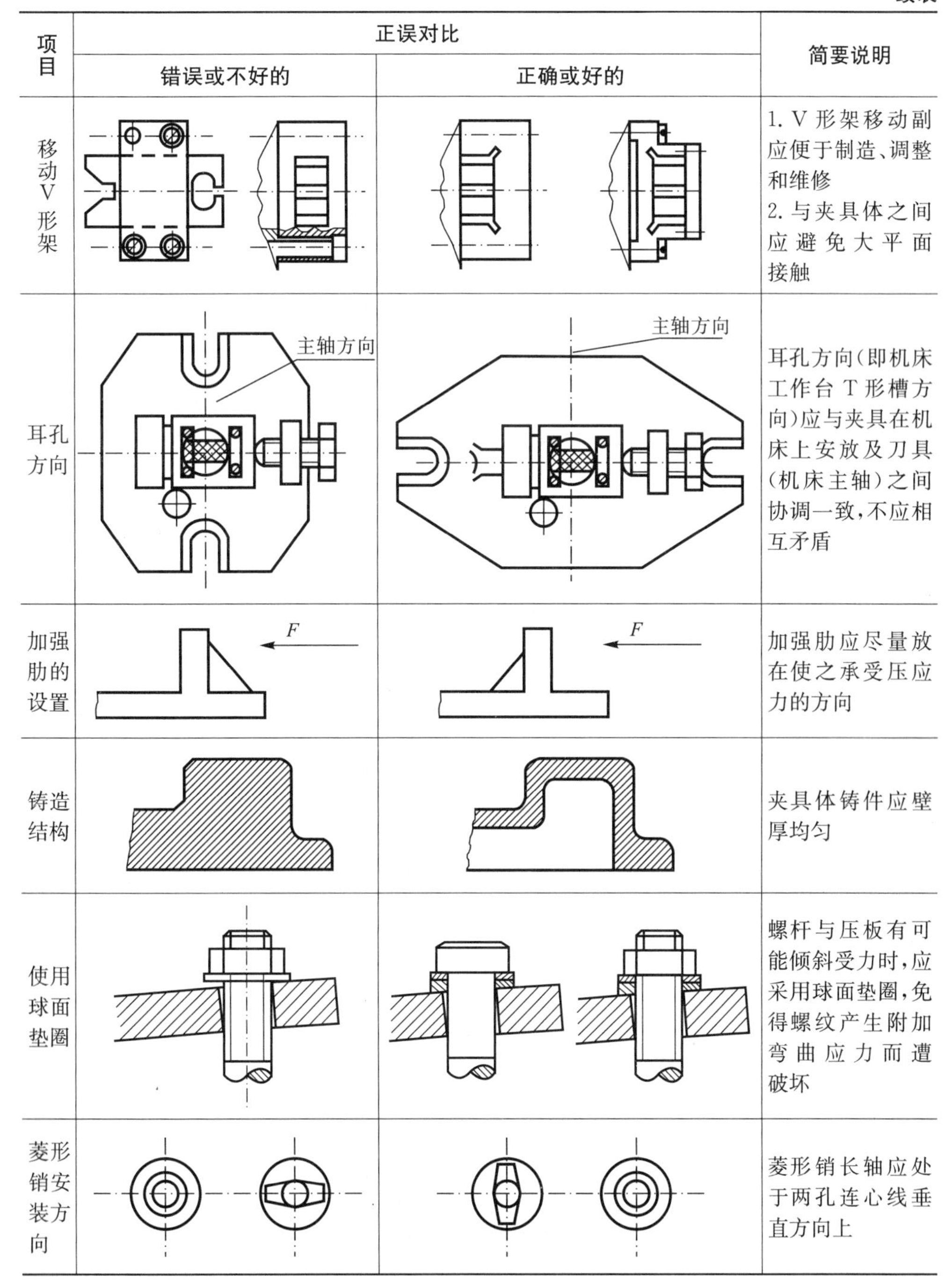

项目	正误对比		简要说明
	错误或不好的	正确或好的	
移动V形架			1. V形架移动副应便于制造、调整和维修 2. 与夹具体之间应避免大平面接触
耳孔方向			耳孔方向(即机床工作台T形槽方向)应与夹具在机床上安放及刀具(机床主轴)之间协调一致,不应相互矛盾
加强肋的设置			加强肋应尽量放在使之承受压应力的方向
铸造结构			夹具体铸件应壁厚均匀
使用球面垫圈			螺杆与压板有可能倾斜受力时,应采用球面垫圈,免得螺纹产生附加弯曲应力而遭破坏
菱形销安装方向			菱形销长轴应处于两孔连心线垂直方向上

夹具照片

可调式车床夹具

夹具照片

移动式钻床夹具

第6节　机床夹具设计示例一

一、夹具设计任务

图3-5(a)为在轴套上钻∅6H7 mm孔的工序简图,需满足如下加工要求:∅6H7 mm孔轴线到端面B的距离为37.5±0.02 mm,∅6H7 mm孔对∅25H7 mm孔的对称度为0.08。已知轴套外圆柱面、各端面和孔∅25H7 mm均已精加工,工件材料为Q235钢,批量$N=500$件,需设计钻∅6H7 mm孔的钻床夹具。

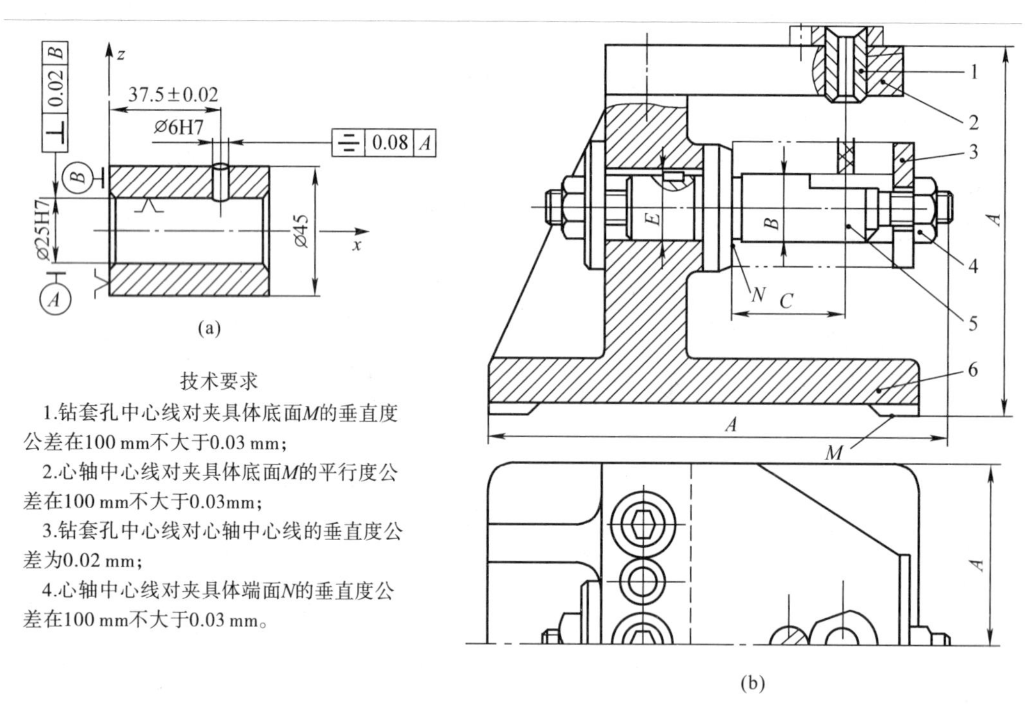

1-固定钻套　2-钻模板　3-开口垫圈　4-夹紧螺母　5-定位心轴　6-夹具体

图3-5　轴套钻孔工序简图及其夹具

二、确定夹具结构方案

(1)确定定位方案,设计和定位元件。从图3-5(a)可知,钻∅6H7 mm孔的工序基准为端面B及∅25H7 mm孔的轴线,按基准重合原则选B面及∅25H7 mm孔为定位基准。定位方案如图3-5(b)所示,定位心轴5限制工件$\vec{y}$、$\vec{z}$、$\widehat{y}$、$\widehat{z}$四个自由度，台阶面 N 限制工件 $\vec{x}$、$\widehat{y}$、$\widehat{z}$ 三个自由度，故 $\widehat{y}$、$\widehat{z}$ 两个自由度被重复限制。但由于工件定位端面 B 与定位孔∅25H7 mm 均精加工过，其垂直度要求比较高，另外定位心轴与台阶端面垂直度要求更高，一般需要磨削加工。因此一批工件在定位心轴上安装时不会产生干涉现象，这种过定位是可以采用的。定位心轴的右上部铣平，用来让刀和避免钻孔后的毛刺妨碍工件装卸。

(2)导向和夹紧方案以及其他元件的设计。为了确定刀具相对于工件的位置，夹具上应设置引导元件。由于生产批量较小，可采用固定钻套。如图 3-5(b)所示，固定钻套 1 安装在固定式钻模板 2 上，钻模板与工件要留有排屑空间，以便于排屑。另外，轴套的轴向刚度比径向刚度好，因此夹紧力应指向限位台阶面 N，如图 3-2(b)所示，采用带开口垫圈 3 的螺旋夹紧机构，使工件装卸迅速、方便。

(3)夹具体设计。图 3-5(b)的轴套钻孔夹具采用铸造夹具体，定位心轴 5 及钻模板 2 均安装在夹具体 7 上，夹具体 7 上的 N 面作为安装基面。此方案结构紧凑、安装稳定、刚性好，但制造周期较长，成本略高。

三、夹具总图绘制

(1)夹具总图的尺寸标注。

夹具总图上应标注的尺寸主要有：

①夹具的外形轮廓尺寸。这类尺寸表示夹具长、宽、高最大外形尺寸。对于活动部分，应表示其在空间的最大尺寸，这样可避免机床、夹具、刀具发生干涉。图 3-5(b)中尺寸 A 为夹具最大轮廓尺寸。

②影响定位精度的尺寸。这类尺寸表示夹具定位元件与工件的配合尺寸和定位元件之间的位置尺寸，其配合精度及位置尺寸公差对定位误差产生很大的影响，一般是依据工件在本道工序的加工技术要求，并经定位误差验算后方可标注。图 3-5(b)中尺寸 B 属此类尺寸。

③影响对刀精度的尺寸。这类尺寸表示对刀元件(或引导元件)与刀具之间的配合尺寸、对刀元件(或引导元件)与定位元件之间的位置尺寸、引导元件之间位置尺寸，其作用是保证对刀精度。图 3-5(b)中尺寸 C 为该尺寸。

④夹具与机床的联接尺寸。对于车床来说，是夹具与车床的主轴端的联接尺寸；对铣床来说，它是夹具定位键、U 形槽与机床工作台 T 形槽的联接尺寸，其作用是保证机床的安装精度。

⑤其他重要配合尺寸。该尺寸属于夹具内部各组成连接副的配合、各组成元件之间的位置关系等。图 3-5(b)中尺寸 E 就是此类尺寸。

上述联系尺寸和位置尺寸的公差，通常取工件相应公差的 1/5～1/3。

(2)夹具总图的技术要求。

夹具总图上标注的技术要求通常有以下几个方面：

①定位元件的定位表面之间的相互位置精度。

②定位元件的定位表面与夹具安装面之间的相互位置精度。

③定位表面与引导元件工作表面之间的相互位置精度。

④各引导元件工作表面之间的相互位置精度。

⑤定位表面或引导元件的工作表面对夹具找正基准面的位置精度。

⑥与保证夹具装配精度有关的或与检验方法有关的特殊技术要求。

上述形位公差，通常取工件相应形位公差的1/5～1/3。不同的机床夹具，对夹具的具体结构和使用要求是不同的。在实际机床夹具设计中，应进行具体分析，在参考机床夹具设计手册以及同类夹具图样资料的基础上，制订出该夹具的具体技术要求。

夹具照片

圆盘式螺旋夹紧车床夹具

夹具照片

轴瓦铣床夹具

第7节　机床夹具设计示例二

一、夹具设计要求

图3-6所示为某车床的接头零件图。该零件系小批量生产，材料为45号钢，毛坯采用模锻件。现要求设计加工该零件上尺寸为28H11的槽口所使用的夹具。槽口的加工采用三面刃铣刀在卧式铣床上进行。

在图3-6中，接头零件的槽口加工要求为：保证宽度28H11，深度40 mm，表面粗糙度侧面为Ra3.2 μm，底面为Ra6.3 μm，并要求两侧面对孔∅20H7的轴心线对称度公差为0.1 mm；两侧面对孔∅10H7的轴心线垂直度公差为0.1 mm。在加工槽口之前，除孔∅10H7尚未进行加工外，其他各面均已加工达到图纸要求。

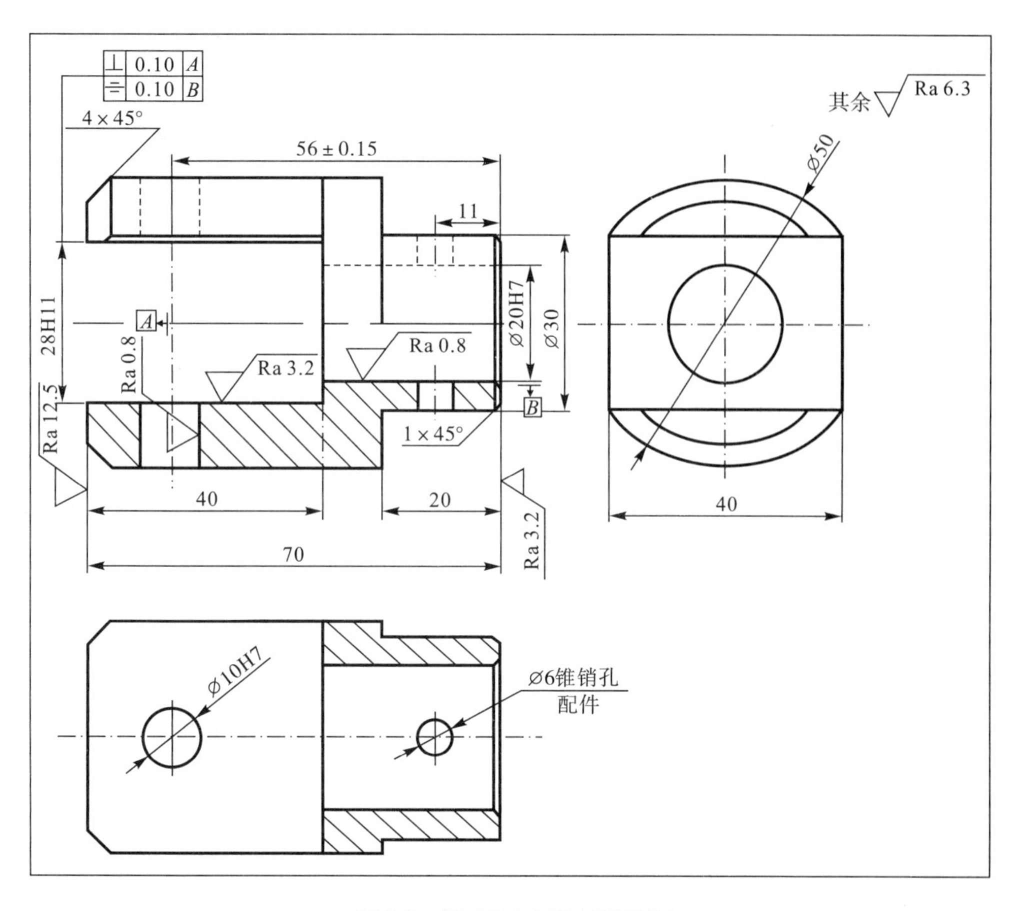

图 3-6　某车床上接头的零件图

二、工件装夹方案的确定

工件装夹方案的确定，首先应考虑满足加工要求。槽口两侧面之间的宽度 28H11 取决于铣刀的宽度，与夹具无关，而深度 40 mm 则由调整刀具相对夹具的位置保证。两侧面对孔⌀10H7 轴心线的垂直度要求，因该孔尚未进行加工，故可在后面的该孔加工工序中保证。为此，考虑定位方案，主要应满足两侧面与孔⌀20H7轴心线的对称度要求。根据基准重合的原则，应选孔⌀20H7 的轴线为第一定位基准。

由于要保证一定的加工深度，故工件沿高度方向的自由度也应限制。故工件的定位基准的选择如图 3-7 所示，除孔⌀20H7(限制沿 x，y 轴和绕 x，y 轴的自由度)之外，还应以一端面(限制沿 z 轴的自由度)进行定位，共限制 5 个自由度，这种属于不完全定位。

工件定位方案的确定除了考虑加工要求以外，还应结合定位元件的结构及夹紧方案实现的可能性而予以最后确定。

对于接头零件的铣槽口工序，其夹紧力方向不外乎是沿径向或沿轴向两种。

由于∅20H7孔的轴线是定位基准，故必须采用沿径向夹紧的方案，以实现夹紧力方向作用于主要定位基面。但孔∅20H7 的直径较小，受结构限制不易实现，因此，采用沿轴向夹紧的方案较为合适。

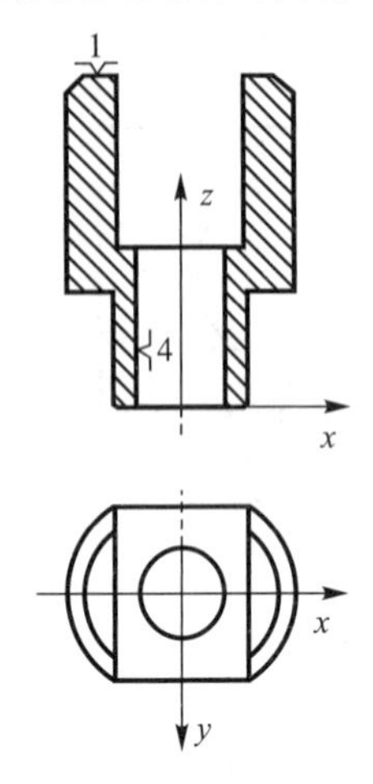

图 3-7　铣槽口工序的初步定位方案

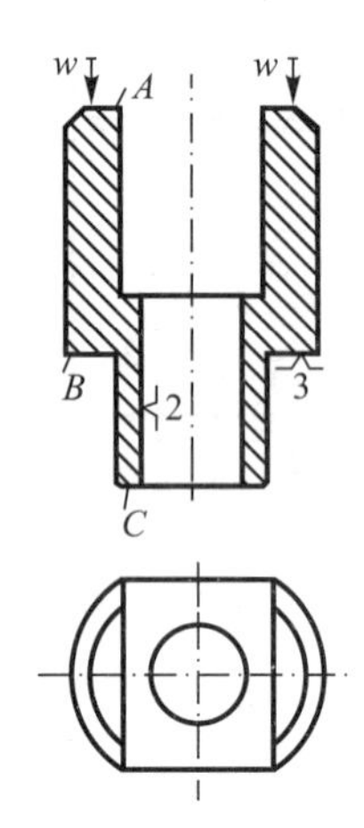

图 3-8　铣槽口工序的装夹方案

考虑到孔∅20H7 下端面 B 及端台 C 均是在一次装夹下加工的，它们之间有一定的位置精度，且槽口深度尺寸 40 mm 为一般公差，故改为以 B 或 C 面为第一定位基准，也能满足加工要求。为使定位稳定可靠，故宜选取面积较大的 B 面为第一定位基准。定位元件则可相应选取一个平面(限制 3 个自由度)，一个短圆柱销(限制 2 个自由度)，如图 3-8 所示，这时夹紧力就可自上而下施加于工件上。由于上端面 A 的中间部分还要进行加工，故只能从两边进行夹紧。

考虑到工件为小批量生产，故可采用手动夹紧，使用螺旋压板夹紧机构向下压紧工件。工件装夹方案确定以后，要进行定位误差计算以确定定位元件的结构尺寸与精度。同时对夹紧机构中的薄弱环节进行强度校核以确定夹紧元件的结构尺寸。

三、其他元件的选择与设计

夹具的设计除了考虑工件的定位和夹紧之外，还要考虑夹具如何在机床上定位，以及刀具相对夹具的位置如何得到确定。

对铣床夹具而言，在机床上是以夹具体底面与铣床工作台面接触和夹具体上两个定位键与铣床工作台上的 T 形槽配合而定位的。定位键的结构和使用情况可由夹具设计手册查得。

调整刀具与夹具的相对位置是为了保证刀具相对工件有一个正确位置，以保证工序加工要求。铣床夹具上调刀最方便的方法是在夹具上安装一个对刀装置(通常为对刀块)。图 3-9 所示的铣槽口夹具，为保证对称性及深度要求，采用了一个直角对刀块。设计时应使对刀块的工作面(对刀面)与定位元件的工作面有位置尺寸精度要求,其公差一般取相应工序尺寸公差的 1/5～1/3。对刀面相对定位元件的位置尺寸,由于对刀时铣刀与对刀面之间留有一定的空隙(为避免刀具直接与对刀块接触),计算时必须加以考虑。

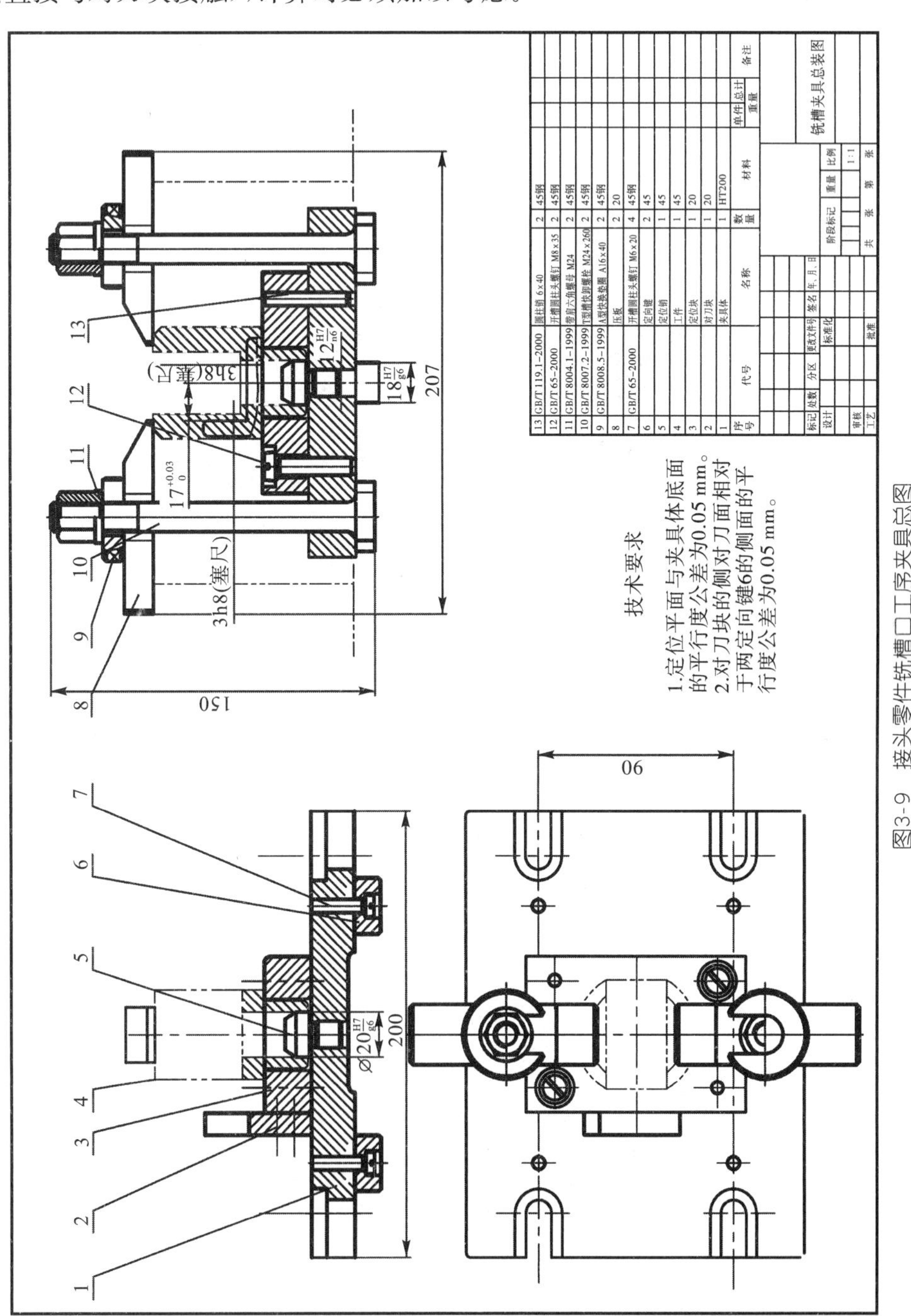

图3-9　接头零件铣槽口工序夹具总图

四、夹具总图的绘制

在上述确定工件定位,夹紧方案,选择和设计相应定位元件和夹紧装置,以及选取和设计夹具的其他元件之后,即可进行夹具总图的绘制。接头零件铣槽口工序夹具总图如图3-9所示。

在夹具总图上应标注的五类尺寸为:

工件定位孔与定位销5的配合尺寸为∅20H7/f6,对刀块的对刀面与定位元件中心线的位置尺寸为$17_{0}^{+0.03}$ mm,对刀块的对刀面与槽口加工面间的位置尺寸为3h8,夹具定向键6与夹具底座的配合尺寸为18H7/h6,夹具的外廓尺寸200 mm×207 mm×150 mm。

夹具照片

自定位车床夹具

夹具照片

钻摇臂锁紧孔钻模

课程设计说明书实例

第1节　零件的分析

一、零件的作用

以图4-1所示的CA6140车床拨叉为例，进行工艺规程的编制和工艺装备的设计。图4-1所示的是CA6140车床拨叉，它位于CA6140车床主轴箱的变速机构中，主要起变速换挡作用。机床操作人员根据加工需求，利用拨叉进行变速换挡，从而使机床主轴获得所需的速度和扭矩。零件小头孔∅22与操纵机构相连，而大头半圆孔∅55则是用于与所控制齿轮所在的轴接触。通过上方的力拨动下方的齿轮变速。两个零件铸为一体，加工时分开。

二、零件的工艺分析

图4-1所示拨叉零件的材料为HT200灰铸铁。灰铸铁的生产工艺简单，铸造性能优良，但塑性较差、脆性高，不适合磨削。其加工的主要表面以及加工表面之间的位置要求如下：

(1)小头孔∅22以及与此孔相通的M8螺纹孔，小头孔∅22的表面粗糙度为Ra1.6。

(2)大头半圆孔∅55，其表面粗糙度为Ra3.2。

(3)拨叉底面、小头孔端面、大头半圆孔的端面，其表面粗糙度均为Ra3.2，其中大头半圆孔两端面与小头孔中心线的垂直度误差为0.07 mm，小头孔上端面与其中心线的垂直度误差为0.05 mm。

根据上述分析，图4-1所示拨叉零件没有复杂的曲面，其加工精度和表面质量要求不高，采用常规的加工工艺，按照各加工方法的经济加工精度及机床所能达到的位置精度，可以先粗加工拨叉零件的下端面，然后以此作为基准采用专用夹具进行后续加工，就可以保证其加工精度要求。

第 2 节　确定生产类型和毛坯

一、确定生产类型

已知图 4-1 所示拨叉零件的生产纲领为 5000 件/年,零件的质量是 1.0 kg/个,查《机械制造工艺设计简明手册》表 1.1-2,可确定该拨叉生产类型为中批生产。为了保证加工精度和表面质量,初步确定其加工过程需划分粗加工和精加工等阶段,工序适当集中,加工设备以通用设备为主,尽量采用专用夹具。

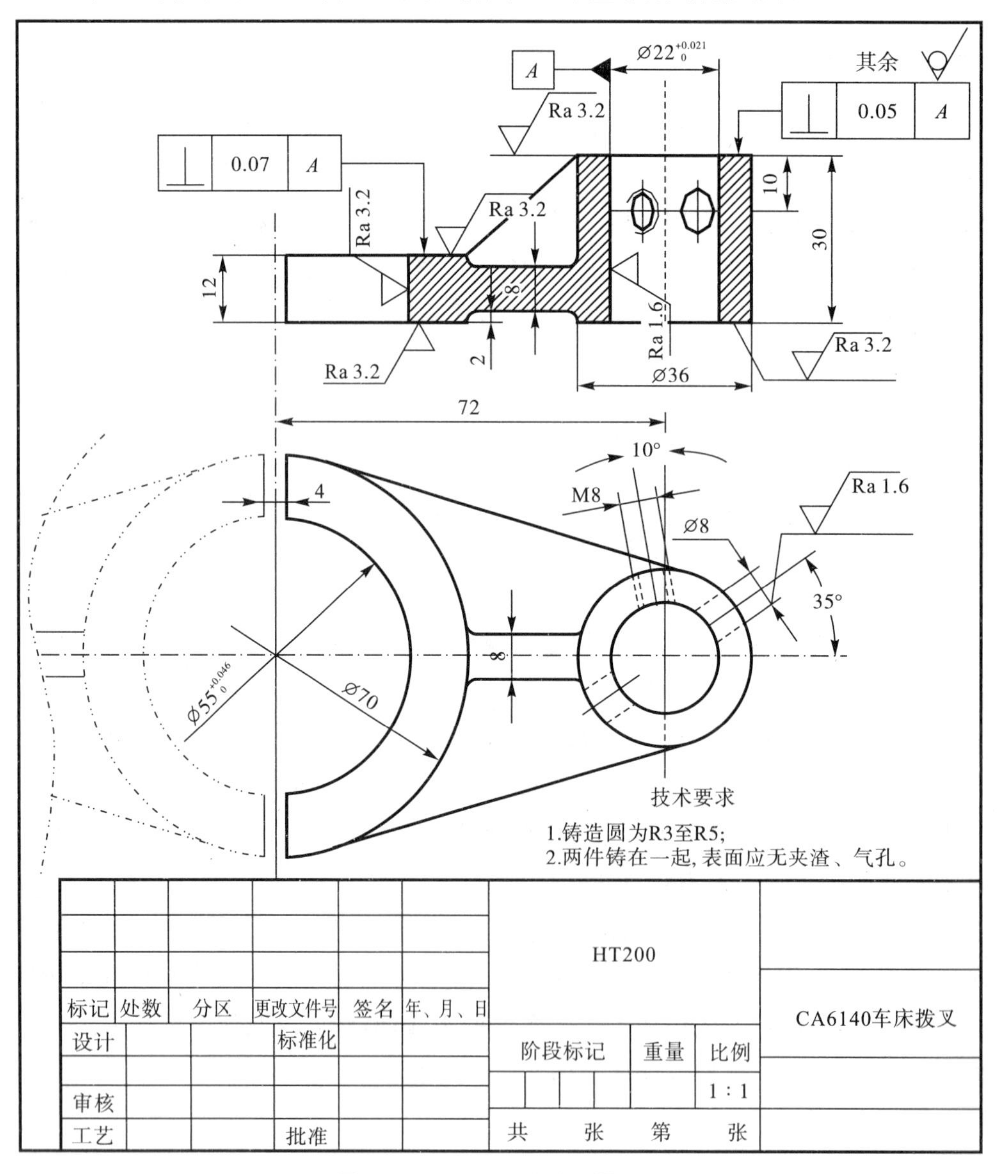

图 4-1　CA6140 车床拨叉零件图

二、确定毛坯

1. 确定毛坯种类

图 4-1 所示拨叉零件的材料为 HT200。考虑零件在机床运行过程中所受冲击不大，零件结构又比较简单，生产类型为中批生产，故选择木模手工砂型铸件毛坯。查阅《机械制造工艺设计简明手册》表 2.2-5 知，选用铸件尺寸公差等级为 CT－12。

2. 确定铸件加工余量及形状

查阅《机械制造工艺设计简明手册》表 2.2-5，选用加工余量为 MA－H 级，并查表 2.2-4 确定各个加工面的铸件机械加工余量，铸件的分型面的选用及加工余量，如表 4-1 所示。

表 4-1　拨叉零件的铸件机械加工余量

简　　图	加工面代号	基本尺寸	加工余量等级	加工余量	说　　明
T2　T3　D1　D2　T4　T1	D1	22	H	11×2	孔降 1 级双侧加工
	D2	55	H	3.5×2	孔降 1 级双侧加工
	T1	30	H	5	单侧加工
	T2	30	H	5	单侧加工
	T3	12	H	5	单侧加工
	T4	12	H	5	单侧加工

3. 绘制铸件毛坯图

根据铸造工艺要求，将拨叉的两个零件铸为一体，加工时分开。根据表 4-1 拨叉零件的铸件机械加工余量，绘制铸件毛坯图如图 4-2 所示。其中拨叉零件的大头半圆孔∅55 先铸造出直径为∅48 的孔，小头孔∅22 无需铸出。

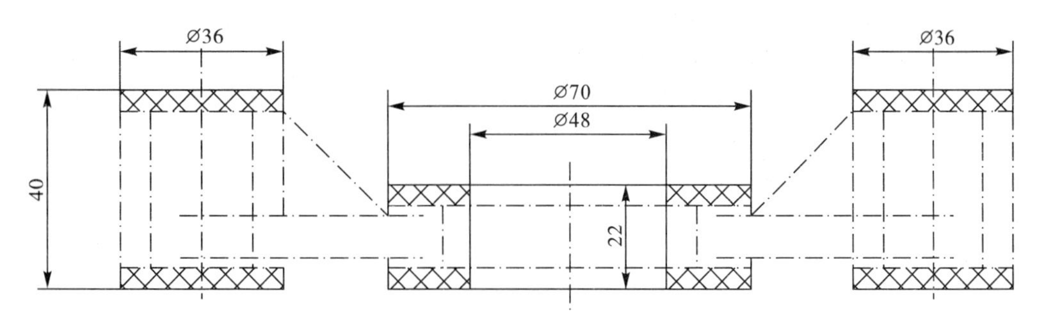

图 4-2　拨叉的毛坯图

第 3 节　工艺规程设计

一、选择定位基准

(1)粗基准的选择:以拨叉零件的小头孔上端面 T2 为主要的定位粗基准,以两个小头孔外圆表面为辅助粗基准。

(2)精基准的选择:考虑要保证零件的加工精度和装夹准确方便,依据“基准重合”原则和“基准统一”原则,以粗加工后的底面 T1 为主要的定位精基准,以两个小头孔外圆柱表面为辅助的定位精基准。

二、制定工艺路线

根据图 4-1 所示拨叉零件的几何形状、尺寸精度及位置精度等技术要求,以及加工方法所能达到的经济精度,在生产纲领已确定的情况下,可以考虑采用万能性机床配以专用夹具,并尽量采用工序集中原则来提高生产率。除此之外,还应当考虑经济效果,以便使生产成本尽量下降。查阅第 5 章中的表 5-7、表 5-8、表 5-9,选择零件的加工方法及工艺路线方案,如表 4-2 所示。

表 4-2　零件的工艺路线方案

工序号	工序内容	机床	夹具
10	以 T2 为粗基准,粗铣∅22、∅55 的下端面	XA5032 立式铣床	专用夹具
20	以 T1 为定位基准,粗铣小头孔∅22 的上端面	XA5032 立式铣床	专用夹具
30	以 T4 为定位基准,粗铣大头孔∅55 的上端面	XA5032 立式铣床	专用夹具
40	以∅36 外圆和 T2 为基准,钻、扩小头孔∅22 至尺寸∅21.8 mm	Z525 立式钻床	专用夹具
50	以 D1 为定位基准,粗镗大头孔∅55 至尺寸$\varnothing 53_{0}^{+0.3}$ mm	T616 卧式镗床	专用夹具
60	以 T2 为基准,精铣小头孔∅22 下端面	XA5032 立式铣床	专用夹具
70	以 T1 为基准,精铣小头孔∅22 上端面	XA5032 立式铣床	专用夹具
80	以 D1 为基准,精铣大头孔∅55 上端面	XA5032 立式铣床	专用夹具
90	以 T2 和∅36 外圆为基准,粗铰、精铰小头孔至尺寸$\varnothing 22_{0}^{+0.021}$ mm	Z525 立式钻床	专用夹具
100	以 D1 做定位基准,半精镗大头孔至尺寸∅54.4 mm	T616 卧式镗床	专用夹具
110	以 D1 做定位基准,精镗大头孔至尺寸$\varnothing 55_{0}^{+0.046}$ mm	T616 卧式镗床	专用夹具
120	以 T1 和 D1 为定位基准,钻 M8 底孔,攻螺纹	Z525 立式钻床	专用夹具
130	以 D1 为定位基准,铣断	X61 卧式铣床	专用夹具
140	去毛刺	钳工台	
150	终检	钳工台	

三、机械加工余量、工序尺寸及公差的确定

前面根据资料已初步确定工件各面的总加工余量，现在确定各表面的各工序的加工余量如表 4-3 和表 4-4 所示。

表 4-3　内孔工序尺寸及其加工余量

加工表面	加工内容	加工余量(mm)	精度等级	工序尺寸(mm)	表面粗糙度(μm)
∅55IT8(D2)	铸件		CT12	$\varnothing 48\pm 2.8$	
	粗镗	5.0	IT12	$\varnothing 53_{0}^{+0.300}$	12.5
	半精镗	1.4	IT10	$\varnothing 54.4_{0}^{+0.120}$	6.3
	精镗	0.6	IT8	$\varnothing 55_{0}^{+0.046}$	3.2
∅22IT7(D1)	钻	20	IT11	$\varnothing 20_{0}^{+0.130}$	
	扩	1.8	IT10	$\varnothing 21.8_{0}^{+0.084}$	6.3
	粗铰	0.14	IT8	$\varnothing 21.94_{0}^{+0.033}$	3.2
	精铰	0.06	IT7	$\varnothing 22_{0}^{+0.021}$	1.6

表 4-4　平面工序尺寸及其加工余量

序号	工序内容	加工余量(mm)	精度等级	工序尺寸(mm)	表面粗糙度(μm)
	铸件	5.0	CT12	40 ± 2.5	
01	粗铣∅22 孔下端面	4.0	12	$36.0_{-0.25}^{0}$	6.3
02	粗铣∅22 孔上端面	4.0	12	$32.0_{-0.25}^{0}$	6.3
03	粗铣∅55 孔上端面	4.0	12	$14.0_{-0.180}^{0}$	6.3
07	精铣∅22 孔下端面	1.0	8	$31.0_{-0.039}^{0}$	3.2
08	精铣∅22 孔上端面	1.0	8	$30.0_{-0.033}^{0}$	3.2
10	精铣∅55 孔上端面	1.0	8	$12.0_{-0.027}^{0}$	3.2

第 4 节　确定切削用量与时间定额

一、工序 10 的切削用量与时间定额

1. 加工条件

工件材料：HT200，σ_b＝170～240 MPa，铸件；

工件尺寸：宽度 a_{emax}＝70 mm，长度l＝180 mm；

加工要求：粗铣∅22、∅55 下端面，加工余量 4 mm；

机床：XA5032 立式铣床，机床功率为 7.5 kW，机床效率为 0.75；

刀具：YG6硬质合金端铣刀。铣削宽度 $a_e \leqslant 90$，深度 $a_p \leqslant 6$，齿数 $z=12$，故根据《切削用量简明手册》表3.1，取刀具直径 $d_0=125$ mm。根据《切削用量简明手册》表3.16，选择刀具前角 $\gamma_0=0°$后角 $\alpha_0=8°$，副后角 $\alpha_0'=10°$，刃倾角 $\lambda s=-10°$，主偏角 $Kr=60°$，过渡刃 $Kr\varepsilon=30°$，副偏角 $Kr'=5°$。

2. 选择切削用量

(1)确定切削深度 a_p。

因为余量较小，故选择 $a_p=4$ mm，一次走刀即可完成。

(2)确定每齿进给量 f_z。

由于本工序为粗加工，尺寸精度和表面质量可不考虑，可采用不对称端铣，选用大进给量以提高加工效率。根据《切削用量简明手册》表3.5知，使用YG6硬质合金端铣刀加工，机床功率为7.5 kW时：$f_z=0.14 \sim 0.24$ mm/z，取 $f_z=0.18$ mm/z。

(3)确定刀具寿命及磨钝标准。

根据《切削用量简明手册》表3.7知，取铣刀刀齿后刀面最大磨损量为1.5 mm；由于铣刀直径 $d_0=125$ mm，根据《切削用量简明手册》表3.8知，选刀具使用寿命 $T=180$ min。

(4)计算切削速度 v_c和每分钟进给量 v_f。

根据《切削用量简明手册》表3.16知，当 $d_0=125$ mm，$Z=12$，$a_p \leqslant 7.5$，$f_z \leqslant 0.18$ mm/z时，经插值后取 $v_t=90$ m/min，$n_t=210$ r/min，$v_{ft}=400$ mm/min。各修正系数为：$k_v=k_{Mv} \cdot k_{Sv}=1.0 \times 0.8=0.8$。切削速度为：$v_c=v_t k_v=90 \times 0.8=72$ m/min，确定机床主轴转速：

$$n_s=\frac{1000v_c}{\pi d_w}=\frac{1000 \times 72}{3.14 \times 125}=183.4\ \text{r/min}。$$

根据《切削用量简明手册》表3.30知，选择机床的主轴转速 $n=190$ r/min，$v_f=150$ mm/min，因此，实际铣削速度和每齿进给量为：

$$v_c=\frac{\pi d_0 n}{1000}=\frac{3.14 \times 125 \times 190}{1000}\ \text{m/min}=74.6\ \text{m/min}$$

$$f_z=\frac{v_f}{nz}=\frac{150}{190 \times 12}=0.066\ \text{mm/z}$$

(5)校验机床功率。

根据《切削用量简明手册》表3.24知，近似为 $P_c=3.3$ kW，根据机床使用说明书，主轴允许功率 $P_{cm}=7.5 \times 0.75=5.625\ \text{kW}>P_c$。故校验合格。最终确定：$a_p=4.0$ mm，$n=190$ r/min，$v_f=150$ mm/s，$v_c=74.6$ m/min，$f_z=0.066$ mm/z。

3. 计算基本工时

$t_m=L/v_f$，$L=l+y+\Delta$，$l=180$ mm，查《切削用量简明手册》表3.26，不对称端

铣的入切量及超切量为：$y+\Delta=40$ mm，则：$t_m=L/v_f=(180+40)/150=1.47$ min。

二、工序 20 和工序 30 的切削用量与时间定额

工序 20 的内容为：以 T1 为定位基准，粗铣∅22 上端面。其切削用量和时间定额及其计算过程同工序 10，不再赘述。

工序 30 的内容为：以 T4 为定位基准，粗铣∅55 上端面。其切削用量和时间定额及其计算过程同工序 10，也不再赘述。

三、工序 40 的切削用量与时间定额

工序内容为：以∅36 外圆和 T2 为基准，钻小头孔至∅20 mm，再扩孔至∅21.8 mm，保证垂直度误差不超过 0.05 mm，孔的精度达到 IT10。

1. 加工条件

工件材料：HT200，$\sigma_b=170\sim240$ MPa，铸件；

机床：Z525 立式钻床，机床主电动机功率为 2.8 kW，机床效率为 0.81；

刀具：根据《切削用量简明手册》表 2.1 和表 2.2，选择高速钢麻花钻钻头，粗钻时 $d_o=20$ mm，钻头采用双锥后磨横刀，后角 $\alpha_o=11^\circ$，二重刃长度 $b_\varepsilon=3.5$ mm，横刃长度 $b=2$ mm，弧面长度 $l=4$ mm，棱带长度 $l_1=1.5$ mm，$2\varphi=100^\circ$，$\beta=30^\circ$。

2. 选择切削用量

（1）确定进给量。

按加工要求确定进给量：查《切削用量简明手册》表 2.7，加工 $\sigma_b\geqslant200$ MPa 的铸铁的进给量为：$f=0.43\sim0.53$ mm/r；按钻头强度选择：查《切削用量简明手册》表 2.8，钻头允许进给量为：$f=1.45$ mm/r；按机床进给机构强度选择：查《切削用量简明手册》表 2.9，机床进给机构允许轴向力为 8330 N 时，进给量为 $f=0.93$ mm/r。

以上三个进给量比较得出，受限制的进给量是工艺要求，其值为：0.43～0.53 mm/r。根据《切削用量简明手册》表 2.35，最终选择进给量 $f=0.48$ mm/r。

由于是通孔加工，为避免即将钻穿时钻头折断，故应在即将钻穿时停止自动进给而改为手动进给。

根据《切削用量简明手册》表 2.19，经线性插值得，钻孔时轴向力约为 $F_f=4850$ N，轴向力修正系数取 1.0，故 $F_f=4850$ N。根据 Z525 立式钻床使用说明书，机床进给机构允许的最大轴向力为 8830 N$>F_f$，故所选进给量可用。

（2）确定钻头磨钝标准及寿命。

查《切削用量简明手册》表 2.12 知，钻头后刀面最大磨损限度为 0.8 mm，寿命 $T=60$ min。

(3)切削速度。

查《切削用量简明手册》表2.30知,切削速度计算公式为:

$$v_c = \frac{C_v d_0^{z_v}}{T^m a_p^{x_v} f^{y_v}} k_v \quad (\mathrm{m/min})$$

其中,$C_v=11.1$,$d_0=20$ mm,$z_v=0.25$,$m=0.125$,$a_p=10$,$x_v=0$,$y_v=0.4$,$f=0.48$,查得修正系数:$k_{Tv}=0.78$,$k_{lv}=1$,$k_{tv}=1.0$,故切削速度为:

$$v_c=\frac{11.1\times 20^{0.25}}{60^{0.125}\times 10^0\times 0.48^{0.4}}\times 0.78=14.7\ \mathrm{m/min}$$

则机床的主轴转速为:

$$n=\frac{1000v_c}{\pi d_0}=\frac{1000\times 14.7}{3.14\times 20}=234\ \mathrm{r/min}$$

查Z525立式钻床的使用说明书:选主轴转速272 r/min,则实际的切削速度为:

$$v_c=\frac{\pi d_0 n}{1000}=\frac{3.14\times 20\times 272}{1000}=17.1\ \mathrm{m/min}$$

(4)检验机床扭矩及功率。

查《切削用量简明手册》表2.20知,经线性插值得,$M_t=47.34$ N·m,修正系数均为1.2,故$M_c=56.8$N·m。

查《切削用量简明手册》表2.35知,Z525立式钻床主轴转速272 r/min时,能传递的扭矩为$M_m=144.2$ N·m。而Z525立式钻床的主电动机功率为2.8 kW,机床效率为0.81,则$P_E=2.8\times 0.81=2.26$ kW。

查《切削用量简明手册》表2.23,钻头消耗功率约为:$P_c=1.2$ kW。

由于$M_c<M_m$,$P_C<P_E$,故切削用量可用,即:

$f=0.48$ mm/r,$n=n_c=272$ r/min,$v_c=17.1$ m/min

3. 计算工时

$t_m=L/v_f$,$L=l+y+\Delta$,$l=30+8=38$ mm,查《切削用量简明手册》表2.29,钻孔时的入切量及超切量为:$y+\Delta=10$ mm,则

$$t_m=\frac{L}{nf}=\frac{38+10}{272\times 0.48}=0.37\ \mathrm{min}$$

4. 扩孔至∅21.8

查《切削用量简明手册》表2.10知,扩孔进给量为:$f=0.6\sim 0.7$ mm/r,修正系数取0.7,并由机床使用说明书最终选定进给量为:$f=0.48$ mm/r。

查《切削用量简明手册》表2.30知,扩孔时切削速度计算公式为:

$$v_c = \frac{C_v d_0^{z_v}}{T^m a_p^{x_v} f^{y_v}} k_v \quad (\mathrm{m/min})$$

其中,$C_v=15.2$,$d_0=21.8$ mm,$z_v=0.25$,$m=0.125$,$a_p=0.9$,$x_v=0.1$,

$y_v=0.4, f=0.48$,查得修正系数:$k_{Tv}=1, k_{Mv}=0.78, k_{sv}=0.75$,故切削速度为:

$$v_c=\frac{15.2\times 21.8^{0.25}}{60^{0.125}\times 0.9^{0.1}\times 0.48^{0.4}}\times 0.78\times 0.75=15.6\ \text{m/min}$$

则机床的主轴转速为:

$$n=\frac{1000v_c}{\pi d_0}=\frac{1000\times 15.6}{3.14\times 21.8}=227.9\ \text{r/min}$$

查 Z525 立式钻床的使用说明书:选主轴转速 195 r/min,则实际的切削速度为:

$$v_c=\frac{\pi d_0 n}{1000}=\frac{3.14\times 21.8\times 195}{1000}=13.3\ \text{m/min}$$

$t_m=L/v_f, L=l+y+\Delta, l=30+8=38$ mm,查《切削用量简明手册》表 2.29 知,扩孔时的入切量及超切量为:$y+\Delta=10$ mm,则

$$t_m=\frac{L}{nf}=\frac{38+10}{195\times 0.48}=0.51\ \text{min}$$

四、工序 50 的切削用量与时间定额

工序内容为:以 D1 为定位基准,粗镗大头孔至尺寸$\varnothing 53_0^{+0.3}$ mm。

机床:选用 T616 卧式镗床,刀具:高速钢刀头。单边余量 $z=2.5$ mm,取 $a_p=2.5$ mm。由《机械加工工艺师手册》29-14 查得取:粗镗的进给量为 $f=0.3\sim1.0$ mm/r,切削速度$v_c=20\sim35$ m/min,再根据《机械制造工艺设计简明手册》4.2-21查得取:$f=0.58$ mm/r,$n=168$ r/min。

查《机械制造工艺设计简明手册》6.2-1,取镗削的入切量及超切量为 $y+\Delta=3+3=6$ mm,则计算切削工时:

$$t_m=\frac{L}{f_m}=\frac{12+6}{200\times 0.58}=0.16\ \text{min}$$

五、工序 60 的切削用量与时间定额

工序内容为:以 T2 为基准,精铣小头孔$\varnothing$22 下端面。刀具:YG6 硬质合金端铣刀,$d_w=125$ mm,z=12;机床:XA5032 立式铣床。

查《切削用量简明手册》表 3.5,采用 YG6 硬质合金端铣刀,精铣时每转进给量 $f=0.5\sim1.0$ mm/r,取 f 为 0.75 mm/r。查《切削用量简明手册》表 3.16,确定铣削速度为 $v=124$ m/min,则:

$$n_s=\frac{1000v}{\pi d_w}=\frac{1000\times 124}{\pi\times 125}=316\ \text{r/min}$$

现采用 XA5032 立式铣床,根据《切削用量简明手册》表 3.30,取 $n_w=300$ r/min,故实际切削速度:

$$v=\frac{\pi d_w n_w}{1000}=\frac{\pi\times 125\times 300}{1000}=117.75\ \text{m/min}$$

当 $n_w=300$ r/min 时,工作台每分钟进给量: $f_m=f\cdot n_w=0.75\times300=225$ mm/min,根据《切削用量简明手册》表 3.30,取为 $f_m=235$ mm/min。

根据图 4-1 可知,铣削平面的长度为 $l=180$ mm,查《切削用量简明手册》表 3.26,精铣时入切量及超切量 $y+\Delta$ 取值等于铣刀直径 125 mm,则本工序切削时间为:$t_m=L/f_m=(180+125)/235=1.3$ min。

六、工序 70 和工序 80 的切削用量与时间定额

工序 70 的内容为:以 T1 为基准,精铣小头孔∅22 上端面。其切削用量和时间定额及其计算过程同工序 60,也不再赘述。

工序 80 的内容为:以 D1 为基准,精铣大头孔∅55 上端面。其切削用量和时间定额及其计算过程同工序 60,也不再赘述。

七、工序 90 的切削用量与时间定额

工序内容为:以 T2 和∅36 外圆为基准,粗铰、精铰小头孔至尺寸 $\varnothing22_{0}^{+0.021}$ mm。

(1)粗铰至∅21.94 mm。

刀具:硬质合金铰刀∅21.94 mm;

机床:Z525 立式钻床;

根据《切削用量简明手册》表 2.25,硬质合金铰刀的切削深度 $a_p=0.05\sim0.15$ mm,进给量 $f=0.2\sim0.4$ mm/r,切削速度 $v=6\sim10$ m/min。根据工序加工需要,取切削深度 $a_p=0.14$ mm,进给量取 $f=0.3$ mm/r,根据《切削用量简明手册》表 2.35,Z525 立式钻床主轴转速取为 $n_w=140$ r/min,则其实际切削速为 $v=\frac{n\pi d}{1000}=\frac{140\times3.14\times21.94}{1000}=9.6$ m/min。

机动粗铰孔时的切削工时,参考钻孔情况取入切量及超切量为 $y+\Delta=10$ mm,则本工序切削时间为:

$$t_m=\frac{30+10}{n_w\cdot f}=\frac{40}{140\times0.3}=0.95\ \text{min}$$

(2)精铰至 $\varnothing22_{0}^{+0.021}$ mm。

刀具:硬质合金铰刀 $d_w=\varnothing22$ mm;

机床:Z525 立式钻床;

根据《切削用量简明手册》表 2.25,硬质合金铰刀的切削深度 $a_p=0.05\sim0.15$ mm,进给量 $f=0.2\sim0.4$ mm/r,切削速度 $v=6\sim10$ m/min。根据工序加工需要,取切削深度 $a_p=0.03$ mm,进给量取 $f=0.4$ mm/r,机床主轴转速取为:$n_w=140$ r/min,则其切削速度为:

$$v = \frac{n\pi d}{1000} = \frac{140 \times 3.14 \times 22}{1000} = 9.7\ \text{m/min}$$

机动粗铰孔时的切削工时，参考钻孔情况取入切量及超切量为 $y + \Delta = 10$ mm，则本工序切削时间为：

$$t_m = \frac{30+10}{n_w \cdot f} = \frac{40}{140 \times 0.4} = 0.71\ \text{min}$$

八、工序100的切削用量与时间定额

工序内容为：以D1做定位基准，半精镗大头孔至尺寸∅54.4 mm。

机床：T616卧式镗床，刀具：高速钢刀头。

单边余量 $z = 0.7$ mm，则 $a_p = 0.7$ mm。

由《机械加工工艺师手册》29－14查得取：半精镗的进给量为 $f = 0.2 \sim 0.8$ mm/r，切削速度 $v_c = 25 \sim 40$ m/min，再根据《机械制造工艺设计简明手册》4.2-21查得取：$f = 0.58$ mm/r，$n = 134$ r/min。

查《机械制造工艺设计简明手册》6.2-1知，取镗削的入切量及超切量为 $y + \Delta = 3 + 3 = 6$ mm，则计算切削工时：

$$t_m = \frac{L}{f_m} = \frac{12+6}{134 \times 0.58} = 0.23\ \text{min}$$

九、工序110的切削用量与时间定额

工序内容为：以D1做定位基准，精镗大头孔至尺寸∅$55_{0}^{+0.046}$ mm。

机床：T616卧式镗床，刀具：高速钢刀头。

单边余量 $z = 0.3$ mm，可一次切除，则 $a_p = 0.3$ mm。

由《机械加工工艺师手册》29-14查得：取精镗的进给量为 $f = 0.15 \sim 0.5$ mm/r，切削速度 $v_c = 15 \sim 30$ m/min，再根据《机械制造工艺设计简明手册》4.2-21查得：取 $f = 0.28$ mm/r，$n = 134$ r/min。查《机械制造工艺设计简明手册》6.2-1，取镗削的入切量及超切量为 $y + \Delta = 3 + 3 = 6$ mm，则计算切削工时：

$$t_m = \frac{L}{f_m} = \frac{12+6}{134 \times 0.28} = 0.48\ \text{min}$$

十、工序120的切削用量与时间定额

工序内容为：以T1和D1为定位基准，钻M8底孔，攻螺纹。

(1)钻螺纹底孔∅6.8 mm。

机床：Z525立式钻床

刀具：高速钢麻花钻

根据《切削用量简明手册》表 2.7，查得进给量为 $f=0.22\sim0.26$ mm/r，考虑钻孔后要攻螺纹，需乘以系数 0.5，现取进给量 $f=0.12$ mm/r，切削速度 $v=17$ m/min，则主轴转速为：

$$n_s=\frac{1000v}{\pi d_w}=\frac{1000\times17}{\pi\times6.8}=796\ \text{r/min}$$

查《机械制造工艺设计简明手册》表 4.2-15 立式钻床主轴转速，取 $n_w=680$ r/min。所以实际切削速度为：

$$v_c=\frac{\pi d_w n_w}{1000}=\frac{\pi\times7\times680}{1000}=14.52\ \text{m/min}$$

查《切削用量简明手册》表 2.29，取钻孔时的入切量及超切量为：$y+\Delta=4$ mm，则计算切削基本工时：

$$t_m=\frac{l+y+\Delta}{f_m}=\frac{7+4}{680\times0.12}=0.13\ \text{min}$$

(2)攻螺纹 M8。

机床：Z525 立式钻床，刀具：丝锥 M8，P=1.25 mm。

普通丝锥在铸铁上攻螺纹，其切削速度一般为 8～10 m/min，初选切削速度 $v=8$ m/min，进给量为 $f=P=1.25$ mm/r，则机床主轴转速为：$n_s=318.5$ r/min，按机床使用说明书选取：$n_w=392$ r/min，则实际切削速度为 $v_c=9.8$ m/min。机动攻螺纹长度 $l=7+4=11$ mm，则切削基本工时为：

$$t_m=\frac{l}{f\cdot n_w}=\frac{11}{1.25\times392}=0.02\ \text{min}$$

十一、工序 130 的切削用量与时间定额

工序内容为：以 D1 为定位基准，铣断。

选择锯片铣刀，$d=160$ mm，宽度 $b=4$ mm，中齿，Z=40。

采用 X61 卧式铣床，查《切削用量简明手册》表 3.4，选择进给量为：$f_z=0.02$ mm/z。根据《机械制造工艺设计简明手册》表 4.2-39，取 $n_w=100$ r/min，故实际切削速度为：

$$v=\frac{\pi d_w n_w}{1000}=\frac{\pi\times160\times100}{1000}=50.2\ \text{m/min}$$

此时工作台每分钟进给量 f_m 应为：$f_m=f_z Z n_w=0.02\times40\times100=80$ mm/min

查《机械制造工艺设计简明手册》表 4.2-40，取 $f_m=85$ mm/min。

根据图 4-1 可知，铣断长度为 $l=70$ mm，查《切削用量简明手册》表 3.25，铣断时入切量及超切量 $y+\Delta$ 取 28 mm，计算切削基本工时：

$$t_m=\frac{l+y+\Delta}{f_m}=\frac{70+28}{80}=1.23\ \text{min}$$

第 5 节　计算机辅助工艺卡片填写

根据上述对 CA6140 车床拨叉零件的工艺规程设计结果，采用 CAXA 电子图板工艺版软件进行工艺卡片的填写，其工艺过程卡片如图 4-3 所示，以工序 120 为例，其工序卡片如图 4-4 所示。

机械加工工艺过程卡片		产品型号		零件图号		总 1 页	第 1 页
		产品名称		零件名称	CA6140车床拨叉	共 1 页	第 1 页
材料牌号 HT200	毛坯种类 铸件	毛坯外形尺寸		每毛坯可制件数 2	每台件数	备注	

工序号	工序名称	工序内容	车间	工段	设备	工艺装备	工时 准终	工时 单件
10	粗铣	以T2为粗基准，粗铣Ø22、Ø55的下端面			XA5032立式铣床	专用夹具，YG6硬质合金端铣刀		
20	粗铣	以T1为定位基准，粗铣小头孔Ø22的上端面			XA5032立式铣床	专用夹具，YG6硬质合金端铣刀		
30	粗铣	以T4为定位基准，粗铣大头孔Ø55的上端面			XA5032立式铣床	专用夹具，YG6硬质合金端铣刀		
40	钻、扩	以Ø36外圆和T2为基准，钻、扩小头孔Ø22至尺寸Ø21.8 mm			z 525立式钻床	专用夹具，高速钢麻花钻钻头		
50	粗镗	以D1为定位基准，粗镗大头孔Ø55至尺寸$Ø53_0^{+0.3}$ mm			T616卧式镗床	专用夹具，高速钢刀头		
60	精铣	以T2为基准，小头孔Ø22下端面			XA5032立式铣床	专用夹具，YG6硬质合金端铣刀		
70	精铣	以T1为基准，精铣小头孔Ø22上端面			XA5032立式铣床	专用夹具，YG6硬质合金端铣刀		
80	精铣	以D1为基准，精铣大头孔Ø55上端面			XA5032立式铣床	专用夹具，YG6硬质合金端铣刀		
90	铰	以T2和Ø36外圆为基准，粗铰、精铰小头孔至尺寸$Ø22_0^{+0.01}$ mm			z 525立式钻床	专用夹具，硬质合金铰刀2把		
100	半精镗	以D1做定位基准，半精镗大头孔至尺寸Ø54.4 mm			T616卧式镗床	专用夹具，高速钢刀头		
110	精镗	以D1做定位基准，精镗大头孔至尺寸$Ø55_0^{+0.06}$ mm			T616卧式镗床	专用夹具，高速钢刀头		
120	钻、攻	以T1和D1为定位基准，钻M8底孔，攻螺纹			XA5032立式铣床	专用夹具，高速钢麻花钻，丝锥M8		
130	铣断	以D1为定位基准，铣断			X61卧式铣床	专用夹具，锯片铣刀		
140	去毛刺	去毛刺			钳工台			
150	终检	终检			钳工台			

描图	描校	底图号	装订号								
								设计(日期)	审校(日期)	标准化(日期)	会签(日期)
标记	地点	更改文件号	签字	日期	标记	地点	更改文件号	签字	日期		

图4-3　CA6140车床拨叉的机械加工工艺过程卡片

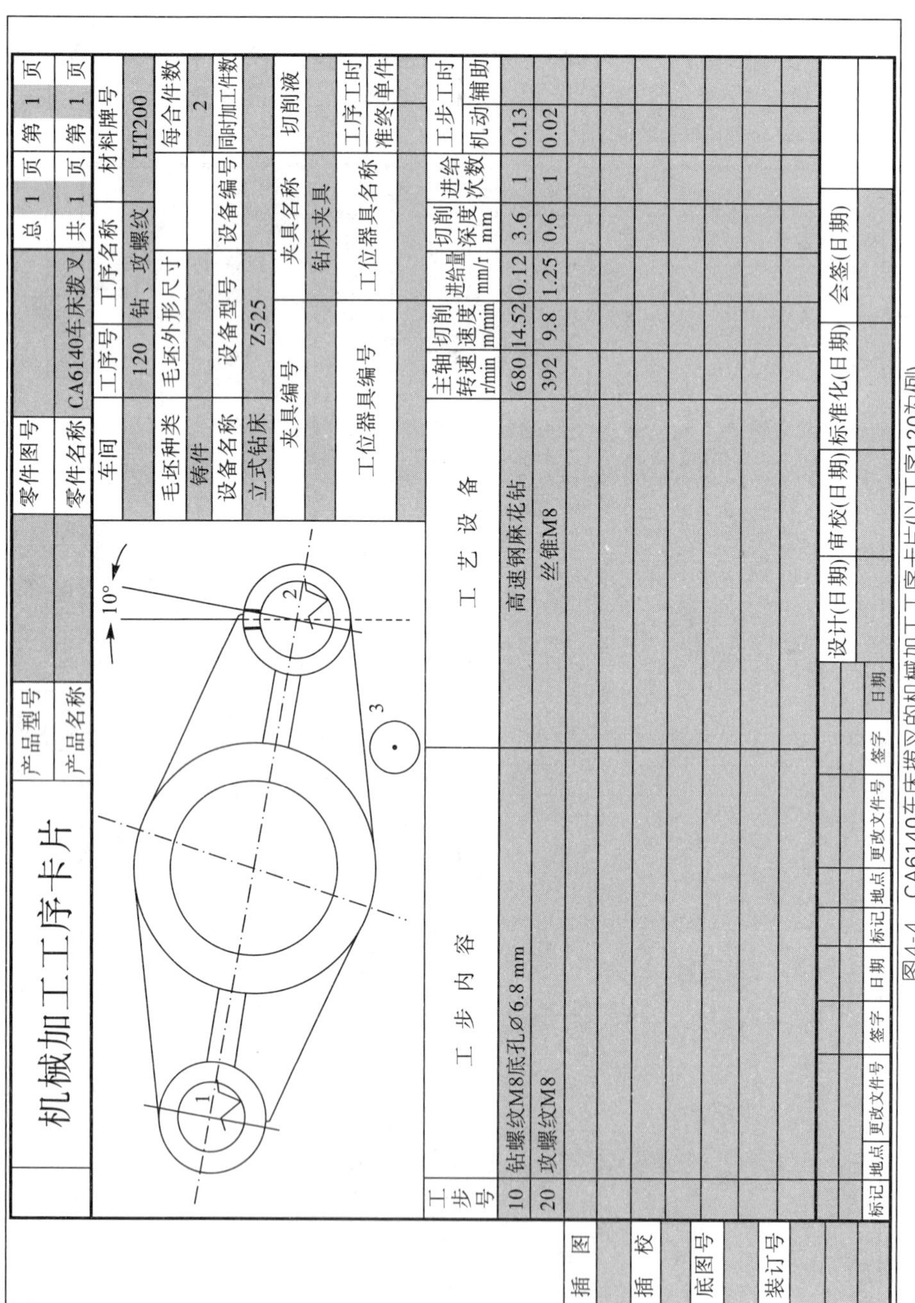

机械加工工序卡片	产品型号		零件图号		总 1 页	第 1 页
	产品名称		零件名称	CA6140车床拨叉	共 1 页	第 1 页

车间	工序号	工序名称	材料牌号
	120	钻、攻螺纹	HT200
毛坯种类	毛坯外形尺寸		每合件数
铸件			2
设备名称	设备型号	设备编号	同时加工件数
立式钻床	Z525		
夹具编号		夹具名称	切削液
		钻床夹具	
工位器具编号		工位器具名称	工序工时 准终 单件

工步号	工步内容	工艺设备	主轴转速 r/min	切削速度 m/min	进给量 mm/r	切削深度 mm	进给次数	工步工时 机动	工步工时 辅助
10	钻螺纹M8底孔⌀6.8 mm	高速钢麻花钻	680	14.52	0.12	3.6	1	0.13	
20	攻螺纹M8	丝锥M8	392	9.8	1.25	0.6	1	0.02	

描图	描校	底图号	装订号

标记	地点	更改文件号	签字	日期	标记	地点	更改文件号	签字	日期	设计(日期)	审校(日期)	标准化(日期)	会签(日期)

图4-4 CA6140车床拨叉的机械加工工序卡片(以工序120为例)

第 6 节　专用夹具设计

为了提高劳动生产率，保证加工质量，降低劳动强度，需要设计专用夹具。以工序 120 为例，设计一个在 Z525 立式钻床上用于钻削 M8 螺纹底孔的专业夹具，刀具为直径∅6.8 mm的高速钢麻花钻。

1. 定位方案的选择

由图 4-1 可知，该拨叉零件的 M8 螺纹孔为斜孔，相对于拨叉中线偏左了 10°，在夹具设计时应保证孔的角度要求，而其位置尺寸为自由公差，精度容易保证。此外，在本工序加工时还应考虑如何提高劳动生产率，降低劳动强度。

考虑工件的结构，可以采用“一面两孔”的定位方式，即选择两拨叉的小头孔∅22 及其下端面为基准。夹具的主要定位元件为两个定位销(一个短圆柱销、一个菱形销)及其端面。端面限制工件三个自由度，短圆柱销限制工件两个自由度，短的菱形销限制工件一个自由度，属于完全定位情况。为了简化夹具设计，采用开口垫圈和六角螺母手动夹紧工件。为了提高加工效率，采用快换钻套，以利于在钻底孔后攻螺纹。夹具的结构方案如图 4-5 所示。

2. 切削力及夹紧力计算

刀具：高速钢麻花钻，直径∅6.8 mm。

钻削时的主要切削力为钻头的切削方向，即垂直于工作台，查《切削用量简明手册》表2.32，钻削时的切削力计算公式为：

$$F_f = C_F d_0^{Z_F} f^{y_F} k_F$$

其中：$C_F = 420, Z_F = 1.0, y_F = 0.8, d_0 = 6.8\ \text{mm}, f = 0.22, k_F = k_{MF} \cdot k_{xF} \cdot k_{hF}$，$k_{MF}$ 与加工材料有关，取 1.12；k_{xF} 与刀具刃磨形状有关，取 1.33；k_{hF} 与刀具磨钝标准有关，取1.0，则：

$$F_f = 420 \times 6.8^{1.0} \times 0.12^{0.8} \times 1.12 \times 1.33 \times 1.0 = 780\ \text{N}$$

可见，其切削力不大。在拨叉小头孔∅22 的两个端面只需采用开口垫圈和六角螺母适当夹紧后，本夹具即可安全工作。拆卸时，松开夹紧螺母 1～2 扣，拔下开口垫圈，实现工件的快换。攻螺纹时，松开压紧螺母即可替换可换钻套，进行攻螺纹加工。

3. 夹具的误差分析

(1)定位元件尺寸及公差的确定。

夹具的主要定位元件为两个定位销(一个短圆柱销、一个菱形销)及其定位端面。这两个定位销与拨叉工件的小头孔采用间隙配合，其配合公差为∅22H7/g6，其最大间隙为0.041 mm。此外，这两定位销共同保证加工孔偏斜的角度，其中心连线与工作台面成 10°角。

(2)转角误差。

定位销与拨叉工件的小头孔采用间隙配合，其配合公差为∅22H7/g6，由于间隙配合引起的转角误差为：

$$\Delta_{D(\alpha)}=2\alpha=2\arctan\frac{\Delta_{1\max}+\Delta_{2\max}}{2L}=2\arctan\frac{0.041+0.041}{2\times72\times2}=0.033^{\circ}$$

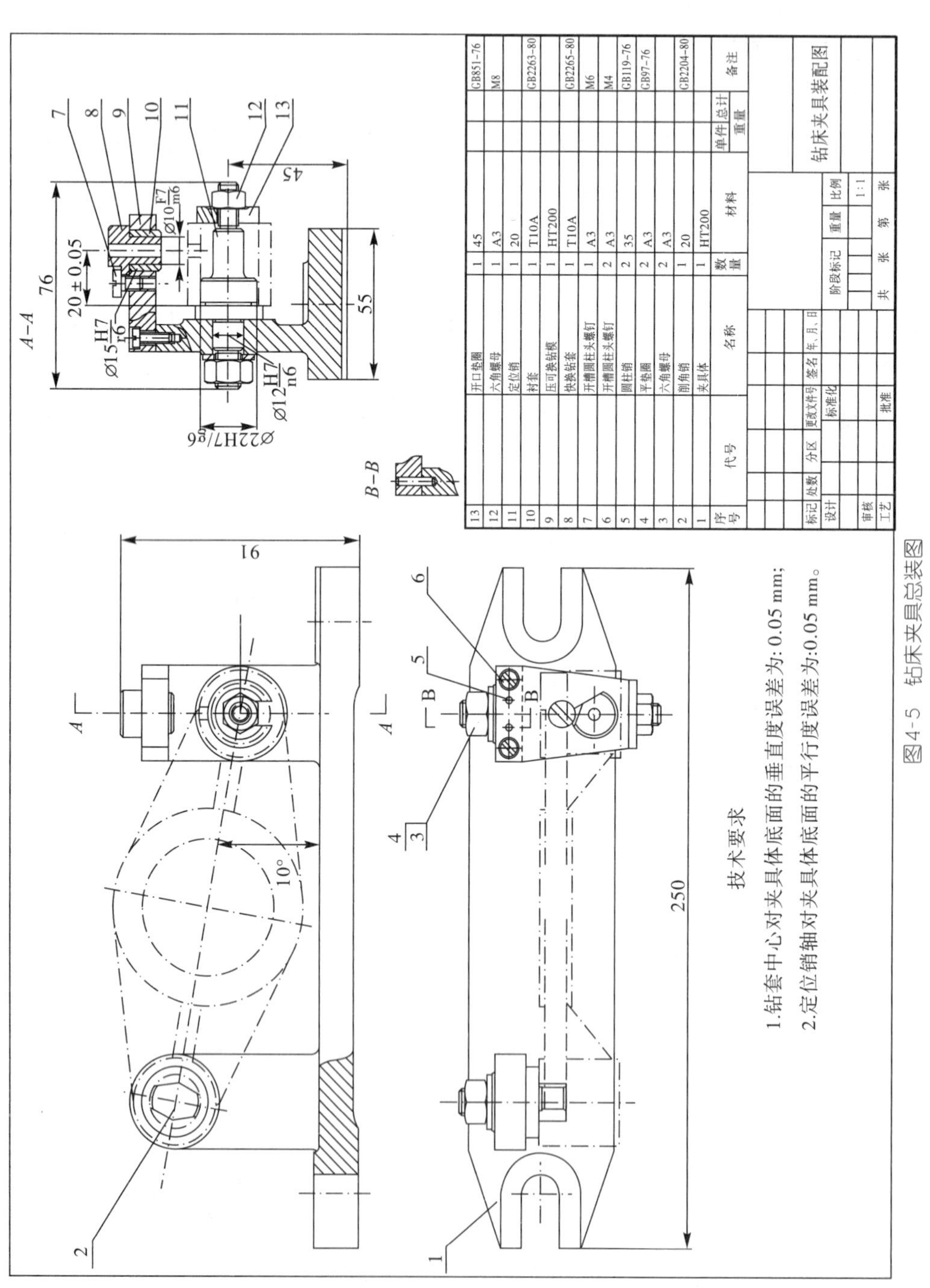

图4-5 钻床夹具总装图

(3)计算钻套中心线与工作台的垂直度误差。

衬套孔∅10F7 与钻套外径∅10m6 的最大间隙为：

$$\Delta_{max} = 0.028 - (0.006) = 0.022\ \text{mm}$$

钻模板孔∅15H7 与衬套外径∅15r6 的最大间隙为：

$$\Delta_{max} = 0.018 - 0.023 = -0.005\ \text{mm}$$

则钻套中心与工作台平面的垂直度误差为：0.022－0.005＝0.017 mm。

(4)计算定位销轴与工作台的平行度误差。

定位销轴与夹具体孔采用∅12H7/n6 过渡配合，其最大间隙为：

$$\Delta_{max} = 0.018 - 0.012 = 0.006\ \text{mm}$$

定位销轴与夹具体孔的配合长度为 10 mm，则上述间隙引起的最大平行度误差为：0.006/10，即 0.06/100。

课程设计参考知识

第1节　课程设计的参考图例格式

1. 课程设计说明书封面格式

×××× 大学

机械制造技术基础课程设计说明书

设计题目　×××零件的机械加工工艺规程及工艺装备设计

学　　院　________________

专业班级　________________

姓　　名　________________

学　　号　________________

指导教师　________________

时　　间　××××年××月

2. 课程设计任务书格式

××××大学

机械制造技术基础课程设计任务书

设计题目　×××零件的机械加工工艺规程及工艺装备设计

学　　院　________________

专业班级　________________

姓　　名　________________

学　　号　________________

课程设计的主要内容：

1. 编制给定零件的工艺规程

　1)零件的工艺分析，并抄画零件图；

　2)选择毛坯制造方法，确定毛坯余量，并画毛坯图；

　3)确定加工方法，拟定工艺路线，选取加工设备及工艺装备；

　4)进行工艺计算，填写工艺文件。

2. 对某一重要工序进行夹具设计

　1)根据工序内容的要求，确定夹具的定位和夹紧方案；

　2)定位误差的分析与计算，夹紧力的计算；

　3)夹具总体设计。绘制夹具结构草图、绘制夹具总装图，拆画夹具体零件图。

3. 编写课程设计说明书。

内容包括：课程设计封面、课程设计任务书、目录、正文(工艺规程和夹具设计的基本理论、计算过程、设计结果)、参考资料等。

指导教师签字：

3. 标题栏格式

表5-1　标题栏格式

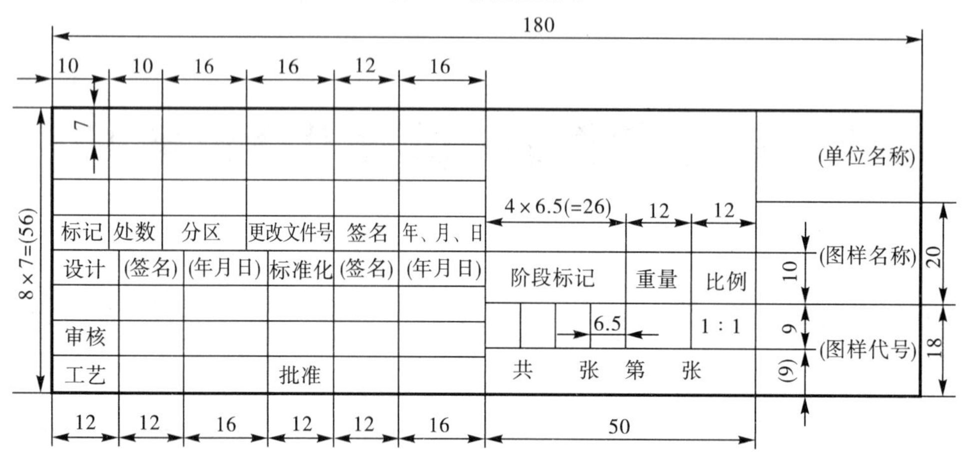

4. 明细表格式

表5-2　明细表格式

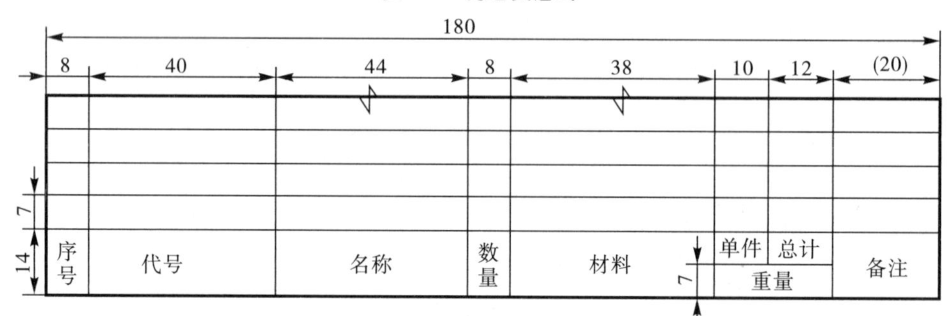

5. 定位与夹紧符号

表5-3　定位符号(JB/T 5061－1991)

定位支承类型	符　号			
	独　立　定　位		联　合　定　位	
	标注在视图轮廓线上	标注在视图正面	标注在视图轮廓线上	标注在视图正面
固定式				
活动式				

表 5-4　夹紧符号(JB/T 5061－1991)

夹紧动力源类型	符号			
	独立夹紧		联合夹紧	
	标注在视图轮廓线上	标注在视图正面	标注在视图轮廓线上	标注在视图正面
机械夹紧				
液压夹紧	Y	Y	Y	Y
气动夹紧	Q	Q	Q	Q
电磁夹紧	D	D	D	D

6. 机械加工工艺过程卡片格式

表 5-5　机械加工工艺过程卡片

	(单位名称)	机械加工工艺过程卡片	产品型号		零件图号		
			产品名称		零件名称		共　页 第　页

材料牌号		毛坯种类		毛坯外形尺寸		每坯件数		每台件数		备注	

	工序号	工序名称	工　序　内　容	车间	工段	设备	工艺装备	工序时间	
								准终	单件
描　图									
描　校									
底图号									
装订号									

											设计(日期)	审校(日期)	标准化(日期)	会签(日期)		
	标记	处数	更改文件号	签字	日期	标记	处数	更改文件号	签字	日期						

7. 机械加工工序卡片格式

表 5-6　机械加工工序卡片

(单位名称)	机械加工工序卡片	产品型号		零件图号			
		产品名称		零件名称		共　页	第　页

车间	工序号	工序名称	材料牌号
毛坯种类	毛坯外形尺寸	每坯件数	每台件数
设备名称	设备型号	设备编号	同时加工件数
夹具编号		夹具名称	切削液
工位器具编号		工位器具名称	工序工时 准终 / 单件

	工步号	工步内容	工艺设备	主轴转速(r/min)	切削速度(m/min)	进给量(mm/r)	背吃刀量/mm	走刀次数	工时定额 基本	工时定额 辅助
描　图										
描　校										
底图号										
装订号										

										设计(日期)	审校(日期)	标准化(日期)	会签(日期)		
标记	处数	更改文件号	签字	日期	标记	处数	更改文件号	签字	日期						

第 2 节　机械加工工艺基本数据

一、典型表面的加工方案

表 5-7、表 5-8、表 5-9 分别列出了外圆加工、孔加工和平面加工的各种常见加工方案，供选择加工方法时参考，各种加工方法的详细资料可参考相关的工艺人员手册。

表 5-7　外圆表面加工方案

序号	加工方案	经济加工精度等级(IT)	加工表面粗糙度 R_a/μm	适用范围
1	粗车	11～12	50～12.5	适用于淬火钢以外的各种金属
2	粗车—半精车	8～10	6.3～3.2	
3	粗车—半精车—精车	6～7	1.6～0.8	
4	粗车—半精车—精车—滚压(或抛光)	5～6	0.2～0.025	
5	粗车—半精车—磨削	6～7	0.8～0.4	主要用于淬火钢，也可用于未淬火钢，但不宜加工非铁金属的加工
6	粗车—半精车—粗磨—精磨	5～6	0.4～0.1	
7	粗车—半精车—粗磨—精磨—超精加工(或轮式超精磨)	5～6	0.1～0.012	
8	粗车—半精车—精车—金刚石车	5～6	0.4～0.025	主要用于要求较高的非铁金属的加工
9	粗车—半精车—粗磨—精磨—超精磨(或镜面磨)	5 级以上	<0.025	极高精度的钢或铸铁的外圆加工
10	粗车—半精车—粗磨—精磨—研磨	5 级以上	<0.1	

表 5-8　孔加工方案

序号	加工方案	经济加工精度等级(IT)	加工表面粗糙度 R_a/μm	适用范围
1	钻	11～12	12.5	加工未淬火钢及铸铁的实心毛坯，也可用于加工非铁金属(但粗糙度稍高)，孔径<∅20 mm
2	钻—铰	8～9	3.2～1.6	
3	钻—粗铰—精铰	7～8	1.6～0.8	
4	钻—扩	11	12.5～6.3	加工未淬火钢及铸铁的实心毛坯，也可用于加工非铁金属(但粗糙度稍高)，孔径>∅20 mm
5	钻—扩—铰	8～9	3.2～1.6	
6	钻—扩—粗铰—精铰	7	1.6～0.8	
7	钻—扩—机铰—手铰	6～7	0.4～0.1	
8	钻—(扩)—拉(或推)	7～9	1.6～0.1	大批量生产中小零件的通孔
9	粗镗(或扩孔)	11～12	12.5～6.3	除淬火钢外各种材料，毛坯有铸出孔或锻出孔
10	粗镗(粗扩)—半精镗(精扩)	9～10	3.2～1.6	
11	粗镗(粗扩)—半精镗(精扩)—精镗(铰)	7～8	1.6～0.8	
12	粗镗(扩)—半精镗(精扩)—精镗—浮动镗刀块精镗	6～7	0.8～0.4	
13	粗镗(扩)—半精镗—磨孔	7～8	0.8～0.2	主要用于加工淬火钢，也可用于不淬火钢，但不宜用于非铁金属
14	粗镗(扩)—半精镗—粗磨—精磨	6～7	0.2～0.1	
15	粗镗—半精镗—精镗—金刚镗	6～7	0.4～0.05	主要用于精度要求较高的非铁金属加工
16	钻—(扩)—粗铰—精铰—珩磨 钻—(扩)—拉—珩磨 粗镗—半精镗—精镗—珩磨	6～7	0.2～0.025	精度要求很高的孔
17	以研磨代替上述方案中的珩磨	5～6	<0.1	
18	钻(或粗镗)—扩(或半精镗)—精镗—金刚镗—脉冲滚挤	6～7	0.1	成批大量生产的非铁金属零件中的小孔，铸铁箱体上的孔

表 5-9　平面加工方案

序号	加工方案	经济加工精度等级(IT)	加工表面粗糙度 R_a/μm	适用范围
1	粗车—半精车	8～9	6.3～3.2	端面加工
2	粗车—半精车—精车	6～7	1.6～0.8	
3	粗车—半精车—磨削	7～9	0.8～0.2	
4	粗刨(铣)	9～10	50～12.5	一般不淬硬的平面粗加工
5	粗刨(或粗铣)—精刨(或精铣)	7～9	6.3～1.6	一般不淬硬的平面半精加工(端铣粗糙度可较低)
6	粗刨(或粗铣)—精刨(或精铣)—刮研	5～6	0.8～0.1	精度要求较高的不淬硬表面,批量较大宜采用宽刃精刨
7	粗刨(或粗铣)—精刨(或精铣)—宽刃精刨	6～7	0.8～0.2	
8	粗刨(或粗铣)—精刨(或精铣)—磨削	6～7	0.8～0.2	精度要求较高的淬硬表面或不淬硬表面
9	粗刨(或粗铣)—精刨(或精铣)—粗磨—精磨	5～6	0.4～0.25	
10	粗铣—拉	6～9	0.8～0.2	大量生产,较小的平面
11	粗铣—精铣—磨削—研磨	5级以上	<0.1	高精度平面
12	粗插	9～10	50～12.5	淬火钢以外金属件内表面粗加工
13	粗插—精插	8	3.2～1.6	淬火钢以外金属件内表面半精加工
14	粗插—精插—拉削	6～7	1.6～0.4	淬火钢以外金属件内表面精加工

二、铸件机加工余量及常用尺寸表

表 5-10　铸件机械加工余量

尺寸公差等级 CT		1	2	3	4	5		6		
加工余量等级 MA		A	B	C	D	D	E	D	E	F
基本尺寸		加工余量数值(mm)								
大于	至									
—	100	—	—	0.5 0.4	0.6 0.5	0.8 0.6	0.9 0.8	0.8 0.6	1.0 0.8	1.5 1.5
100	160	—	—	0.6 0.5	0.9 0.8	1.0 0.8	1.5 1.5	1.0 0.9	1.5 1.5	2.0 2.0
160	250	—	—	0.8 0.7	1.6 1.0	1.5 1.0	2.0 1.5	1.5 1.5	2.0 2.0	2.5 2.5
250	400	—	—	0.9 0.8	1.5 1.5	1.5 1.5	2.0 2.0	2.0 1.5	2.5 2.0	3.5 3.0
400	630	—	—	—	2.0 1.5	2.0 1.5	2.5 2.5	2.0 1.5	2.5 2.5	4.0 3.5
630	1000	—	—	—	—	2.5 2.0	3.0 2.5	2.5 2.0	3.0 3.0	4.5 4.0
1000	1600	—	—	—	—	—	—	2.5 2.0	3.5 3.0	5.0 4.5

尺寸公差等级 CT		7			8				
加工余量等级 MA		D	E	F	D	E	F	G	H
基本尺寸		加工余量数值 (mm)							
大于	至								
—	100	1.0 0.7	1.5 0.9	2.0 1.5	1.5 0.8	1.5 1.0	2.0 1.5	2.5 2.0	3.0 2.5
100	160	1.5 0.9	2.0 1.5	2.5 2.0	1.5 1.5	2.0 1.5	2.5 2.0	3.0 2.5	4.0 3.5
160	250	1.5 1.5	2.0 2.0	3.0 2.5	2.0 1.5	2.5 2.0	3.0 2.5	4.0 3.5	5.0 4.5
250	400	2.0 1.5	2.5 2.0	3.5 3.0	2.5 2.0	3.0 2.5	4.0 3.5	5.0 4.5	6.5 6.0
400	630	2.5 2.0	3.0 2.5	4.0 3.5	2.5 2.0	3.5 2.5	4.5 4.0	5.5 5.0	7.5 7.0
630	1000	2.5 2.0	3.5 3.0	4.5 4.0	3.0 2.5	4.0 3.0	5.0 4.5	6.5 6.0	8.5 8.0
1000	1600	3.0 2.5	4.0 3.5	5.5 5.0	3.0 2.5	4.5 3.5	6.0 5.0	7.5 6.5	10 9.0

尺寸公差等级 CT		9					10			
加工余量等级 MA		D	E	F	G	H	E	F	G	H
基本尺寸		加工余量数值 (mm)								
大于	至									
—	100	1.5 1.0	2.0 1.5	2.5 2.0	3.0 2.5	3.5 3.0	2.5 1.5	3.0 2.0	3.5 2.5	4.0 3.0
100	160	2.0 1.5	2.5 2.0	3.0 2.5	3.5 3.0	4.5 4.0	3.0 2.0	3.5 2.5	4.0 3.0	5.0 4.0
160	250	2.5 1.5	3.0 2.0	3.5 3.0	4.5 4.0	5.5 5.0	3.5 2.5	4.0 3.0	5.0 4.0	6.0 5.0
250	400	3.0 2.0	3.5 2.5	4.5 3.5	5.5 4.5	7.0 6.0	4.0 3.0	5.0 4.0	6.0 5.0	7.5 6.5
400	630	3.0 2.5	4.0 3.0	5.0 4.0	6.0 5.0	7.5 7.0	4.5 3.5	5.5 4.5	6.5 5.5	8.5 7.5
630	1000	3.5 2.5	4.5 3.5	5.5 4.5	7.0 6.0	9.0 8.0	5.5 4.0	6.5 5.0	8.0 6.5	10 8.5
1000	1600	4.0 3.0	5.0 4.0	6.5 5.5	8.0 6.5	11 9.5	6.0 4.5	7.5 6.0	9.0 7.5	12 10

尺寸公差等级 CT		11				12			
加工余量等级 MA		E	F	G	H	F	G	H	J
基本尺寸		加工余量数值(mm)							
大于	至								
—	100	3.0 2.0	3.5 2.5	4.0 3.0	4.5 3.5	4.0 2.5	4.5 3.0	5.0 3.5	6.0 4.5
100	160	3.5 2.5	4.0 3.0	4.5 3.5	5.5 4.5	5.0 3.5	5.5 4.0	6.5 5.0	7.5 6.0
160	250	4.5 3.0	5.0 3.5	6.0 4.5	7.0 5.5	6.0 4.0	7.0 5.0	8.0 6.0	9.5 7.5
250	400	5.0 3.5	6.0 4.5	7.0 5.5	8.5 7.0	7.0 5.0	8.0 6.0	9.5 7.5	11 9.0
400	630	5.5 4.0	6.5 5.0	7.5 6.0	9.5 8.0	8.0 5.5	9.0 6.5	11 8.5	14 11
630	1000	6.5 4.5	7.5 5.5	9.0 7.0	11 9.0	9.0 6.5	11 8.0	13 10	16 13
1000	1600	7.0 5.0	8.5 6.5	10 8.0	13 10	11 7.5	12 9.0	15 12	18 15

尺寸公差等级 CT		13				14		15		16	
加工余量等级 MA		F	G	H	J	H	J	H	J	H	J
基本尺寸		加工余量数值(mm)									
大于	至										
—	100	5.5 3.5	6.0 4.0	6.5 4.5	7.5 5.5	7.5 5.0	8.5 6.0	9.0 5.5	10 6.5	11 6.5	12 7.5
100	160	6.5 4.0	7.0 4.5	8.0 5.5	9.0 6.5	9.0 6.0	10 7.0	11 7.0	12 8.0	13 8.0	14 9.0
160	250	7.5 5.0	8.5 6.0	9.5 7.0	11 8.5	11 7.5	13 9.0	13 8.5	15 10	15 9.5	17 11
250	400	8.5 5.5	9.5 6.5	11 8.0	13 10	13 9.0	15 11	15 10	17 12	18 12	20 14
400	630	10 6.5	11 7.5	13 9.5	16 12	15 11	18 13	17 12	20 14	20 13	23 16
630	1000	12 7.5	13 9	15 11	18 14	17 12	20 15	20 14	23 17	23 15	26 18
1000	1600	13 8.5	15 10	17 13	20 16	20 14	23 17	23 16	26 19	27 18	30 21

表 5-11 铸造孔的最小尺寸(mm)

铸造方法	合金种类	一般最小孔径	特殊最小孔径
砂型及壳型铸造	全部	30	8～10
金属型铸造	有色	10～20	5
压力铸造	锌合金	5～10	1
	铝合金		2.5
	镁合金		2
	铜合金		3
熔模铸造	有色	5～10	2
	黑色		2.5

表 5-12　各种铸造方法的铸件最小壁厚(mm)

铸件的表面积 cm^2	铸件最小壁厚(mm)															
	砂型铸造			金属型铸造			壳型铸造				压力铸造					熔模铸造
	硅铝合金	ZM—5 ZL—201 ZL—301	铸铁	硅铝合金	ZM—5 ZL—201 ZL—301	铸铁	铝镁合金	铜合金	铸铁	钢	铝锡合金	锌合金	镁合金	铝合金	铜合金	钢
~25	2	2	2	2	3	2.5	2	2	2	2	0.6	0.8	1.3	1	1.5	1.2
25~100	2.5	3.5	2.5	2.5	3	3	2	2	2	2	0.7	1	1.8	1.5	2	1.6
100~225	3	4	3	3	4	3.5	2.5	3	2.5	4	1.1	1.5	2.5	2	3	2.2
225~400	3.5	4.5	4	4	5	4	3	3.5	3	4	1.5	2	3	2.5	3.5	3
400~1000	4	5	5	4	6	4.5	4	4	4	5	—	—	4	4	—	—
1000~1600	5	6	6	—	—	—	4	4	4	6	—	—	—	—	—	—
1600以上	6	7	7	—	—	—	—	—	—	—	—	—	—	—	—	—

三、切削用量选择参考数据

1. 车削切削用量选择参考表

表 5-13　硬质合金车刀粗车外圆及端面的进给量

工件材料	车刀刀杆尺寸 mm	工件直径 mm	背吃刀量 a_P/mm				
			≤3	>3~5	>5~8	>8~12	>12
			进给量 f/mm·r^{-1}				
碳素结构钢、合金结构钢及耐热钢	16×25	20	0.3~0.4	—	—	—	—
		40	0.4~0.5	0.3~0.4	—	—	—
		60	0.5~0.7	0.4~0.6	0.3~0.5	—	—
		100	0.6~0.9	0.5~0.7	0.5~0.6	0.4~0.5	—
		140	0.8~1.2	0.7~1.0	0.6~0.8	0.5~0.6	—
	20×30 25×25	20	0.3~0.4	—	—	—	—
		40	0.4~0.5	0.3~0.4	—	—	—
		60	0.6~0.7	0.5~0.7	0.4~0.6	—	—
		100	0.8~1.0	0.7~0.9	0.5~0.7	0.4~0.7	—
		400	1.2~1.4	1.0~1.2	0.8~1.0	0.6~0.9	0.4~0.6
铸铁及铜合金	16×25	40	0.4~0.5	—	—	—	—
		60	0.6~0.8	0.5~0.8	0.4~0.6	—	—
		100	0.8~1.2	0.7~1.0	0.6~0.8	0.5~0.7	—
		400	1.0~1.4	1.0~1.2	0.8~1.0	0.6~0.8	—
	20×30 25×25	40	0.4~0.5	—	—	—	—
		60	0.6~0.9	0.5~0.8	0.4~0.7	—	—
		100	0.9~1.3	0.8~1.2	0.7~1.0	0.5~0.8	—
		400	1.2~1.8	1.2~1.6	1.0~1.3	0.9~1.1	0.7~0.9

注：1. 加工断续表面及有冲击的工件时，表内进给量应乘系数 k=0.75~0.85；

2. 在无外皮加工时，表内进给量应乘系数 k=1.1；

3. 加工耐热钢及其合金时，进给量不大于 1 mm/r；

4. 加工淬硬钢时，进给量应减少。当钢的硬度为 44~56HRC 时，乘系数 0.8，57~62HRC，乘 0.5。

表 5-14　按表面粗糙度选择进给量的参考值

工件材料	表面粗糙度 μm	切削速度范围 $m \cdot min^{-1}$	刀尖圆弧半径 r_ε/mm		
			0.5	1.0	2.0
			进给量 $f/mm \cdot r^{-1}$		
铸铁、青铜、铝合金	R_a10~5	不限	0.25~0.40	0.40~0.50	0.50~0.60
	R_a5~2.5		0.15~0.20	0.25~0.40	0.40~0.60
	R_a2.5~1.25		0.10~0.15	0.15~0.20	0.20~0.35
碳钢及合金钢	R_a10~5	<50	0.30~0.50	0.45~0.60	0.55~0.70
	R_a5~2.5	>50	0.40~0.55	0.55~0.65	0.65~0.70
	R_a2.5~1.25	<50	0.18~0.25	0.25~0.30	0.30~0.40
		>50	0.25~0.30	0.30~0.35	0.35~0.50
		<50	0.10	0.11~0.15	0.15~0.22
		50~100	0.11~0.16	0.16~0.25	0.25~0.35
		>100	0.16~0.20	0.20~0.25	0.25~0.35

加工耐热合金及钛合金时进给量的修正系数(v>50 $m \cdot min^{-1}$)

工　件　材　料	修正系数
TC5，TC6，TC2，TC4，TC8，TA6，BT14 Cr20Ni77Ti2Al，Cr20NiTiAlB，Cr14Ni70WmoTiAl(GH37)	1.0
1Cr13，2Cr13，3Cr13，4Cr13，4Cr14Ni14W2Mo，Cr20Ni78Ti，2Cr23Ni18，1Cr21Ni5Ti	0.9
1Cr12Ni2WmoV，30CrNi12MoVA，25Cr2MoVA，4Cr12Ni8Mn8MoVNb， Cr9Ni62Mo10W5Co5Al5，1Cr18Ni11Si4TiAl，1Cr15Ni35W3TiAl	0.8
1Cr11Ni20Ti3B，Cr12Ni22Ti3MoB	0.7
Cr19Ni9Ti，1Cr18Ni9Ti	0.6
1Cr17Ni2，3Cr14NiVBA，18Cr3MoWV	0.5

注：r_ε=0.5 mm 用于 12 mm×20 mm 以下刀杆，r_ε=1 mm 用于 30 mm×30 mm 以下刀杆，r_ε=2 mm用于 30 mm×45 mm 以下刀杆。

表 5-15　外圆车削时切削速度计算公式及相关系数和指数

切削速度计算公式		$v_c = \dfrac{Cv}{T^m a_p^{x_v} f^{y_v}} K_v$				
工件材料	刀具材料	进给量 f (mm/r)	C_v	x_v	y_v	m
碳素结构钢 σ_b=0.65GPa	YT15 (不用切削液)	≤0.30	291	0.15	0.20	0.20
		>0.30~0.70	242		0.35	
		>0.70	235		0.45	
	W18Cr4V W6Mo5Cr4V2 (用切削液)	≤0.25	67.2	0.25	0.33	0.125
		>0.25	43		0.66	
灰铸铁 190HBS	YG6 (不用切削液)	≤0.40	189.8	0.15	0.20	0.20
		>0.40	158		0.40	

表 5-16　车削加工切削速度的修正系数 k_v

切削速度的修正系数 k_v	$K_v = k_{Mv}k_{sv}k_{tv}k_{kv}k_{k_r v}k_{k'_r v}k_{r_\varepsilon v}k_{Bv}$						
1. 工件材料 k_{Mv}	加工钢：硬质合金 $k_{Mv}=\frac{0.65}{\sigma_b}$ 高速钢　$k_{Mv}=C_M\left(\frac{0.65}{\sigma_b}\right)^{n_v}$ $C_M=1.0$　$n_v=1.75$；当 $\sigma_b<0.45$Gpa 时，$n_v=-1.0$						
	加工灰铸铁：硬质合金 $k_{Mv}=\left(\frac{190}{HBS}\right)^{1.25}$ 高速钢　$k_{Mv}=\left(\frac{190}{HBS}\right)^{1.7}$						
2. 毛坯状况 k_{sv}	无外皮	棒料	锻件	铸钢、铸铁		Cu—Al 合金	
				一般	带砂皮		
	1.0	0.9	0.8	0.8～0.85	0.5～0.6	0.9	
3. 刀具材料 k_{tv}	钢	YT5	YT14	YT15	YT30	YG8	
		0.65	0.8	1	1.4	0.4	
	灰铸铁	YG8	YG6	YG3			
		0.83	1.0	1.15			
4. 主偏角 $k_{k_r v}$	k_r	30°	45°	60°	75°	90°	
	钢	1.13	1	0.92	0.86	0.81	
	灰铸铁	1.2	1	0.88	0.83	0.73	
5. 副偏角 $k_{k'_r v}$	k'_r	10°	15°	20°	30°	45°	
	$k_{k'_r v}$	1	0.97	0.94	0.91	0.87	
6. 刀尖半径 $k_{r_\varepsilon v}$	r_ε	1	2	3	4		
	$k_{r_\varepsilon v}$	0.94	1.0	1.03	1.13		
7. 刀杆尺寸 k_{Bv}	B×H (mm×mm)	12×20 16×16	16×25 20×20	20×30 25×25	25×40 30×30	30×45 40×40	40×60
	k_{Bv}	0.93	0.97	1	1.04	1.08	1.12
8. 车削方式 k_{kv}	外圆纵车	横车 d:D			切断	切槽 d:D	
		0～0.4	0.5～0.7	0.8～1.0		0.5～0.7	0.8～0.95
	1.0	1.24	1.18	1.04	1.0	0.96	0.84

注 $k_{k'_r v}$、$k_{r_\varepsilon v}$、k_{Bv} 仅用于高速钢车刀。

表 5-17　车削加工的切削速度参考数值

工件材料		硬度 HBS	背吃刀量 a_P/mm	高速钢刀具		硬质合金刀具					
						未涂层			材料	涂层	
				v_c m·min^{-1}	f mm·r^{-1}	v_c/m·min^{-1}		f mm·r^{-1}		v_c m·min^{-1}	f mm·r^{-1}
						焊接式	可转位				
易切碳钢	低碳	100～200	1	55～90	0.18～0.20	185～240	220～275	0.18	YT15	320～410	0.18
			4	41～70	0.40	135～185	160～215	0.50	YT14	215～275	0.40
			8	34～55	0.50	110～145	130～170	0.75	YT5	170～220	0.50
	中碳	175～225	1	52	0.20	165	200	0.18	YT15	305	0.18
			4	40	0.40	125	150	0.50	YT14	200	0.40
			8	30	0.50	100	120	0.75	YT5	160	0.50

续表

工件材料		硬度HBS	背吃刀量 a_p/mm	高速钢刀具		硬质合金刀具					
				v_c m·min^{-1}	f mm·r^{-1}	未涂层			材料	涂层	
						v_c/m·min^{-1}		f mm·r^{-1}		v_c m·min^{-1}	f mm·r^{-1}
						焊接式	可转位				
碳钢	低碳	125～225	1	43～46	0.18	140～150	170～195	0.18	YT15	260～290	0.18
			4	34～38	0.40	115～125	135～150	0.50	YT14	170～190	0.40
			8	27～30	0.50	88～100	105～120	0.75	YT5	135～150	0.50
	中碳	175～275	1	34～40	0.18	115～130	150～160	0.18	YT15	220～240	0.18
			4	23～30	0.40	90～100	115～125	0.50	YT14	145～160	0.40
			8	20～26	0.50	70～78	90～100	0.75	YT5	115～125	0.50
	高碳	175～275	1	30～37	0.18	115～130	140～155	0.18	YT15	215～230	0.18
			4	24～27	0.40	88～95	105～120	0.50	YT14	145～150	0.40
			8	18～21	0.50	69～76	84～95	0.75	YT5	115～120	0.50
合金钢	低碳	125～225	1	41～46	0.18	135～150	170～185	0.18	YT15	220～235	0.18
			4	32～37	0.40	105～120	135～145	0.50	YT14	175～190	0.40
			8	24～27	0.50	84～95	105～115	0.75	YT5	135～145	0.50
	中碳	175～275	1	34～41	0.18	105～115	130～150	0.18	YT15	175～200	0.18
			4	26～32	0.40	85～90	105～120	0.40～0.50	YT14	135～160	0.40
			8	20～24	0.50	67～73	82～95	0.50～0.75	YT5	105'120	0.50
	高碳	175～275	1	30～37	0.18	105～115	135～145	0.18	YT15	175～190	0.18
			4	24～27	0.40	84～90	105～115	0.50	YT14	135～150	0.40
			8	18～21	0.50	66～72	82～90	0.75	YT5	105～120	0.50
高强度钢		225～350	1	20～26	0.18	90～105	115～135	0.18	YT15	150～185	0.18
			4	15～20	0.40	69～84	90～105	0.40	YT14	120～135	0.40
			8	12～15	0.50	53～66	69～84	0.50	YT5	90～105	0.50
高速钢		200～275	1	15～24	0.13～0.18	76～105	85～125	0.18	YW1,YT15	115～160	0.18
			4	12～20	0.25～0.40	60～84	19～100	0.40	YW2,YT14	90～130	0.40
			8	9～15	0.40～0.50	46～64	53～76	0.50	YW3,YT5	69～100	0.50
不锈钢	奥氏体	135～275	1	18～34	0.18	58～105	67～120	0.18	YG3X,YW1	84～160	0.18
			4	15～27	0.40	49～100	58～105	0.40	YG6,YW1	76～135	0.40
			8	12～21	0.50	38～76	46～84	0.50	YG6,YW1	60～105	0.50
	马氏体	175～325	1	20～44	0.18	87～140	95～175	0.18	YW1,YT15	120～260	0.18
			4	15～35	0.40	69～115	75～135	0.40	YW1,YT15	100～170	0.40
			8	12～27	0.50	55～90	58～105	0.50～0.75	YW2,YT14	76～135	0.50
灰铸铁		160～260	1	26～43	0.18	84～135	100～165	0.18～0.25	YG8,YW2	130～190	0.18
			4	17～27	0.40	69～110	81～125	0.40～0.50		105～160	0.40
			8	14～23	0.50	60～90	66～100	0.50～0.75		84～130	0.50
可锻铸铁		160～240	1	30～40	0.18	120～160	135～185	0.25	YT15,YW1	185～235	0.25
			4	23～30	0.40	90～120	105～135	0.50	YT15,YW1	135～185	0.40
			8	18～24	0.50	76～100	85～115	0.75	YT14,YW2	105～145	0.50
铝合金		30～150	1	245～305	0.18	550～610	max	0.25	YG3X,YW1	—	—
			4	215～275	0.40	425～550		0.50	YG6,YW1		
			8	185～245	0.50	305～365		1.0	YG6,YW1		
铜合金			1	40～175	0.18	84～345	90～395	0.18	YG3X,YW1	—	—
			4	34～145	0.40	69～290	76～335	0.50	YG6,YW1		
			8	27～120	0.50	64～270	70～305	0.75	YG8,YW2		
钛合金		300～350	1	12～24	0.13	38～66	49～76	0.13	YG3X,YW1	—	—
			4	9～21	0.25	32～56	41～66	0.20	YG6,YW1		
			8	8～18	0.40	24～43	26～49	0.25	YG8,YW2		
高温合金		200～475	0.8	3.6～14	0.13	12～49	14～58	0.13	YG3X,YW1	—	—
			2.5	3.0～11	0.18	9～41	12～49	0.18	YG6,YW1		

注:用陶瓷(超硬材料)加工易切钢、碳钢和合金钢时,常用进给量为 0.13～0.40 mm·r^{-1},常用切削速度为 200～500 m·min^{-1}。

2. 钻削切削用量选择参考表

表 5-18　钻中心孔的切削用量

刀 具 名 称	钻中心孔 公称直径(mm)	钻中心孔的 切削进给量(mm/r)	钻中心孔 切削速度 v(m/min)
中心钻	1	0.02	8～15
中心钻	1.6	0.02	8～15
中心钻	2	0.04	8～15
中心钻	2.5	0.05	8～15
中心钻	3.15	0.06	8～15
中心钻	4	0.08	8～15
中心钻	5	0.1	8～15
中心钻	6.3	0.12	8～15
中心钻	8	0.12	8～15
60°中心锪钻及带锥柄 60°中心锪钻	1	0.01	12～25
60°中心锪钻及带锥柄 60°中心锪钻	1.6	0.01	12～25
60°中心锪钻及带锥柄 60°中心锪钻	2	0.02	12～25
60°中心锪钻及带锥柄 60°中心锪钻	2.5	0.03	12～25
60°中心锪钻及带锥柄 60°中心锪钻	3.15	0.03	12～25
60°中心锪钻及带锥柄 60°中心锪钻	4	0.04	12～25
60°中心锪钻及带锥柄 60°中心锪钻	5	0.06	12～25
60°中心锪钻及带锥柄 60°中心锪钻	6.3	0.08	12～25
60°中心锪钻及带锥柄 60°中心锪钻	8	0.08	12～25
不带护锥及带护锥的 60°复合中心钻	1	0.01	12～25
不带护锥及带护锥的 60°复合中心钻	1.6	0.01	12～25
不带护锥及带护锥的 60°复合中心钻	2	0.02	12～25
不带护锥及带护锥的 60°复合中心钻	2.5	0.03	12～25
不带护锥及带护锥的 60°复合中心钻	3.15	0.03	12～25
不带护锥及带护锥的 60°复合中心钻	4	0.04	12～25
不带护锥及带护锥的 60°复合中心钻	5	0.06	12～25
不带护锥及带护锥的 60°复合中心钻	6.3	0.08	12～25
不带护锥及带护锥的 60°复合中心钻	8	0.08	12～25

表 5-19　高速钢钻头切削用量选择表

钻孔的进给量(mm/r)					
钻头直径 d0(mm)	钢 σb(MPa)＜800	钢 σb(MPa) 800～1000	钢 σb(MPa)＞1000	铸铁、铜及铝 合金 HB≤200	铸铁、铜及铝 合金 HB＞200
≤2	0.05～0.06	0.04～0.05	0.03～0.04	0.09～0.11	0.05～0.07
2～4	0.08～0.10	0.06～0.08	0.04～0.06	0.18～0.22	0.11～0.13
4～6	0.14～0.18	0.10～0.12	0.08～0.10	0.27～0.33	0.18～0.22
6～8	0.18～0.22	0.13～0.15	0.11～0.13	0.36～0.44	0.22～0.26
8～10	0.22～0.28	0.17～0.21	0.13～0.17	0.47～0.57	0.28～0.34
10～13	0.25～0.31	0.19～0.23	0.15～0.19	0.52～0.64	0.31～0.39
13～16	0.31～0.37	0.22～0.28	0.18～0.22	0.61～0.75	0.37～0.45
16～20	0.35～0.43	0.26～0.32	0.21～0.25	0.70～0.86	0.43～0.53
20～25	0.39～0.47	0.29～0.35	0.23～0.29	0.78～0.96	0.47～0.56
25～30	0.45～0.55	0.32～0.40	0.27～0.33	0.9～1.1	0.54～0.66
30～50	0.60～0.70	0.40～0.50	0.30～0.40	1.0～1.2	0.70～0.80

注：

1. 表列数据适用于在大刚性零件上钻孔，精度在H12～H13级以下(或自由公差)，钻孔后还用钻头、扩孔钻或镗刀加工，在下列条件下需乘修正系数：

①在中等刚性零件上钻孔(箱体形状的薄壁零件、零件上薄的突出部分钻孔)时，乘系数0.75。

②钻孔后要用铰刀加工的精确孔，低刚性零件上钻孔，斜面上钻孔，钻孔后用丝锥攻螺纹的孔，乘系数0.50。

2. 钻孔深度大于3倍直径时应乘修正系数。

钻孔深度(孔深以直径的倍数表示)	3d0	5d0	7d0	10d0
修正系数 Klf	1.0	0.9	0.8	0.75

3. 为避免钻头损坏，当刚要钻穿时应停止自动走刀而改用手动走刀。

表5-20　加工不同材料的切削速度(m/min)

加工材料	硬度 HB	切削速度(m/min)
铝及铝合金	45～105	105
铜及铜合金(加工性好)	～124	60
铜及铜合金(加工性差)	～124	20
镁及镁合金	50～90	45～120
锌合金	80～100	75
低碳钢(～0.25C)	125～175	24
中碳钢(～0.50C)	175～225	20
高碳钢(～0.90C)	175～225	17
合金低碳钢(0.12～0.25C)	175～225	21
合金中碳钢(0.25～0.65C)	175～225	15～18
马氏体时效钢	275～325	17
不锈钢(奥氏体)	135～185	17
不锈钢(铁素体)	135～185	20
不锈钢(马氏体)	135～185	20
不锈钢(沉淀硬体)	150～200	15
工具钢	196	18
工具钢	241	15
灰铸铁(软)	120～150	43～46
灰铸铁(硬)	160～220	24～34
可锻铸铁	112～126	27～37
球墨铸铁	190～225	18
高温合金(镍基)	150～300	6
高温合金(铁基)	180～230	7.5
高温合金(钴基)	180～230	6
钛及钛合金(纯钛)	110～200	30
钛及钛合金(α及α+β)	300～360	12
钛及钛合金(β)	275～350	7.5
碳		18～21
塑料		30
硬橡胶		30～90

表5-21　硬质合金钻头切削用量选择

钻孔的进给量(mm/r)							
钻头直径 d0(mm)	σb550～85①	淬硬钢硬度 HRC≤40	淬硬钢 HRC40	淬硬钢 HRC55	淬硬钢 HRC64	铸铁 HB≤170	铸铁 HB>170
≤10	0.12～0.16	0.04～0.05	0.03	0.025	0.02	0.25～0.45	0.20～0.35
10～12	0.14～0.20	0.04～0.05	0.03	0.025	0.02	0.30～0.50	0.20～0.35
12～16	0.16～0.22	0.04～0.05	0.03	0.025	0.02	0.35～0.60	0.25～0.40
16～20	0.20～0.26	0.04～0.05	0.03	0.025	0.02	0.40～0.70	0.25～0.40
20～23	0.22～0.28	0.04～0.05	0.03	0.025	0.02	0.45～0.80	0.30～0.50
23～26	0.24～0.32	0.04～0.05	0.03	0.025	0.02	0.50～0.85	0.35～0.50
26～29	0.26～0.35	0.04～0.05	0.03	0.025	0.02	0.50～0.90	0.40～0.60

注：

1. 大进给量用于在大刚性零件上钻孔，精度在H12～H13级以下或自由公差，钻孔后还用钻头，扩孔钻或镗刀加工。小进给量用于在中等刚性条件下，钻孔后要用铰刀加工的精确孔，钻孔后用丝锥攻螺纹的孔。

2. 钻孔深度大于3倍直径时应乘修正系数：

孔　深	3d0	5d0	7d0	10d0
修正系数 Klf	1.0	0.9	0.8	0.75

3. 为避免钻头损坏，当刚要钻穿时应停止自动走刀而改用手动走刀。

4. 钻削钢件时使用切削液，钻削铸铁时不使用切削液。

①为淬硬的碳钢及合金钢

表5-22　高速钢及硬质合金切削用量选择表

高速钢及硬质合金扩孔时的进给量(mm/r)			
扩孔直径 d0(mm)	加工钢及铸钢	铸铁铜合金铝合金 HB<200	铸铁铜合金铝合金 HB>200
≤15	0.5～0.6	0.7～0.9	0.5～0.6
15～20	0.6～0.7	0.9～1.1	0.6～0.7
20～25	0.7～0.9	1.0～1.2	0.7～0.8
25～30	0.8～1.0	1.1～1.3	0.8～0.9
30～35	0.9～1.1	1.2～1.5	0.9～1.0
35～40	0.9～1.2	1.4～1.7	1.0～1.2
40～50	1.0～1.3	1.6～2.0	1.2～1.4
50～60	1.1～1.3	1.8～2.2	1.3～1.5
60～80	1.2～1.5	2.0～2.4	1.4～1.7

注：

1. 加工强度及硬度较低的材料时，采用较大值；加工强度及硬度较高的材料时，采用较小值。

2. 在扩盲孔时，进给量取为0.3～0.6 mm/r。

3. 表列进给量用于：孔的精度不高于H12～H13级，以后还要用扩孔钻和铰刀加工的孔，还要用两把铰刀加工的孔。

4. 当加工孔的要求较高时，例如H8～H11级精度的孔，还要用一把铰刀加工的孔，用丝锥攻丝前的扩孔，则进给量应乘系数0.7。

表5-23　加工不同材料的切削速度(m/min)

加工材料	抗拉强度 σb(Mpa)	硬度 HB	切削速度 (m/min)d0=5～10	切削速度 (m/min)d0=11～30
工具钢	1000	300	35～40	40～45
工具钢	1800～1900	500	8～11	11～14
工具钢	2300	575	<6	7～10
镍铬钢	1000	300	35～38	40～45
镍铬钢	1400	420	15～20	20～25
铸钢	500～600		35～38	38～40
不锈钢			25～27	27～35
热处理钢	1200～1800		20～30	25～30
淬硬钢			8～10	8～12
高锰钢			10～11	11～15
耐热钢			3～6	5～8
灰铸铁		200	40～45	45～60
合金铸铁		230～350	20～40	25～45
合金铸铁		350～400	8～20	10～25
冷硬铸铁			5～8	6～10
可锻铸铁			35～38	38～40
高强度可锻铸铁			35～38	38～40
黄铜			70～100	90～100
铸铁青铜			50～70	55～75
铝			250～270	270～300
硅铝合金			125～270	130～140
硬橡胶			30～60	30～60
酚醛树脂			10～120	10～120
硬质纸			40～70	40～70
硬质纤维			80～150	80～150
热固性纤维			60～90	60～90
塑料			30～60	30～60
玻璃			4.5～7.5	4.5～7.5
玻璃纤维复合材料			198	198
贝壳			30～60	30～60
软大理石			20～50	20～50
硬大理石			4.5～7.5	4.5～7.5

表 5-24　高速钢扩孔钻扩孔时的切削速度 m/min

刀具规格(mm)	结构钢 *f*(mm/r)													
	0.3	**0.4**	**0.5**	**0.6**	**0.7**	**0.8**	**1**	**1.2**	**1.4**	**1.6**	**1.8**	**2**	**2.2**	**2.4**
d0=15 整体 αp=1	34	29.4	26.3	24	22.2									
d0=20 整体 αp=1.5	38	32.1	28.7	26.2	24.2	22.7	21.4	20.3						
d0=25 整体 αp=1.5	29.7	25.7	23	21	19.4	18.2	17.1	16.2	14.8					
d0=25 套式 αp=1.5	26.5	22.9	20.5	18.7	17.3	16.2	15.3	14.5	13.2					
d0=30 整体 αp=1.5		27.1	24.3	22.1	20.5	19.2	17.2	15.6	14.5					
d0=30 套式 αp=1.5		24.2	21.7	19.8	18.3	17.1	15.3	14	12.9					
d0=35 整体 αp=1.5		25.2	22.5	20.5	19	17.8	15.9	14.5	13.4	12.6				
d0=35 套式 αp=1.5		22.4	20.1	18.3	17	15.9	14.2	13	12	11.2				
d0=40 整体 αp=1.5		24.7	22.1	20.2	18.7	17.5	15.6	14.3	13.2	12.3				
d0=40 套式 αp=2			19.7	18	16.7	15.6	14	12.7	11.8	11				
d0=50 套式 αp=2.5			18.5	16.9	15.6	14.6	13.1	12	11.1	10.4	9.8	9.3		
d0=60 套式 αp=3			17.6	16.1	14.9	13.9	12.5	11.4	10.5	9.9	9.3	8.8	8.4	
d0=70 套式 αp=3.5				15.5	14.3	13.4	12	10.9	10.1	9.5	8.9	8.5	8.1	7.7
d0=80 套式 αp=4				14.4	13.4	12.5	11.1	10.2	9.4	8.8	8.3	7.9	7.5	7.2

刀具规格(mm)	灰铸铁 *f*(mm/r)															
	0.3	**0.4**	**0.5**	**0.6**	**0.8**	**1**	**1.2**	**1.4**	**1.6**	**1.8**	**2**	**2.4**	**2.8**	**3.2**	**3.6**	**4**
d0=15 整体 αp=1	33.1	29.5	27	25.1	22.4	20.5	19									
d0=20 整体 αp=1.5	35.1	31.3	28.6	26.6	23.7	21.7	20.1	18.9	17.9							
d0=25 整体 αp=1.5		29.4	26.9	25	22.3	20.4	19	17.8	16.9	16.1						
d0=25 套式 αp=1.5		26.4	24.1	22.4	20	18.3	17	16	15.1	14.4						
d0=30 整体 αp=1.5			28	26	23	21.2	19.7	18.5	17.5	16.7	16					
d0=30 套式 αp=1.5			23.7	23.2	20.7	19	17.6	16.6	15.7	15	14.4					
d0=35 整体 αp=1.5				25.7	22.9	20.9	19.5	18.3	17.3	16.5	15.9	14.7				
d0=35 套式 αp=1.5				23	20.5	18.7	17.4	16.4	15.5	14.8	14.2	12.4				
d0=40 整体 αp=1.5				25.6	22.8	20.9	19.4	18.3	17.3	16.5	15.8	14.7	13.8			
d0=40 套式 αp=2				23	20.5	18.7	17.4	16.4	15.5		14.2	13.2	12.4			
d0=50 套式 αp=2.5					20.3	18.5	17.2	16.2	15.4		14	13.1	12.3	11.6		
d0=60 套式 αp=3					20.1	18.4	17.1	16.1	15.2		13.9	13	12.2	11.6	11	
d0=70 套式 αp=3.5						18.3	17	16	15.2		13.9	12.9	12.1	11.5	11	10.5
d0=80 套式 αp=4						18.2	16.9	15.9	15.1		13.8	12.8	12.1	11.4	10.9	10.5

表5-25　硬质合金扩孔钻扩孔时的切削速度 m/min

刀具规格(mm)	结构钢 f(mm/r)													
	0.2	**0.25**	**0.3**	**0.35**	**0.4**	**0.45**	**0.5**	**0.6**	**0.7**	**0.8**	**0.9**	**1**	**1.2**	**1.4**
d0＝15αp＝1	58	55	52	49	47	46	44	42	40					
d0＝20αp＝1		65	61	59	56	54	53	50	48	46				
d0＝25αp＝1.5			60	58	55	53	52	49	47	45	43			
d0＝30αp＝1.5					62	60	58	55	52	50	48	47		
d0＝35αp＝1.5						62	60	57	54	52	50	49		
d0＝40αp＝2						63	61	58	55	53	51	50	47	
d0＝50αp＝2.5							61	58	56	53	52	50	47	45
d0＝60αp＝3							62	59	56	54	52	50	48	46
d0＝70αp＝3.5							63	60	57	55	53	51	48	46
d0＝80αp＝4							64	60	57	55	53	52	49	47
刀具规格(mm)	**灰铸铁 f(mm/r)**													
	0.3	**0.35**	**0.4**	**0.5**	**0.6**	**0.7**	**0.8**	**0.9**	**1**	**1.2**	**1.4**	**1.6**	**2**	**2.4**
d0＝15αp＝1	86	80	76	68	63	59	55	52						
d0＝20αp＝1		90	85	77	71	66	62	59	56					
d0＝25αp＝1.5			78	70	65	60	57	54	51	47				
d0＝30αp＝1.5			81	76	70	65	61	58	55	51				
d0＝35αp＝1.5				73	68	63	60	56	54	50				
d0＝40αp＝2				74	68	64	60	57	54	50	47	44		
d0＝50αp＝2.5					63	59	56	53	50	46	43	41	37	
d0＝60αp＝3					60	56	53	50	48	44	41	38	35	
d0＝70αp＝3.5						54	50	48	46	42	39	37	33	31
d0＝80αp＝4						52	49	46	44	41	38	36	32	30

表5-26　高速钢铰刀铰削的切削速度 m/min(精铰)

结构碳钢、铬钢、镍铬钢			灰铸铁、可锻铸铁、铜合金		
精度等级	加工表面粗糙度 Ra(μm)	切削速度 v(m/min)	灰铸铁	可锻铸铁	铜合金
H7～H8	3.2～1.6	4～5	8	15	15
H7～H8	1.6～0.8	2～3	4	8	8

表 5-27　铰刀铰削切削用量选择表

高速钢及硬质合金机铰刀铰孔时的进给量(mm/r)								
刀具材料	加工材料	铰刀直径 ≤5	铰刀直径 5～10	铰刀直径 10～20	铰刀直径 20～30	铰刀直径 30～40	铰刀直径 40～60	铰刀直径 60～80
高速钢铰刀	钢 σb≤900MPa	0.2～0.5	0.4～0.9	0.65～1.4	0.8～1.8	0.95～2.1	1.3～2.8	1.5～3.2
	钢 σb>900MPa	0.15～0.35	0.35～0.7	0.55～1.2	0.65～1.5	0.8～1.8	1.0～2.3	1.2～3.2
	铸铁铜及铝合金 HB≤170	0.6～1.2	1.0～2.0	1.5～3.0	2.0～4.0	2.5～5.0	3.2～6.4	3.75～7.5
	铸铁 HB>170	0.4～0.8	0.65～1.3	1.0～2.0	1.3～2.6	1.6～3.2	2.1～4.2	2.6～5.0
硬质合金铰刀	未淬硬钢		0.35～0.5	0.4～0.6	0.5～0.7	0.6～0.8	0.7～0.9	0.9～1.2
	淬硬钢		0.25～0.35	0.3～0.4	0.35～0.45	0.4～0.5		
	铸铁 HB≤170		0.9～1.4	1.0～1.5	1.2～1.8	1.3～2.0	1.6～2.4	2.0～3.0
	铸铁 HB>170		0.7～1.1	0.8～1.2	0.9～1.4	1.0～1.5	1.25～1.8	1.5～3.2

注：

1. 表内进给量用于加工通孔，加工盲孔时进给量应取为 0.2～0.5mm/r。
2. 最大进给量用于在钻或扩孔之后，精铰孔之前的粗铰孔。
3. 中等进给量用于：①粗铰之后精铰 H7 级精度的孔；②精镗之后精铰 H7 级精度的孔；③对硬质合金铰刀，用于精铰 H8～H9 级精度的孔。
4. 最小进给量用于：①抛光或珩磨之前的精铰孔；②用一把铰刀铰 H8～H9 级精度的孔；③对硬质合金铰刀，用于精铰 H7 级精度的孔。

表 5-28　高速钢铰刀粗铰削的切削速度 m/min(粗铰)

刀具规格(mm)	结构钢、铬钢、镍铬钢 f(mm/r)														
	≤0.5	0.6	0.7	0.8	1	1.2	1.4	1.6	1.8	2	2.2	2.5	3	3.5	4
d0=5αp=0.05	24	21.3	19.3	17.6											
d0=10αp=0.075	21.6	19.2	17.4	15.9	13.8	12.3									
d0=15αp=0.1	17.4	15.3	14.1	12.9	11.1	9.9	9.2	8.2	7.7	7.1					
d0=20αp=0.125	18.2	16.1	14.7	13.5	11.6	10.3	9.3	8.6	7.9	7.4					
d0=25αp=0.125	16.6	14.8	13.4	12.2	10.6	9.4	8.5	7.8	7.2	6.7					
d0=30αp=0.125	12.9				11.2	9.9	8.9	8.2	7.6	7.1	6.6	6.2	5.4	5.1	4.6
d0=40αp=0.15	12.1				10.4	9.1	8.4	7.5	7.2	6.7	6.2	5.7	5.1	4.7	4.2
d0=50αp=0.15	11.4				9.9	8.8	8	7.3	6.7	6.3	5.9	5.4	4.8	4.4	4
d0=60αp=0.2	10.7				9.2	8.2	7.4	6.8	6.3	5.9	5.5	5.1	4.5	4.1	3.7
d0=80αp=0.25	9.8				8.5	7.5	6.8	6.2	5.8	5.4	5.1	4.7	4.1	3.8	3.4
刀具规格(mm)	灰铸铁 190HBf(mm/r)														
	≤0.5	0.6	0.7	0.8	1	1.2	1.4	1.6	1.8	2	2.5	3	4	5	
d0=5αp=0.05	18.9	17.2	15.9	14.9	13.3	12.2	11.3	10.6	9.9	9.4					
d0=10αp=0.075	17.9	16.3	15.1	14.1	12.6	11.5	10.7	9.4	8.9						
d0=15αp=0.1	15.9	14.5	13.4	12.6	11.2	10.3	9.5	8.9	8.4	8					
d0=20αp=0.125	16.5	15.1	14	13.1	11.7	10.7	9.9	9.2	8.7	8.3	7.4	6.7			
d0=25αp=0.125	14.7	13.4	12.4	11.3	10.4	9.5	8.8	8.2	7.7	7.4	6.6	6			
d0=30αp=0.125				12.1	10.8	9.8	9.1	8.5	8	7.6	6.8	6.2	5.4	4.8	
d0=40αp=0.15				11.5	10.3	9.4	8.7	8.1	7.6	7.3	6.5	5.9	5.1	4.6	
d0=50αp=0.15				11.5	10	9.2	8.5	7.9	7.5	7.1	6.3	5.8	5	4.5	
d0=60αp=0.2				10.7	9.6	8.7	8.1	7.6	7.1	6.8	6.1	5.5	4.8	4.3	
d0=80αp=0.25				10	8.9	8.1	7.5	7.1	6.7	6.3	5.6	5.2	4.5	4	

第3节 机床夹具设计基本数据

一、基本数据数据表

表5-29 按工件公差选取夹具公差

夹具类型	工件工序尺寸公差/mm				
	0.03—0.10	0.10—0.20	0.20—0.30	0.30—0.50	自由尺寸
车床夹具	$\frac{1}{4}$	$\frac{1}{4}$	$\frac{1}{5}$	$\frac{1}{5}$	$\frac{1}{5}$
钻床夹具	$\frac{1}{3}$	$\frac{1}{4}$	$\frac{1}{4}$	$\frac{1}{5}$	$\frac{1}{5}$
镗床夹具	$\frac{1}{3}$	$\frac{1}{3}$	$\frac{1}{4}$	$\frac{1}{4}$	$\frac{1}{5}$

表5-30 按工件角度公差确定夹具相应角度公差的参考数据

工件角度公差		夹具角度公差	工件角度公差		夹具角度公差
由	到		由	到	
0°00′50″	0°01′30″	0°00′30″	0°20′	0°25′	0°10′
0°01′30″	0°02′30″	0°01′00″	0°25′	0°35′	0°12′
0°02′30″	0°03′30″	0°01′30″	0°35′	0°50′	0°15′
0°03′30″	0°04′30″	0°02′00″	0°50′	1°00′	0°20′
0°04′30″	0°06′00″	0°02′30″	1°00′	1°30′	0°30′
0°06′00″	0°08′00″	0°03′00″	1°30′	2°00′	0°40′
0°08′00″	0°10′00″	0°04′00″	2°00′	3°00′	1°00′
0°10′00″	0°15′00″	0°05′00″	3°00′	4°00′	1°20′
0°15′00″	0°20′00″	0°08′00″	4°00′	5°00′	1°40′

表5-31 按工件直线尺寸公差确定夹具相应尺寸公差的参考数据

工件尺寸公差		夹具尺寸公差	工件尺寸公差		夹具尺寸公差
由	到		由	到	
0.008	0.01	0.005	0.20	0.24	0.08
0.01	0.02	0.006	0.24	0.28	0.09
0.02	0.03	0.010	0.28	0.34	0.10
0.03	0,05	0.015	0.34	0.45	0.15
0.05	0.06	0.025	0.45	0.65	0.20
0.06	0.07	0.030	0.65	0.90	0.30
0.07	0.08	0.035	0.90	1.30	0.40
0.08	0.09	0.040	1.30	1.50	0.50
0.09	0.10	0.045	1.50	1.60	0.60
0.10	0.12	0.050	1.60	2.00	0.70
0.12	0.16	0.060	2.00	2.50	0.80
0.16	0.20	0.070	2.50	3.00	1.00

表 5-32　常用夹具元件的公差配合

<table>
<tr><th>元件名称</th><th colspan="2">部　件　及　配　合</th><th>备　注</th></tr>
<tr><td rowspan="2">衬套</td><td colspan="2">外径与本体 H7/r6 或者 H7/n6</td><td rowspan="2"></td></tr>
<tr><td colspan="2">内径　　F7 或 F6</td></tr>
<tr><td rowspan="2">固定钻套</td><td colspan="2">外径与钻模板 H7/r6 或者 H7/n6</td><td></td></tr>
<tr><td colspan="2">内径　　G7 或 G8</td><td>基本尺寸是刀具的最大尺寸</td></tr>
<tr><td>可换钻套</td><td colspan="2">外径与衬套　F7/m6 或者 F7/k6</td><td></td></tr>
<tr><td rowspan="3">快换钻套</td><td rowspan="3">内径</td><td>钻孔与扩孔时　F8</td><td rowspan="3">基本尺寸是刀具的最大尺寸</td></tr>
<tr><td>粗铰孔时　　G7</td></tr>
<tr><td>精铰孔时　　G6</td></tr>
<tr><td rowspan="2">镗套</td><td colspan="2">外径与衬套　H6/h5(H6/j5);H7/h6(H7/js6)</td><td>滑动式回转镗套</td></tr>
<tr><td colspan="2">内径与衬套　H6/g5(H6/h5);H7/g6(H7/h6)</td><td>滑动式回转镗套</td></tr>
<tr><td>支承钉</td><td colspan="2">与夹具体配合 H7/r6,H7/n6</td><td></td></tr>
<tr><td rowspan="2">定位销</td><td colspan="2">与工件定位基面配合 H7/g6、H7/f7 或 H6/g5、H6/f6</td><td rowspan="2"></td></tr>
<tr><td colspan="2">与夹具体配合 H7/r6、H7/n6</td></tr>
<tr><td>可换定位销</td><td colspan="2">与衬套配合　H7/h6</td><td></td></tr>
<tr><td>钻模板铰链轴</td><td colspan="2">轴与孔配合　G7/h6、F8/h6</td><td></td></tr>
</table>

表 5-33　常用夹具元件的材料及热处理

<table>
<tr><th colspan="2">名　称</th><th>推荐材料</th><th>热处理要求</th><th>国标代号</th></tr>
<tr><td rowspan="6">定位元件</td><td>支承钉</td><td>D≤12 mm,T7A
D>12 mm,20 钢</td><td>淬火 HRC60～64
渗碳深 0.8～1.2 mm. 淬火 HRC60～64</td><td>GB2226－80</td></tr>
<tr><td>支承板</td><td>20 钢</td><td>渗碳深 0.8～1.2 mm. 淬火 HRC60～64</td><td>GB2236－80</td></tr>
<tr><td>可调支承螺钉</td><td>45 钢</td><td>头部淬火 HRC38～42
L<50 mm. 整体淬火 HRC33～38</td><td></td></tr>
<tr><td>定位销</td><td>D≤16 mm,T7A
D>16 mm,20 钢</td><td>淬火 HRC53～58
渗碳深 0.8～1.2 mm. 淬火 HRC53～58</td><td>GB2203－80A
GB2204－80A</td></tr>
<tr><td>定位心轴</td><td>D≤35 mm,T8A
D>35 mm,45 钢</td><td>淬火 HRC55～60
淬火 HRC43～48</td><td></td></tr>
<tr><td>V 形块</td><td>20 钢</td><td>渗碳深 0.8～1.2 mm. 淬火 HRC60～64</td><td>GB2208－80</td></tr>
<tr><td rowspan="7">夹紧元件</td><td>斜楔</td><td>20 钢</td><td>渗碳深 0.8～1.2 mm. 淬火 HRC58～62</td><td></td></tr>
<tr><td>压紧螺钉</td><td>45 钢</td><td>淬火 HRC38～42</td><td>GB2160－80 至
GB2163－80</td></tr>
<tr><td>螺母</td><td>45 钢</td><td>淬火 HRC33～38</td><td></td></tr>
<tr><td>摆动压板</td><td>45 钢</td><td>淬火 HRC43～48</td><td>GB2171－80
GB2172－80</td></tr>
<tr><td>普通螺钉压板</td><td>45 钢</td><td>淬火 HRC38～42</td><td></td></tr>
<tr><td>钩形压板</td><td>45 钢</td><td>淬火 HRC38～42</td><td>GB2197－80</td></tr>
<tr><td>圆偏心轮</td><td>20 钢或优质工具钢</td><td>渗碳深 0.8～1.2 mm. 淬火 HRC60～64
淬火 HRC60～64</td><td>GB2191－80 至
GB2194－80</td></tr>
</table>

续表

名称		推荐材料	热处理要求	国标代号
其他专用元件	对刀块	20 钢	渗碳深 0.8～1.2 mm. 淬火 HRC50～55	GB2240－80 至 GB2243－80
	塞尺	T7A	淬火 HRC60～64	GB2244－80 GB2245－80
	定向键	45 钢	淬火 HRC43～48	GB2206－80
	钻套	内径≤5 mm,T10A 外径>25 mm,20 钢	渗碳深 0.8～1.2 mm. 淬火 HRC60～64 淬火 HRC60～64	GB2262－80 GB2264－80 GB2265－80
	衬套	内径≤25 mm,T10A 外径>25 mm,20 钢	渗碳深 0.8～1.2 mm. 淬火 HRC60～64 淬火 HRC60～64	GB2263－80
	固定式镗套	20 钢	渗碳深 0.8～1.2 mm. 淬火 HRC55～60	GB2266－80 GB2267－80 GB2269－80
夹具体		HT150 或 HT200	时效处理	

表 5-34　夹具零件主要表面的粗糙度(Ra)　(μm)

表面形状	表面名称		精度等级	外圆或外侧面	内孔或内侧面	举例
圆柱面	有相对运动的配合表面		6	0.2 (0.25,0.32)		快换钻套、手动定位销
			7	0.2 (0.25,0.32)	0.4 (0.5,0.63)	导向销
			8,9	0.4(0.5,0.63)		衬套定位销
			11	1.6 (2.0,2.5)	3.2 (4.0,5.0)	转动轴颈
	无相对运动的配合表面		7	0.4 (0.5,0,63)	0.8 (1.0,1.25)	圆柱销
			8,9	0.8 (4.0,5.0)	1.6 (2.0,2.5)	手柄
			自由尺寸	3.2(4.0,5.0)		活动手柄、压板
平面	有相对运动的配合表面	一般平面	7	0.4(0.5,0,63)		丁形槽
			8,9	0.8(1.0,1.25)		活动 v 形块、叉形偏心轮、铰链两侧面
			11	1.6(2.0,2.5)		叉头零件
		特殊配合	精确	0.4(0.5,0.63)		燕尾导轨
			一般	1.6(2.0,2.5)		燕尾导轨
	无相对运动的表面		8、9	0.8 (1.0,1.25)	1.6 (2.0,2.5)	定位键侧面
			特殊配合	0.8 (1.0,1.25)	1.6 (2.0,2.5)	键两侧面
	有相对运动的导轨面		精确	0.4(0.5,0.63)		导轨面
			一般	1.6(2.0,2.5)		导轨面
	无相对运动	夹具体基面	精确	0.4(0.5,0.63)		夹具体安装面
			中等	0.8(1.0,1.25)		夹具体安装面
			一般	1.6(2.0,2.5)		夹具体安装面
			精确	4(0.5,0.63)		安装元件的表面
		安装夹具零件的墓面	中等	1.6(2.0,2.5)		安装元件的表面
			一般	3.2(4.0,5.0)		安装元件的表面

续表

<table>
<tr><th>表面形状</th><th colspan="2">表　面　名　称</th><th>精度等级</th><th>外圆或外侧面</th><th>内孔或内侧面</th><th>举　　例</th></tr>
<tr><td rowspan="5">锥形表面</td><td colspan="2" rowspan="2">中心孔</td><td>精确</td><td colspan="2">0.4
(0.5,0.63)</td><td>顶尖、中心孔、铰链侧面</td></tr>
<tr><td>一般</td><td colspan="2">1.6
(2.0,2.5)</td><td>导向定位件导向部分</td></tr>
<tr><td rowspan="3">无相对运动</td><td rowspan="2">安装刀具的锥柄和锥孔</td><td>精确</td><td>0.2
(0.25,0.32)</td><td>0.4
(0.5,0.63)</td><td>工具圆锥</td></tr>
<tr><td>一般</td><td>0.4
(0.5,0.63)</td><td>0.8
(1.0,1.25)</td><td>弹簧夹头、圆锥销、轴</td></tr>
<tr><td>固定紧固用</td><td></td><td>0.4
(0.5,0.32)</td><td>0.8
(1.0,1.25)</td><td>锥面锁紧表面</td></tr>
<tr><td rowspan="2">紧固件表面</td><td colspan="2">螺钉头部</td><td></td><td colspan="2">3.2(4.2,5.0)</td><td>螺栓、螺钉</td></tr>
<tr><td colspan="2">穿过紧固件的内孔面</td><td></td><td colspan="2">6.3(8.0,10.0)</td><td>压板孔</td></tr>
<tr><td rowspan="3">密封性配合面</td><td colspan="2">有相对运动</td><td></td><td colspan="2">0.1(0.125,0.16)</td><td>缸体内表面</td></tr>
<tr><td rowspan="2">无相对运动</td><td>软垫圈</td><td></td><td colspan="2">1.6(2.0,2.5)</td><td>缸盖端面</td></tr>
<tr><td>金属垫圈</td><td></td><td colspan="2">0.8(1.0,1.25)</td><td>缸盖端面</td></tr>
<tr><td rowspan="2">定位平面</td><td colspan="2" rowspan="2"></td><td>精确</td><td colspan="2">0.4(0.5,0.63)</td><td>定位件丁作表面</td></tr>
<tr><td>一般</td><td colspan="2">0.8(1.0,1.25)</td><td>定位件工作表面</td></tr>
<tr><td rowspan="2">孔面</td><td colspan="2" rowspan="2">径向轴承</td><td>D、E</td><td colspan="2">0.4(0.5,0.63)</td><td>安装轴承内孔</td></tr>
<tr><td>G、F</td><td colspan="2">0.8(1.0,1.25)</td><td>安装轴承内孔</td></tr>
<tr><td>端面</td><td colspan="2">推力轴承</td><td></td><td colspan="2">1.6(2.0,2.5)</td><td>安装推力轴承端面</td></tr>
<tr><td>孔面</td><td colspan="2">滚针轴承</td><td></td><td colspan="2">0.4(0.5,0.63)</td><td>安装轴承内孔</td></tr>
<tr><td rowspan="5">刮研平面</td><td colspan="2">20～25 点/
25 mm×25 mm</td><td></td><td colspan="2">0.05(0.063,0.080)</td><td>结合面</td></tr>
<tr><td colspan="2">16～20 点/
25 mm×25 mm</td><td></td><td colspan="2">0.1(0.125,0.16)</td><td>结合面</td></tr>
<tr><td colspan="2">13～16 点/
25 mm×25 mm</td><td></td><td colspan="2">0.2(0.25,0.32)</td><td>结合面</td></tr>
<tr><td colspan="2">10～13 点/
25 mm×25 mm</td><td></td><td colspan="2">0.4(0.5,0.63)</td><td>结合面</td></tr>
<tr><td colspan="2">8～10 点/
25 mm×25 mm</td><td></td><td colspan="2">0.8(1.0,1.25)</td><td>结合面</td></tr>
</table>

注：括弧中的数值为第二系列。

二、常用定位元件

表5-35　支承钉(摘自GB/T 2226－1991)/mm

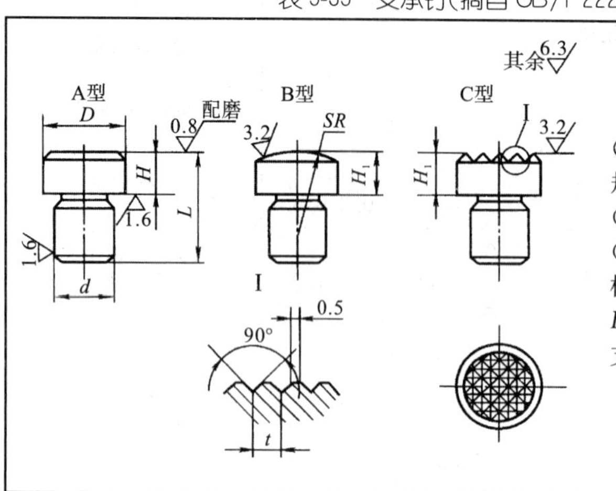

(1)材料：T8按GB/T 1298－1986的规定。
(2)热处理：55～60HRC。
(3)其他技术条件按GB/T2299的规定。
标记示例：
D=16 mm、H=8 mm的A型支承钉：
支承钉A16×8 mmGB/T2226。

D	H	H_1		L	D		SR	t
		基本尺寸	极限偏差h11		基本尺寸	极限偏差r6		
5	2	2	0 －0.060	6	3	＋0.016 ＋0.010	5	1
	5	5	0 －0.075	9				
6	3	3		8	4	＋0.023 ＋0.015	6	
	6	6		11				
8	4	4		12	6		8	1.2
	8	8	0 －0.090	16				
12	6	6	0 －0.075		8	＋0.028 ＋0.019	12	
	12	12	0 －0.110	22				
16	8	8	0 －0.090	20	10		16	1.5
	16	16	0 －0.110	28				
20	10	10	0 －0.090	25	12	＋0.034 ＋0.023	20	
	20	20	－0.130	35				
25	12	12	0 －0.110	32	16		25	2
	25	25	0 －0.130	45				
30	16	16	0 －0.110	42	20	＋0.041 ＋0.028	32	2
	30	30	0 －0.130	55				
40	20	20		50	24		40	
	40	40	0 －0.160	70				

表5-36　支承板(摘自GB/T 2236－1991)/mm

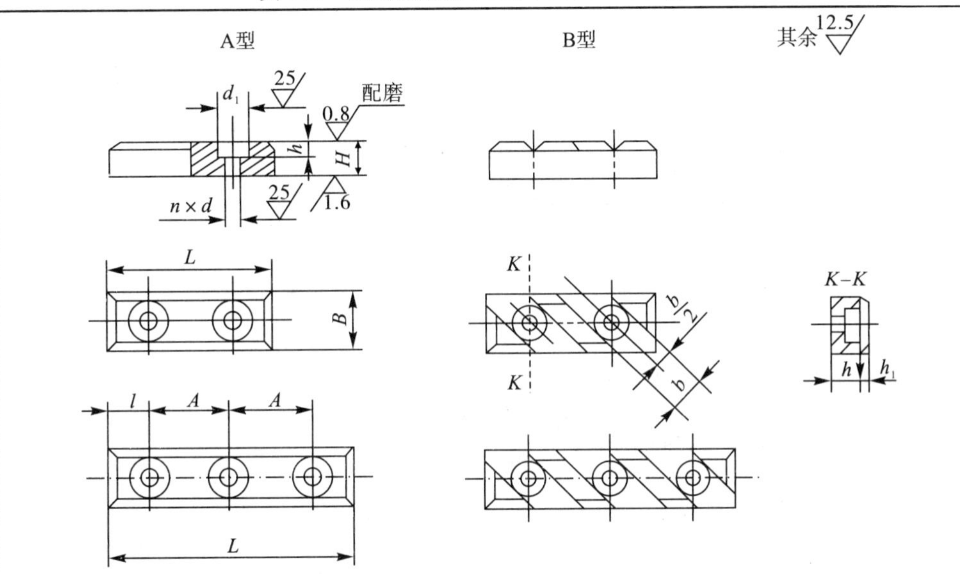

(1)材料:T8按GB/T 1298—1986的规定。
(2)热处理:55～60HRC。
(3)其他技术条件按GB/T2259的规定。
标记示例:
H=16 mm、L=100 mm的A型支承板:支承板A16×100GB/T2236。

<table>
<tr><th>H</th><th>L</th><th>B</th><th>b</th><th>l</th><th>A</th><th>d</th><th>d₁</th><th>h</th><th>h₁</th><th>孔数 n</th></tr>
<tr><td rowspan="2">6</td><td>30</td><td rowspan="2">12</td><td rowspan="4">—</td><td rowspan="2">7.5</td><td rowspan="2">15</td><td rowspan="2">4.5</td><td rowspan="2">8</td><td rowspan="2">3</td><td rowspan="4">—</td><td>2</td></tr>
<tr><td>45</td><td>3</td></tr>
<tr><td rowspan="2">8</td><td>40</td><td rowspan="2">14</td><td rowspan="2">10</td><td rowspan="2">20</td><td rowspan="2">5.5</td><td rowspan="2">10</td><td rowspan="2">3.5</td><td>2</td></tr>
<tr><td>60</td><td>3</td></tr>
<tr><td rowspan="2">10</td><td>60</td><td rowspan="2">16</td><td rowspan="2">14</td><td rowspan="2">15</td><td rowspan="2">30</td><td rowspan="2">6.6</td><td rowspan="2">11</td><td rowspan="2">4.5</td><td rowspan="6">1.5</td><td>2</td></tr>
<tr><td>90</td><td>3</td></tr>
<tr><td rowspan="2">12</td><td>80</td><td rowspan="2">20</td><td rowspan="4">17</td><td rowspan="4">20</td><td rowspan="2">40</td><td rowspan="4">9</td><td rowspan="4">15</td><td rowspan="4">6</td><td>2</td></tr>
<tr><td>120</td><td>3</td></tr>
<tr><td rowspan="2">16</td><td>100</td><td rowspan="2">25</td><td rowspan="4">60</td><td>2</td></tr>
<tr><td>160</td><td>3</td></tr>
<tr><td rowspan="2">20</td><td>120</td><td rowspan="2">32</td><td rowspan="4">20</td><td rowspan="4">20</td><td rowspan="4">11</td><td rowspan="4">18</td><td rowspan="4">7</td><td rowspan="4">2.5</td><td>2</td></tr>
<tr><td>180</td><td>3</td></tr>
<tr><td rowspan="2">25</td><td>140</td><td rowspan="2">40</td><td rowspan="2">80</td><td>2</td></tr>
<tr><td>220</td><td>3</td></tr>
</table>

表 5-37　六角头支承(摘自 GB/T 2227－1991)/mm

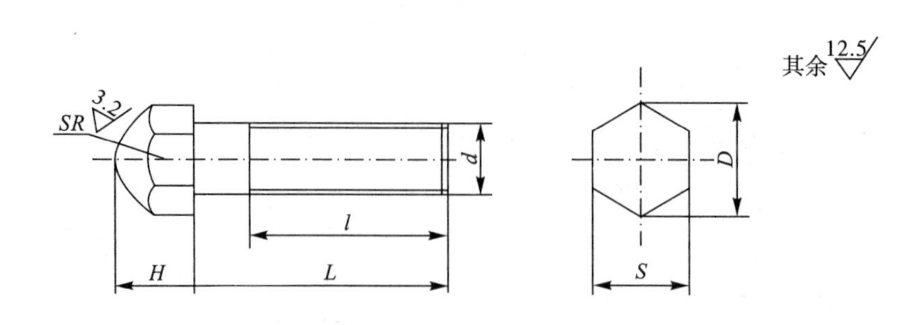

(1)材料:45 钢按 GB/T 699—1999 的规定。
(2)热处理:$L\leqslant 50$ mm 全部 40～55HRC;$L>50$ mm 头部 40～50HRC。
(3)其他技术条件按 GB/T2259 的规定。
标记示例:
d=M10 mm、L=25 mm 的六角支承:支承 M10×25GB/T2227。

<table>
<tr><td colspan="2">d</td><td>M8</td><td>M10</td><td>M12</td><td>M16</td><td>M20</td></tr>
<tr><td colspan="2">D≈</td><td>12.7</td><td>14.2</td><td>17.59</td><td>23.35</td><td>31.2</td></tr>
<tr><td colspan="2">H</td><td>10</td><td>12</td><td>14</td><td>16</td><td>20</td></tr>
<tr><td colspan="2">SR</td><td colspan="4">5</td><td>12</td></tr>
<tr><td rowspan="2">S</td><td>基本尺寸</td><td>11</td><td>13</td><td>17</td><td>21</td><td>27</td></tr>
<tr><td>极限偏差</td><td colspan="3">0
−0.270</td><td colspan="2">0
−0.330</td></tr>
<tr><td colspan="2">L</td><td colspan="5">l</td></tr>
<tr><td colspan="2">20</td><td>15</td><td colspan="4"></td></tr>
<tr><td colspan="2">25</td><td>20</td><td>20</td><td colspan="3"></td></tr>
<tr><td colspan="2">30</td><td>25</td><td>25</td><td>25</td><td colspan="2"></td></tr>
<tr><td colspan="2">35</td><td>30</td><td>30</td><td>30</td><td>30</td><td></td></tr>
<tr><td colspan="2">40</td><td>35</td><td rowspan="2">35</td><td rowspan="2">35</td><td rowspan="2">35</td><td>30</td></tr>
<tr><td colspan="2">45</td><td></td><td rowspan="2">35</td></tr>
<tr><td colspan="2">50</td><td></td><td>40</td><td>40</td><td>40</td></tr>
<tr><td colspan="2">60</td><td colspan="2"></td><td>45</td><td>45</td><td>40</td></tr>
<tr><td colspan="2">70</td><td colspan="3"></td><td>50</td><td>50</td></tr>
<tr><td colspan="2">80</td><td colspan="3"></td><td>60</td><td>60</td></tr>
</table>

表 5-38　调节支承(摘自 GB/T 2280－1991)/mm

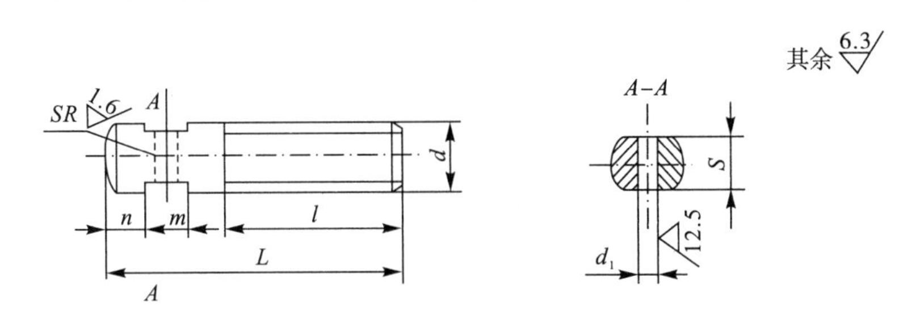

(1)材料:45 钢按 GB/T 699—1999 的规定。
(2)热处理:$L \leqslant 50$ mm 全部 40～50HRC;$L > 50$ mm 头部 40～45HRC。
(3)其他技术条件按 GB/T2259 的规定。
标记示例:
d=M12 mm、L=50 mm 的调节支承:支承 M12×50GB/T2280。

<table>
<tr><td colspan="2">d</td><td>M8</td><td>M10</td><td>M12</td><td>M16</td><td>M20</td></tr>
<tr><td colspan="2">n</td><td>3</td><td>4</td><td>5</td><td>6</td><td>8</td></tr>
<tr><td colspan="2">m</td><td>5</td><td colspan="2">8</td><td>10</td><td>12</td></tr>
<tr><td rowspan="2">S</td><td>基本尺寸</td><td>5.5</td><td>8</td><td>10</td><td>13</td><td>16</td></tr>
<tr><td>极限偏差</td><td>0
−0.180</td><td colspan="2">0
−0.220</td><td colspan="2">0
−0.270</td></tr>
<tr><td colspan="2">d_1</td><td>3</td><td>3.5</td><td>4</td><td>5</td><td>—</td></tr>
<tr><td colspan="2">SR</td><td>8</td><td>10</td><td>12</td><td>16</td><td>20</td></tr>
<tr><td colspan="2">L</td><td colspan="5">l</td></tr>
<tr><td colspan="2">25</td><td>12</td><td></td><td rowspan="3"></td><td rowspan="5"></td><td rowspan="7"></td></tr>
<tr><td colspan="2">30</td><td>16</td><td>14</td></tr>
<tr><td colspan="2">35</td><td>18</td><td>16</td></tr>
<tr><td colspan="2">40</td><td>20</td><td>20</td><td>18</td></tr>
<tr><td colspan="2">45</td><td>25</td><td>25</td><td>20</td></tr>
<tr><td colspan="2">50</td><td>30</td><td rowspan="2">30</td><td>25</td><td>25</td></tr>
<tr><td colspan="2">60</td><td></td><td>30</td><td>30</td></tr>
<tr><td colspan="2">70</td><td></td><td rowspan="2"></td><td rowspan="2">35</td><td>40</td><td>35</td></tr>
<tr><td colspan="2">80</td><td></td><td>50</td><td>45</td></tr>
</table>

表 5-39　调节支承钉/mm

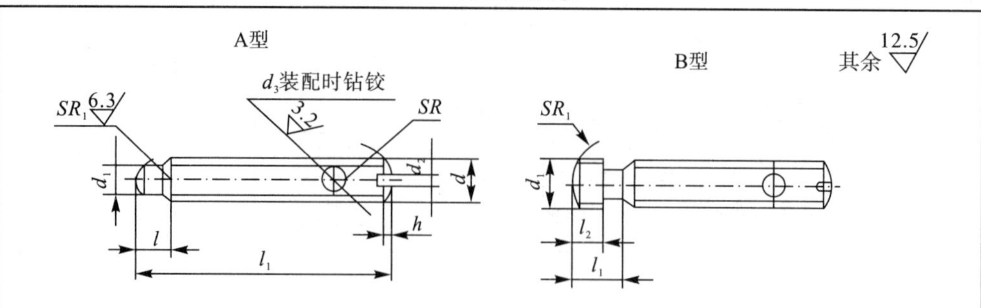

(1)材料:45 钢按 GB/T 699—1999 的规定。
(2)螺纹按 3 级精度制造。
(3)表面发蓝或其他防锈处理。
(4)热处理:淬火 33～38HRC。

d		M8	M10	M12	M16	M20
d_1		6	7	9	12	15
l		5	6	7	8	10
SR		8	10	12	16	20
SR_1		6	7	9	12	15
l_1		9	11	13.5	15	17
l_2		4	5	6.5	8	9
b		1.2	1.5	2		—
h		2.5	3	3.5	4.5	—
d_2	基本尺寸	3	4		5	
	极限偏差 H7	$^{+0.010}_{0}$	$^{+0.012}_{0}$			
L		35				
		40	40			
		45	45			
		50	50	50		
		60	60	60	60	
		70	70	70	70	70
		80	80	80	80	80
			90	90	90	90
			100	100	100	100

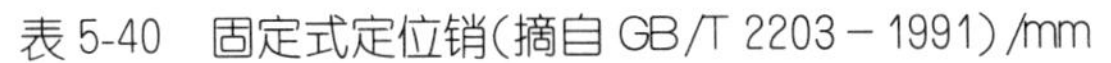

表5-40　固定式定位销(摘自GB/T 2203－1991)/mm

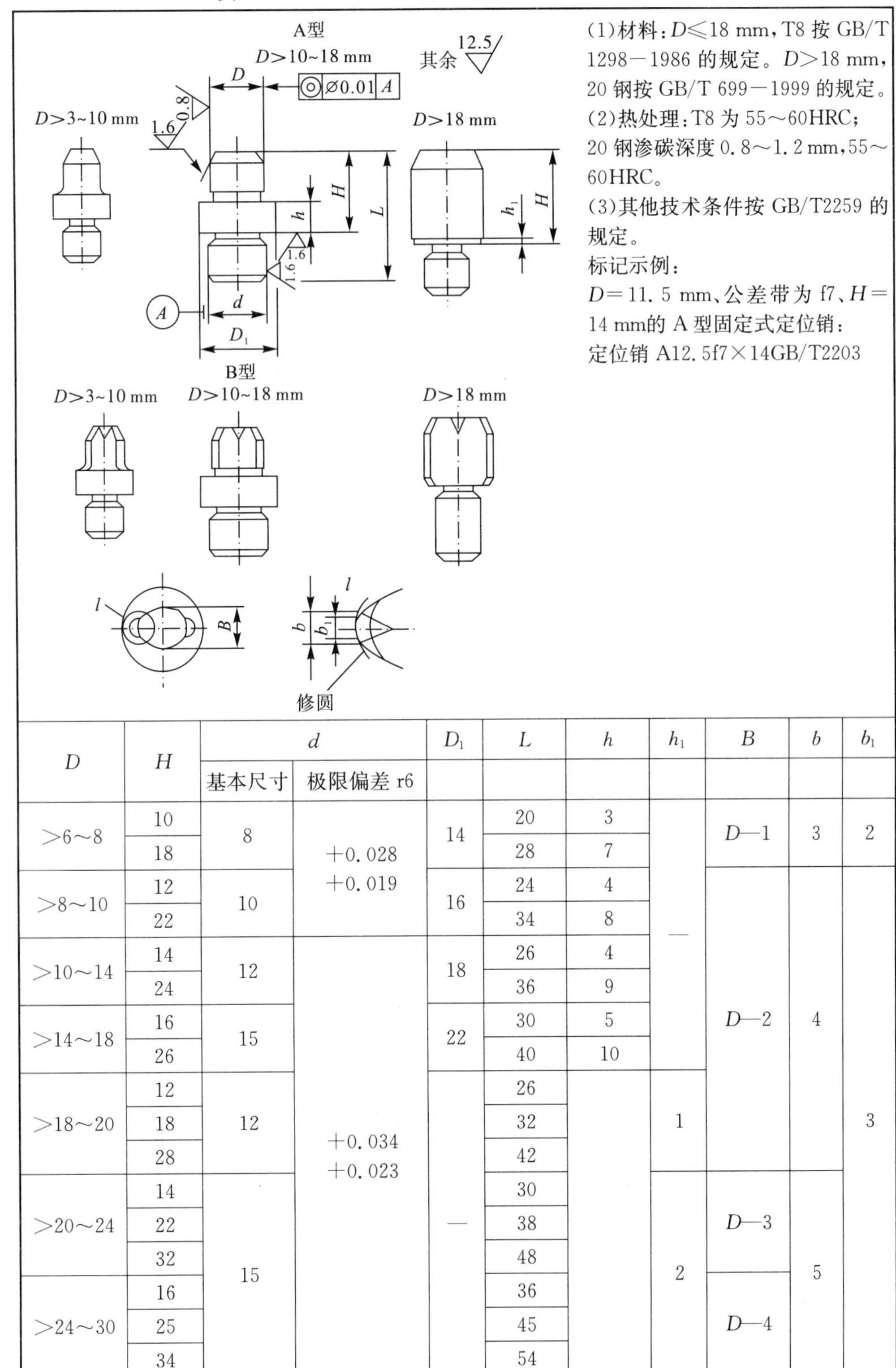

(1)材料：$D\leqslant 18$ mm，T8按GB/T 1298－1986的规定。$D>18$ mm，20钢按GB/T 699－1999的规定。

(2)热处理：T8为55～60HRC；20钢渗碳深度0.8～1.2 mm，55～60HRC。

(3)其他技术条件按GB/T2259的规定。

标记示例：

$D=11.5$ mm、公差带为f7、$H=14$ mm的A型固定式定位销：

定位销 A12.5f7×14GB/T2203

D	H	d		D_1	L	h	h_1	B	b	b_1
		基本尺寸	极限偏差 r6							
>6～8	10	8	+0.028 +0.019	14	20	3	—	D—1	3	2
	18				28	7				
>8～10	12	10		16	24	4		D—2	4	3
	22				34	8				
>10～14	14	12	+0.034 +0.023	18	26	4				
	24				36	9				
>14～18	16	15		22	30	5				
	26				40	10				
>18～20	12	12		—	26		1			
	18				32					
	28				42					
>20～24	14	15			30		2	D—3	5	
	22				38					
	32				48					
>24～30	16				36			D—4		
	25				45					
	34				54					

注：D的公差带按设计要求决定。

表 5-41　可换定位销(摘自 GB/T 2204－1991)/mm

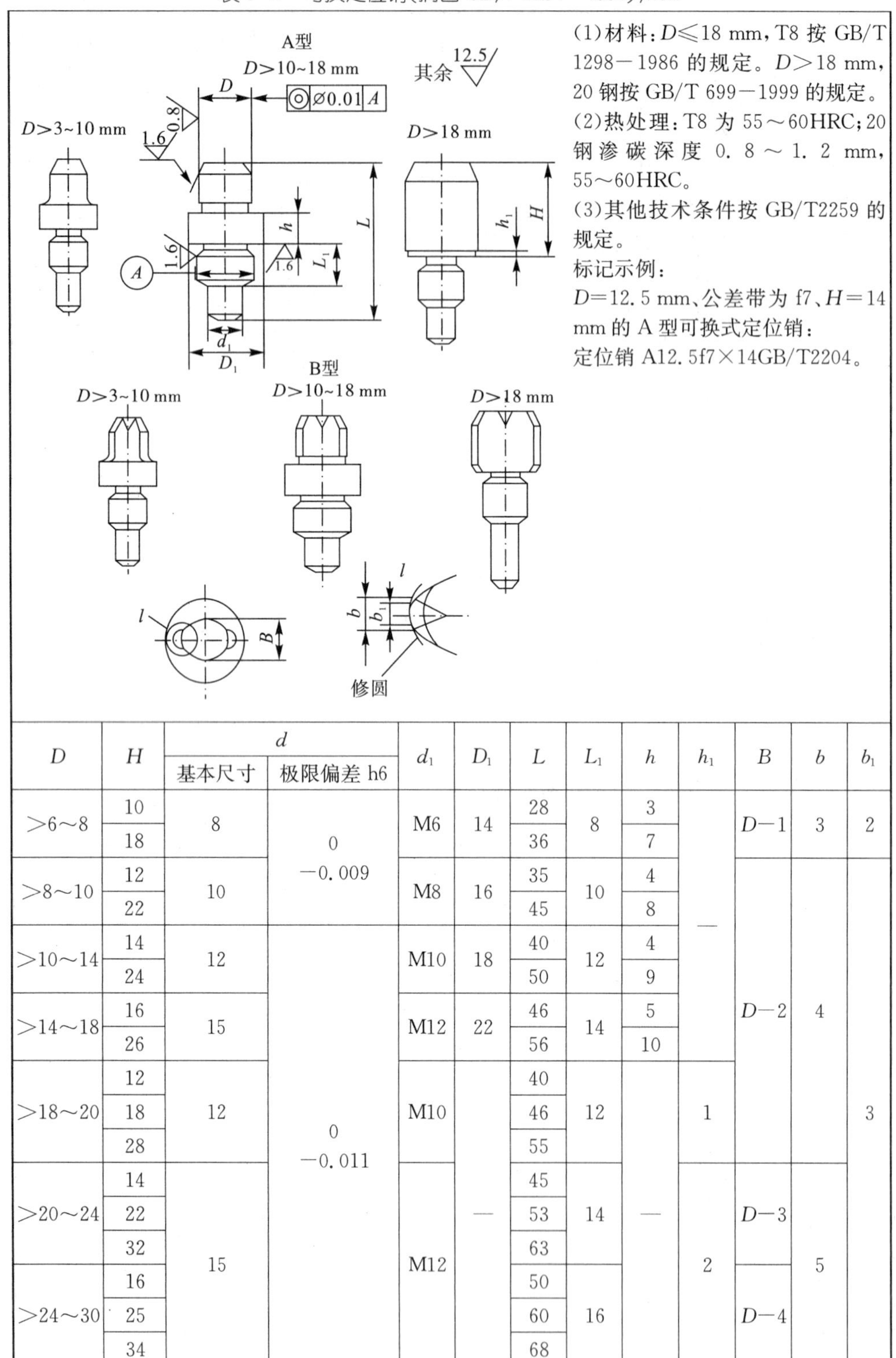

(1)材料：$D \leqslant 18$ mm，T8 按 GB/T 1298－1986 的规定。$D>18$ mm，20 钢按 GB/T 699－1999 的规定。

(2)热处理：T8 为 55～60HRC；20 钢渗碳深度 0.8～1.2 mm，55～60HRC。

(3)其他技术条件按 GB/T2259 的规定。

标记示例：

D＝12.5 mm、公差带为 f7、H＝14 mm 的 A 型可换式定位销：

定位销 A12.5f7×14GB/T2204。

D	H	d 基本尺寸	d 极限偏差 h6	d_1	D_1	L	L_1	h	h_1	B	b	b_1
>6～8	10	8	0 −0.009	M6	14	28	8	3	—	$D-1$	3	2
	18					36		7				
>8～10	12	10		M8	16	35	10	4		$D-2$	4	3
	22					45		8				
>10～14	14	12	0 −0.011	M10	18	40	12	4				
	24					50		9				
>14～18	16	15		M12	22	46	14	5				
	26					56		10				
>18～20	12	12		M10	—	40	12	—	1			
	18					46						
	28					55						
>20～24	14	15		M12		45	14		2	$D-3$	5	
	22					53						
	32					63						
>24～30	16					50	16			$D-4$		
	25					60						
	34					68						

注：D 的公差带按设计要求决定。

表 5-42　定位衬套(摘自 GB/T 2201－1991)/mm

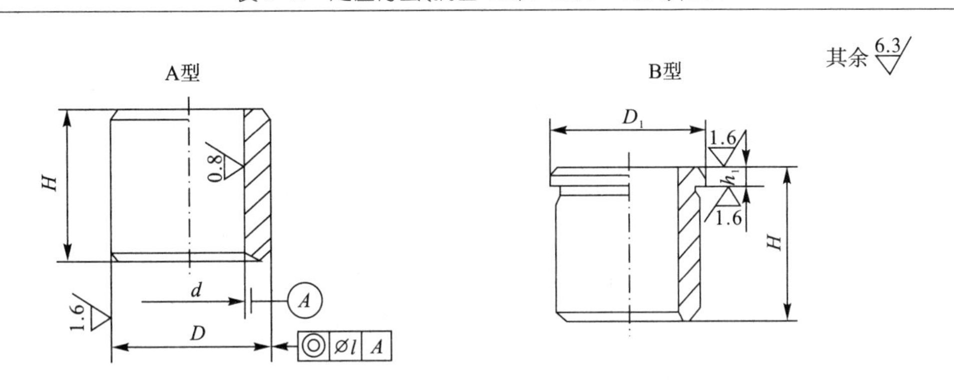

(1)材料:d≤25 mm,T8 按 GB/T 1298—1986 的规定。d>25 mm,20 钢按 GB/T 699—1999 的规定。
(2)热处理:T8 为 55～60HRC;20 钢渗碳深度 8～1.2 mm,55～60HRC。
(3)其他技术条件按 GB/T2259 的规定。
标记示例:
d=22 mm、公差带为 H6、H=20 mm 的 A 型定位衬套
定位衬套 A22H6×20GB/T2201。

<table>
<tr><th colspan="3">d</th><th rowspan="2">h</th><th rowspan="2">H</th><th colspan="2">D</th><th rowspan="2">D₁</th><th colspan="2">t</th></tr>
<tr><th>基本尺寸</th><th>极限偏差 H6</th><th>极限偏差 H7</th><th>基本尺寸</th><th>极限偏差 n6</th><th>H6</th><th>H7</th></tr>
<tr><td>6</td><td>+0.008
0</td><td>+0.012
0</td><td rowspan="3">3</td><td rowspan="2">10</td><td>10</td><td>+0.019
+0.010</td><td>13</td><td rowspan="5">0.005</td><td rowspan="5">0.008</td></tr>
<tr><td>8</td><td rowspan="2">+0.009
0</td><td rowspan="2">+0.015
0</td><td>12</td><td rowspan="3">+0.023
+0.012</td><td>15</td></tr>
<tr><td>10</td><td rowspan="2">12</td><td>15</td><td>18</td></tr>
<tr><td>12</td><td rowspan="3">+0.011
0</td><td rowspan="3">+0.018
0</td><td rowspan="4">4</td><td>18</td><td>22</td></tr>
<tr><td>15</td><td rowspan="2">16</td><td>22</td><td rowspan="3">+0.028
+0.015</td><td>26</td></tr>
<tr><td>18</td><td>26</td><td>30</td><td rowspan="10">0.008</td><td rowspan="10">0.012</td></tr>
<tr><td>22</td><td rowspan="4">+0.013
0</td><td rowspan="4">+0.021
0</td><td rowspan="2">20</td><td>30</td><td>34</td></tr>
<tr><td>26</td><td rowspan="7">5</td><td>35</td><td rowspan="5">+0.033
+0.017</td><td>39</td></tr>
<tr><td rowspan="2">30</td><td>25</td><td rowspan="2">42</td><td rowspan="2">46</td></tr>
<tr><td>45</td></tr>
<tr><td rowspan="2">35</td><td rowspan="5">+0.016
0</td><td rowspan="5">+0.025
0</td><td>25</td><td rowspan="2">48</td><td rowspan="2">52</td></tr>
<tr><td>45</td></tr>
<tr><td rowspan="2">42</td><td>30</td><td rowspan="2">55</td><td rowspan="3">+0.039
+0.020</td><td rowspan="2">59</td></tr>
<tr><td>56</td></tr>
<tr><td>48</td><td>6</td><td>30</td><td>62</td><td>66</td></tr>
</table>

表5-43 V形块(摘自GB/T 2208－1991)/mm

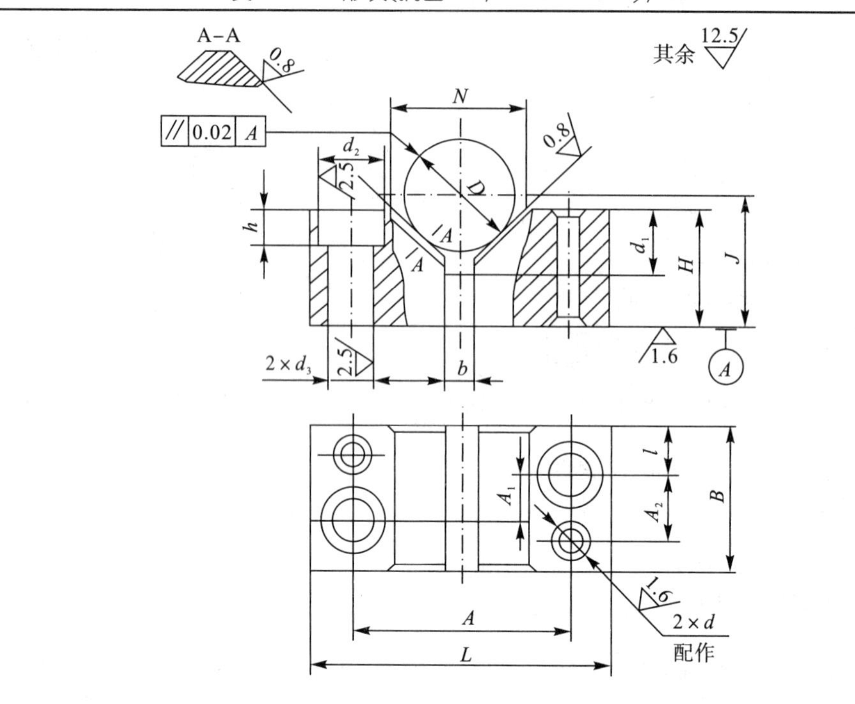

(1)材料:20钢按GB/T 699－1999的规定。

(2)热处理:渗碳深度0.8～1.2 mm,58～64HRC。

(3)其他技术条件按GB/T2259的规定。

标记示例:

N=24 mm的V形块:

V形块24　GB/T2208

N	D	L	B	H	A	A_1	A_2	b	l	d 基本尺寸	d 极限偏差H7	d_1	d_2	h	h_1
9	5～10	32	16	10	20	5	7	2	5.5	4	+0.012 0	4.5	8	4	5
14	>10～15	38	20	12	26	6	9	4	7			5.5	10	5	7
18	>15～20	46	25	16	32	9	12	6	8	5		6.6	11	6	9
24	>20～25	55		20	40			8							11
32	>25～35	70	32	25	50	12	15	12	10	6		9	15	8	14
42	>35～45	85	40	32	64	16	19	16	12	8	+0.015 0	11	18	10	18
55	>45～60	100		35	76			20							22
70	>60～80	125	50	42	96	20	25	30	15	10		13.5	20	12	25
85	>80～100	140		50	110			40							30

注:尺寸T按公式计算　$T=H+0.707D-0.5N$。

表 5-44 固定 V 型块(摘自 GB/T2209－1991)/mm

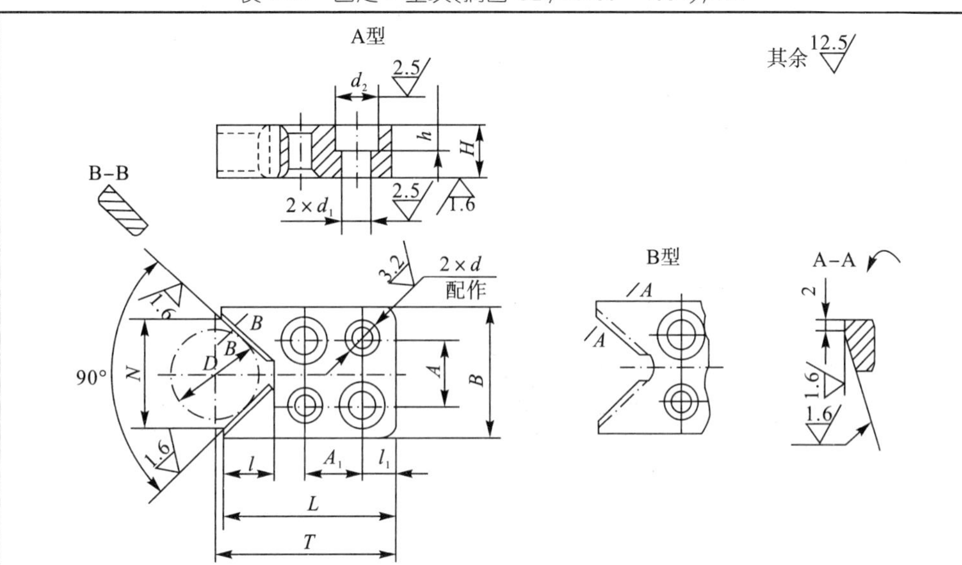

(1)材料:20 钢按 GB/T699－1999 的规定。

(2)热处理:渗碳深度 0.8～1.2 mm,58～64HRC。

(3)其他技术要求条件按 GB/T2259 的规定。

标记示例:

N=18 mm 的 A 型固定 V 型块:

V 型块 A18GB/T2209

<table>
<tr><th rowspan="2">N</th><th rowspan="2">D</th><th rowspan="2">B</th><th rowspan="2">H</th><th rowspan="2">L</th><th rowspan="2">l</th><th rowspan="2">l_1</th><th rowspan="2">A</th><th rowspan="2">A_1</th><th colspan="2">d</th><th rowspan="2">d_1</th><th rowspan="2">d_2</th><th rowspan="2">h</th></tr>
<tr><th>基本尺寸</th><th>极限偏差 H7</th></tr>
<tr><td>9</td><td>5～10</td><td>22</td><td>10</td><td>32</td><td>5</td><td>6</td><td rowspan="2">10</td><td>13</td><td>4</td><td rowspan="5">+0.012
0</td><td>4.5</td><td>8</td><td>4</td></tr>
<tr><td>14</td><td>>10～15</td><td>24</td><td>12</td><td>35</td><td>7</td><td>7</td><td rowspan="2">14</td><td rowspan="2">5</td><td>5.5</td><td>10</td><td>5</td></tr>
<tr><td>18</td><td>>15～20</td><td>28</td><td>14</td><td>40</td><td>10</td><td>8</td><td>12</td><td rowspan="2">6.6</td><td rowspan="2">11</td><td rowspan="2">6</td></tr>
<tr><td>24</td><td>>20～25</td><td>34</td><td rowspan="2">16</td><td>45</td><td>12</td><td>10</td><td>15</td><td>15</td><td>6</td></tr>
<tr><td>32</td><td>>25～35</td><td>42</td><td>55</td><td>16</td><td>12</td><td>20</td><td>18</td><td>8</td><td>9</td><td>15</td><td>8</td></tr>
<tr><td>42</td><td>>35～45</td><td>52</td><td rowspan="2">20</td><td>68</td><td>20</td><td>14</td><td>26</td><td>22</td><td rowspan="2">10</td><td rowspan="2">+0.015
0</td><td rowspan="2">11</td><td rowspan="2">18</td><td rowspan="2">10</td></tr>
<tr><td>55</td><td>>45～60</td><td>65</td><td>80</td><td>25</td><td>15</td><td>35</td><td>28</td></tr>
<tr><td>70</td><td>>60～80</td><td>80</td><td>25</td><td>90</td><td>32</td><td>18</td><td>45</td><td>35</td><td>12</td><td>+0.018
0</td><td>13.5</td><td>20</td><td>12</td></tr>
</table>

表 5-45　活动 V 形块(摘自 GB2210－1991)/mm

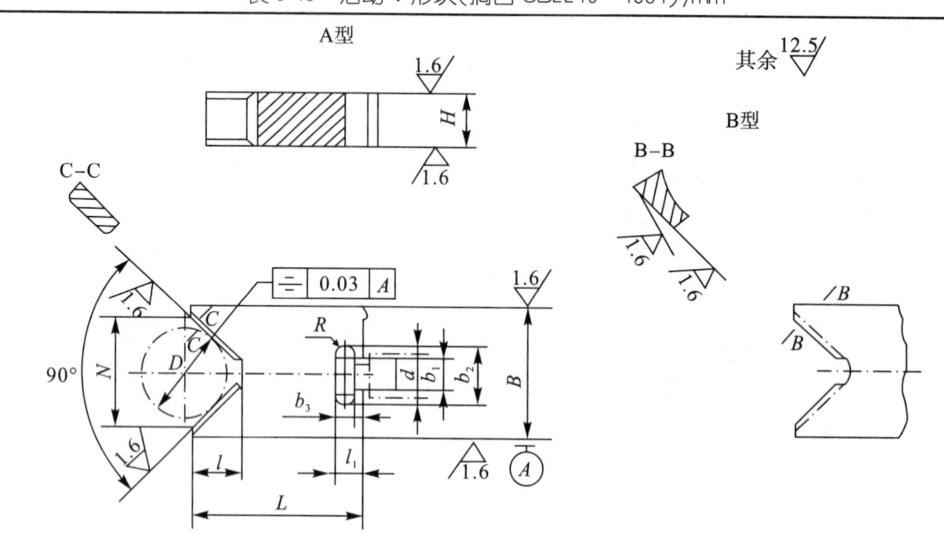

(1)材料:20 钢按 GB/T699—1999 的规定。
(2)热处理:渗碳深度 0.8～1.2 mm,58～64HRC。
(3)其他技术要求条件按 GB/T2259 的规定。
标记示例:
N=18 mm 的 A 型活动 V 型块:V 型块 A180　GB/T2210

<table>
<tr><th rowspan="2">N</th><th rowspan="2">D</th><th colspan="2">B</th><th colspan="2">H</th><th rowspan="2">L</th><th rowspan="2">l</th><th rowspan="2">l₁</th><th rowspan="2">b₁</th><th rowspan="2">b₂</th><th rowspan="2">b₃</th><th rowspan="2">相配件 d</th></tr>
<tr><th>基本尺寸</th><th>极限偏差 f7</th><th>基本尺寸</th><th>极限偏差 f9</th></tr>
<tr><td>9</td><td>5～10</td><td>18</td><td>−0.016
−0.034</td><td>10</td><td>−0.013
−0.049</td><td>32</td><td>5</td><td>6</td><td>5</td><td>10</td><td>4</td><td>M6</td></tr>
<tr><td>14</td><td>>10～15</td><td>20</td><td rowspan="2">−0.020
−0.041</td><td>12</td><td rowspan="4">−0.016
−0.059</td><td>35</td><td>7</td><td>8</td><td>6.5</td><td>12</td><td>5</td><td>M8</td></tr>
<tr><td>18</td><td>>15～20</td><td>25</td><td>14</td><td>40</td><td>10</td><td>10</td><td>8</td><td>15</td><td>6</td><td>M10</td></tr>
<tr><td>24</td><td>>20～25</td><td>34</td><td rowspan="2">−0.025
−0.050</td><td rowspan="2">16</td><td>45</td><td>12</td><td>12</td><td>10</td><td>18</td><td>8</td><td>M12</td></tr>
<tr><td>32</td><td>>25～35</td><td>42</td><td>55</td><td>16</td><td rowspan="2">13</td><td rowspan="2">13</td><td rowspan="2">24</td><td rowspan="2">10</td><td rowspan="2">M16</td></tr>
<tr><td>42</td><td>>35～45</td><td>52</td><td rowspan="3">−0.030
−0.060</td><td rowspan="2">20</td><td rowspan="3">−0.020
−0.072</td><td>70</td><td>20</td></tr>
<tr><td>55</td><td>>45～60</td><td>65</td><td>85</td><td>25</td><td rowspan="2">15</td><td rowspan="2">17</td><td rowspan="2">28</td><td rowspan="2">11</td><td rowspan="2">M20</td></tr>
<tr><td>70</td><td>>60～80</td><td>80</td><td>25</td><td>105</td><td>32</td></tr>
</table>

三、常用对刀元件

表 5-46　圆形对刀块(摘自 GB/T2240－1991)/mm

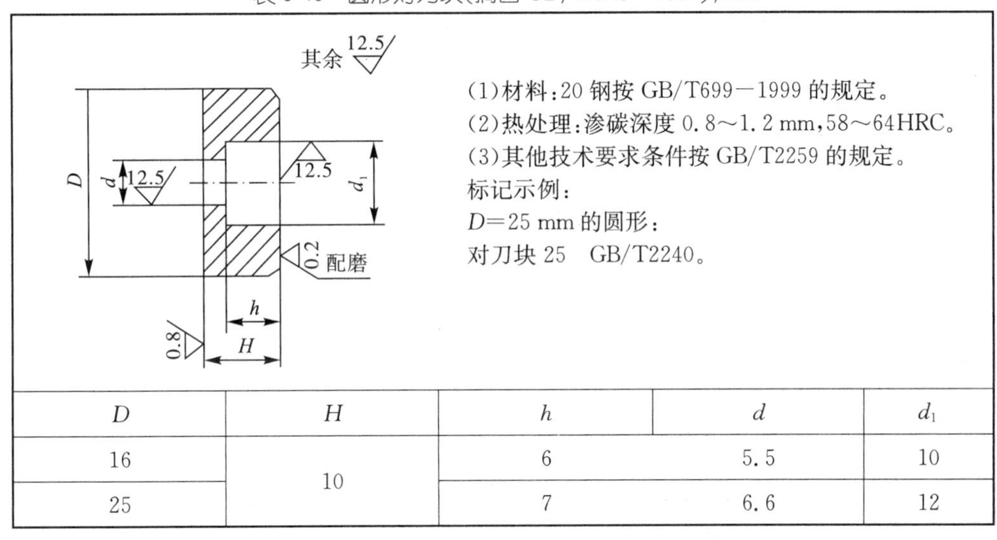

(1)材料:20 钢按 GB/T699－1999 的规定。
(2)热处理:渗碳深度 0.8～1.2 mm,58～64HRC。
(3)其他技术要求条件按 GB/T2259 的规定。
标记示例:
D=25 mm 的圆形:
对刀块 25　GB/T2240。

D	H	h	d	d_1
16	10	6	5.5	10
25		7	6.6	12

表 5-47　对刀块(摘自 GB/T2241－1991)/mm

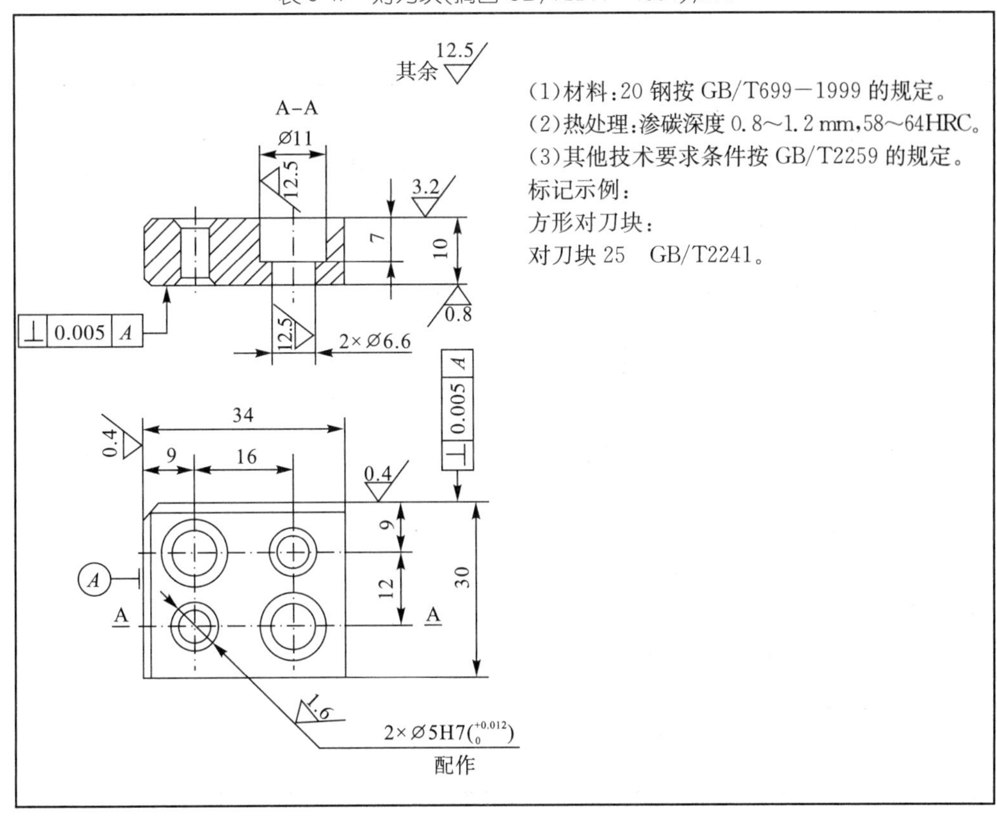

(1)材料:20 钢按 GB/T699－1999 的规定。
(2)热处理:渗碳深度 0.8～1.2 mm,58～64HRC。
(3)其他技术要求条件按 GB/T2259 的规定。
标记示例:
方形对刀块:
对刀块 25　GB/T2241。

表 5-48　直角对刀块(摘自 GB/T2242－1991) /mm

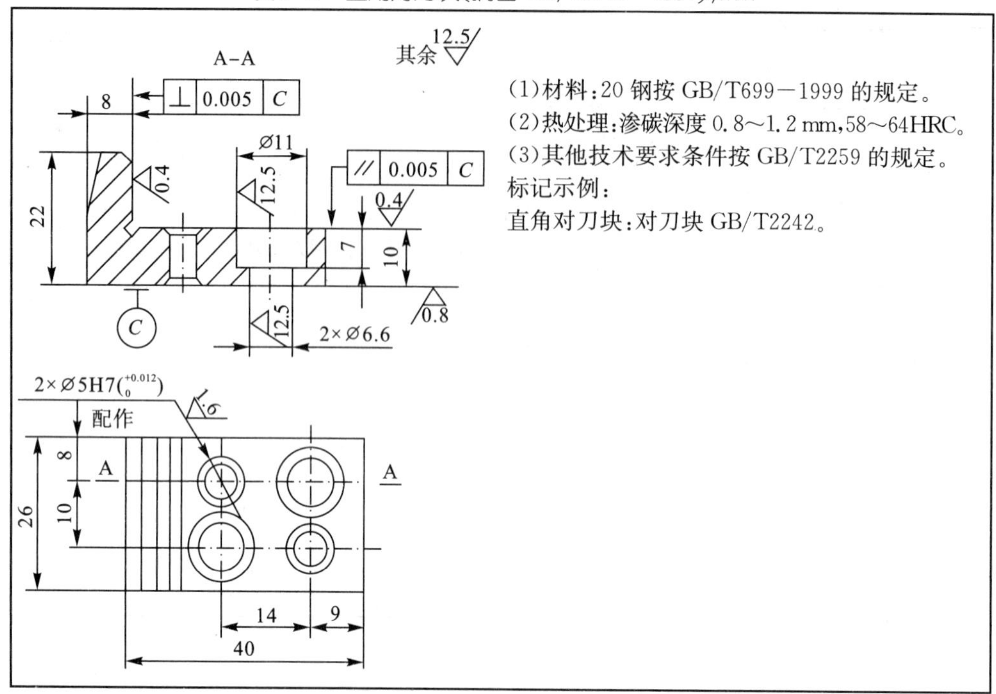

(1)材料:20 钢按 GB/T699－1999 的规定。

(2)热处理:渗碳深度 0.8～1.2 mm,58～64HRC。

(3)其他技术要求条件按 GB/T2259 的规定。

标记示例:

直角对刀块:对刀块 GB/T2242。

表 5-49　侧装对刀块(摘自 GB/T2243－1991) /mm

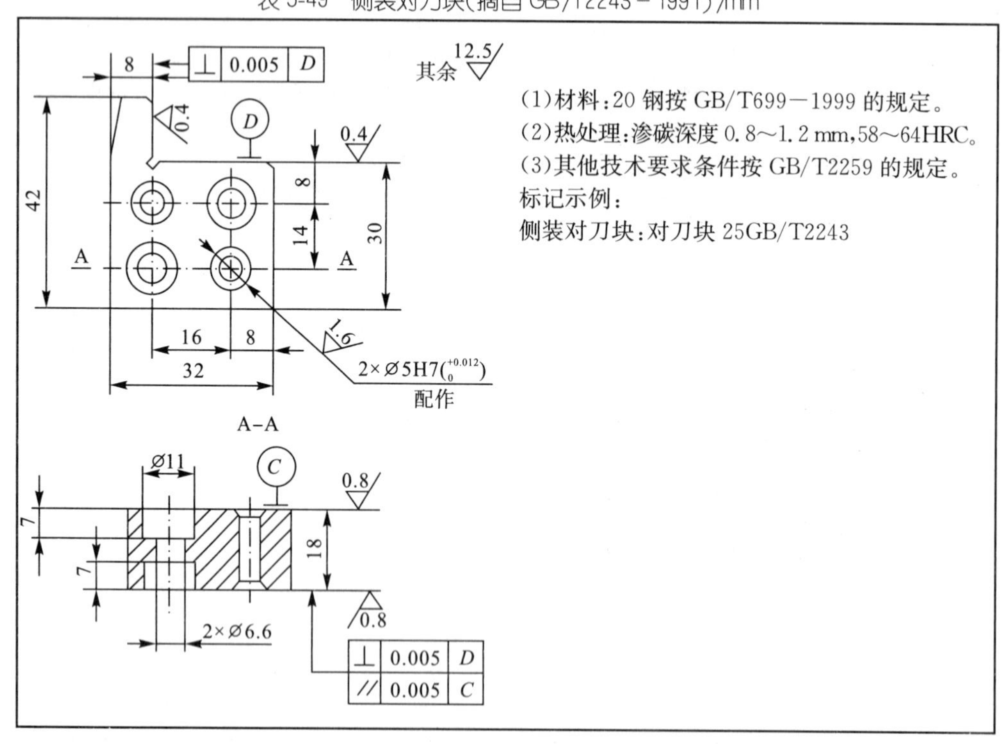

(1)材料:20 钢按 GB/T699－1999 的规定。

(2)热处理:渗碳深度 0.8～1.2 mm,58～64HRC。

(3)其他技术要求条件按 GB/T2259 的规定。

标记示例:

侧装对刀块:对刀块 25GB/T2243

表 5-50　对刀平塞尺(摘自 GB/T 2244－1991)/mm

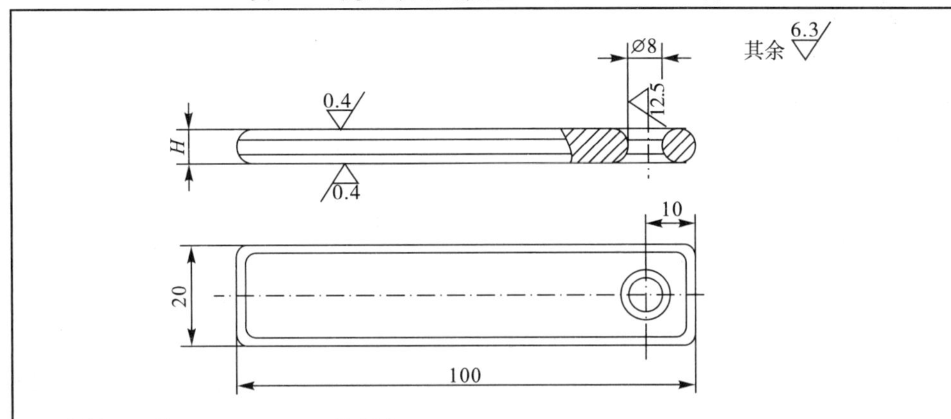

(1)材料:T8 按 GB1298－1986 的规定。
(2)热处理:55～60HRC。
(3)其他技术要求条件按 GB/T2259 的规定。
标记示例:
H＝5 mm 的对刀平塞尺:
塞尺 5　GB/T2244。

H	基本尺寸	1	2	3	4	5
	极限偏差 h8	0 －0.014	0 －0.014	0 －0.014	0 －0.018	0 －0.018

表 5-51　对刀圆柱塞尺(摘自 GB/T 2245－1991)/mm

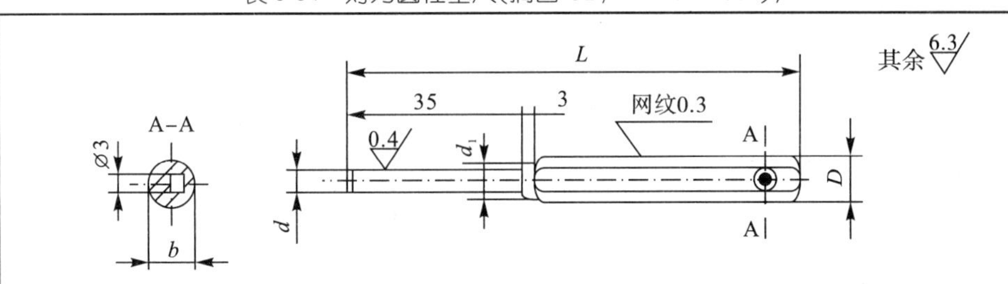

(1)材料:T8 按 GB1298－1986 的规定。
(2)热处理:55～60HRC。
(3)其他技术要求条件按 GB/T2259 的规定。
标记示例:
d＝5 mm 的对刀圆柱塞尺:
塞尺 5　GB/T2245。

d		D(滚花前)	L	d_1	b
基本尺寸	极限偏差 h8				
3	0 －0.014	7	90	5	6
5	0 －0.018	10	100	8	9

四、常用导向元件

表5-52 固定钻套(摘自GB/T2262－1991)/mm

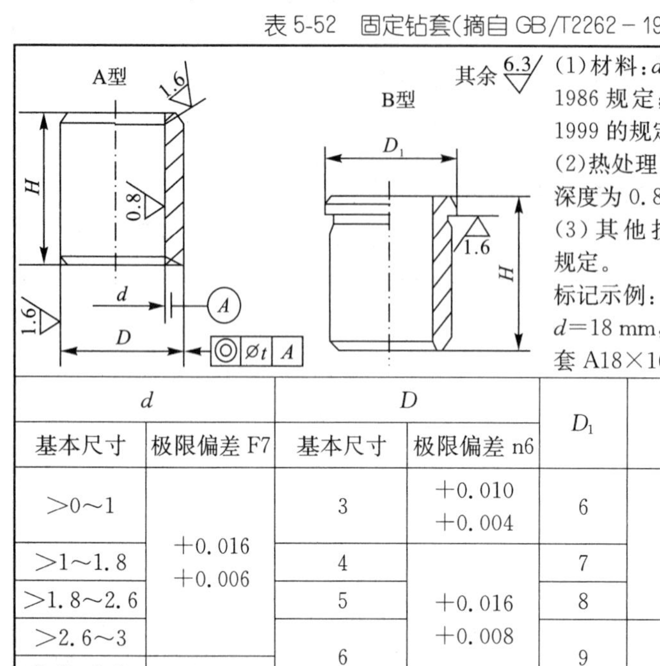

(1)材料：$d\leqslant26$ mm T10A按GB/T1298－1986规定；$d>26$ mm 20钢按GB/T699/1999的规定。

(2)热处理：T10A为58～64HRC；20钢渗碳深度为0.8～1.2 mm，58～64HRC。

(3)其他技术要求条件按GB/T2259的规定。

标记示例：

d=18 mm，H=16 mm的A型固定钻套：钻套A18×16 GB/T2262。

<table>
<tr><th colspan="2">d</th><th colspan="2">D</th><th rowspan="2">D₁</th><th colspan="3" rowspan="2">H</th><th rowspan="2">t</th></tr>
<tr><th>基本尺寸</th><th>极限偏差F7</th><th>基本尺寸</th><th>极限偏差n6</th></tr>
<tr><td>>0～1</td><td rowspan="4">+0.016
+0.006</td><td>3</td><td>+0.010
+0.004</td><td>6</td><td rowspan="3">6</td><td rowspan="3">9</td><td rowspan="3">—</td><td rowspan="12">0.008</td></tr>
<tr><td>>1～1.8</td><td>4</td><td rowspan="4">+0.016
+0.008</td><td>7</td></tr>
<tr><td>>1.8～2.6</td><td>5</td><td>8</td></tr>
<tr><td>>2.6～3</td><td rowspan="2">6</td><td rowspan="2">9</td><td rowspan="4">8</td><td rowspan="4">12</td><td rowspan="4">16</td></tr>
<tr><td>>3～3.3</td><td rowspan="4">+0.022
+0.010</td></tr>
<tr><td>>3.3～4</td><td>7</td><td rowspan="3">+0.019
+0.010</td><td>10</td></tr>
<tr><td>>4～5</td><td>8</td><td>11</td></tr>
<tr><td>>5～6</td><td>10</td><td>13</td><td rowspan="2">10</td><td rowspan="2">16</td><td rowspan="2">20</td></tr>
<tr><td>>6～8</td><td rowspan="2">+0.028
+0.013</td><td>12</td><td rowspan="3">+0.023
+0.012</td><td>15</td></tr>
<tr><td>>8～10</td><td>15</td><td>18</td><td rowspan="2">12</td><td rowspan="2">20</td><td rowspan="2">25</td></tr>
<tr><td>>10～12</td><td rowspan="3">+0.034
+0.016</td><td>18</td><td>22</td></tr>
<tr><td>>12～15</td><td>22</td><td rowspan="3">+0.028
+0.015</td><td>26</td><td rowspan="2">16</td><td rowspan="2">28</td><td rowspan="2">36</td></tr>
<tr><td>>15～18</td><td>26</td><td>30</td><td rowspan="7">0.012</td></tr>
<tr><td>>18～22</td><td rowspan="3">+0.041
+0.020</td><td>30</td><td>34</td><td rowspan="2">20</td><td rowspan="2">36</td><td rowspan="2">45</td></tr>
<tr><td>>22～26</td><td>35</td><td rowspan="3">+0.033
+0.017</td><td>39</td></tr>
<tr><td>>26～30</td><td>42</td><td>46</td><td rowspan="2">25</td><td rowspan="2">45</td><td rowspan="2">56</td></tr>
<tr><td>>30～35</td><td rowspan="4">+0.050
+0.025</td><td>48</td><td>52</td></tr>
<tr><td>>35～42</td><td>55</td><td rowspan="5">+0.039
+0.020</td><td>59</td><td rowspan="4">30</td><td rowspan="4">56</td><td rowspan="4">67</td></tr>
<tr><td>>42～48</td><td>62</td><td>66</td></tr>
<tr><td>>48～50</td><td rowspan="2">70</td><td rowspan="2">74</td><td rowspan="7">0.040</td></tr>
<tr><td>>50～55</td><td rowspan="5">+0.060
+0.030</td></tr>
<tr><td>>55～62</td><td>78</td><td>82</td><td rowspan="2">35</td><td rowspan="2">67</td><td rowspan="2">78</td></tr>
<tr><td>>62～70</td><td>85</td><td rowspan="4">+0.045
+0.023</td><td>90</td></tr>
<tr><td>>70～78</td><td>95</td><td>100</td><td rowspan="3">40</td><td rowspan="3">78</td><td rowspan="3">105</td></tr>
<tr><td>>78～80</td><td rowspan="2">105</td><td rowspan="2">110</td></tr>
<tr><td>>80～85</td><td>+0.071
+0.036</td></tr>
</table>

表 5-53　可换钻套(摘自 GB/T2264－1991)/mm

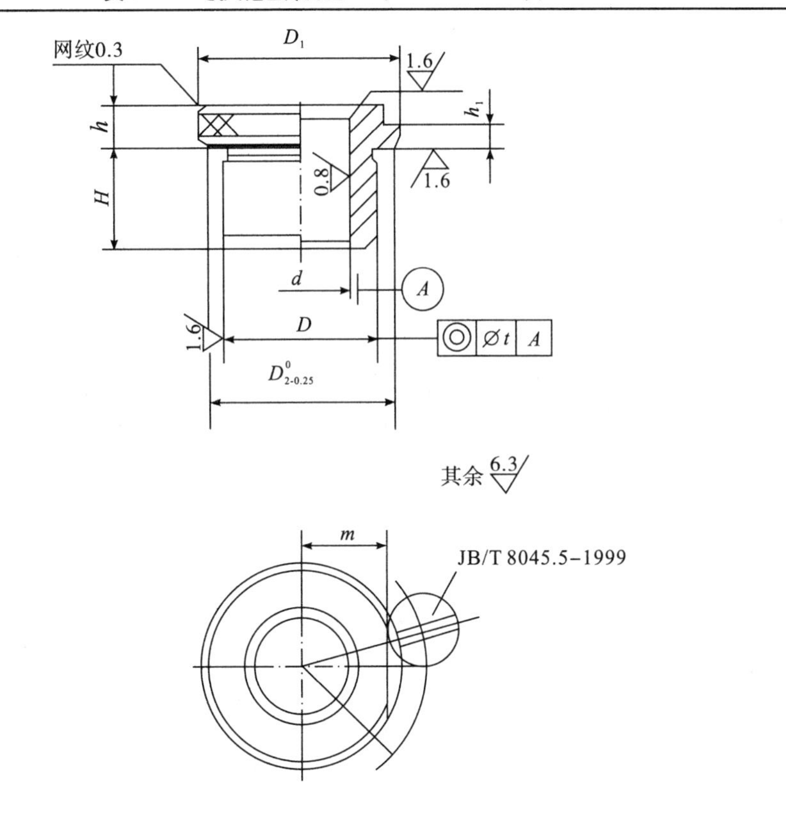

(1)材料:d≤26 mm T10A 按 GB/T1298－1986 的规定;d>26 mm 20 钢按 GB/T699/1999 的规定。
(2)热处理:T10A 为 58～64HRC;20 钢渗碳深度为 0.8～1.2 mm,58～64HRC。
(3)其他技术要求条件按 GB/T2259 的规定。
标记示例:
d=12 mm,公差带为 F7,D=18 mm,公差带 k6,H=16 mm 的可换钻套:
钻套 12F×18k6 GB/T2264。

续表

d		D			D_1	D_2	H			h	h_1	r	m	t	配用螺钉 GB/T2268
基本尺寸	极限偏差 F7	基本尺寸	极限偏差 m6	极限偏差 k6											
＞0～3	+0.016 +0.006	8	+0.015 +0.005	+0.010 +0.001	15	12	10	16	—	8	3	11.5	4.2	0.008	M5
＞3～4	+0.022 +0.010														
＞4～6		10			18	15	12	20	25			13	5.5		
＞6～8	+0.028 +0.013	12	+0.018 +0.007	+0.012 +0.001	22	18				10	4	16	7		M6
＞8～10		15			26	22	16	28	36			18	9		
＞10～12	+0.034 +0.016	18			30	26						20	11		
＞12～15		22	+0.021 +0.008	+0.015 +0.002	34	30	20	36	45	12	5.5	23.5	12		M8
＞15～18		26			39	35	25	45	56			26	14.5	0.012	
＞18～22	+0.041 +0.020	30			46	42						29.5	18		
＞22～26		35	+0.025 +0.009	+0.018 +0.002	52	46						32.5	21		
＞26～30		42			59	53	30	56	67			36	24.5		
＞30～35	+0.050 +0.025	48			66	60				16	7	41	27		M10
＞35～42		55	+0.030 +0.011	+0.021 +0.002	74	68	35	67	78			45	31		
＞42～48		62			82	76						49	35		
＞48～50		70			90	84						53	39	0.040	
＞50～55	+0.060 +0.030						40	78	105						
＞55～62		78			100	94						58	44		
＞62～70		85	+0.035 +0.013	+0.025 +0.003	110	104	45	89	112			63	49		
＞70～78		95			120	114						68	54		
＞78～80		105			130	124						73	59		

注:1. 当使用铰(扩)套使用时,*d* 公差带推荐如下;采用 GB/T 1132－1984《直柄机用绞刀》及GB/1132－1984《锥柄机用绞刀》规定的绞刀,绞 H7 孔时,取 F7;绞 H9 时,取 E7。绞(扩)其他精度孔时,公差带由设计选定。2. 绞(扩)套的标记示例:*d*=12 mm 公差带为 E7,*D*=18 mm 公差带 m6,*H*=16 mm 的可换铰(扩)套;铰(扩)套 12E7×18 m 6×16 GB/T2264。

表 5-54　快换钻套(摘自 GB/T2265－1991)/mm

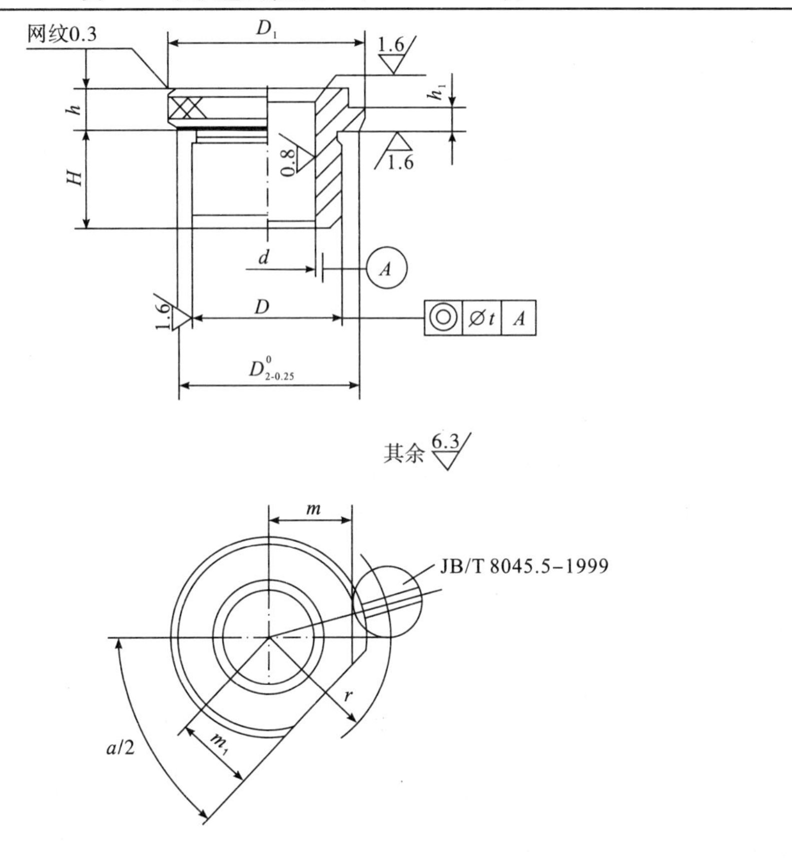

材料：d≤26 mm T10A 按 GB/1298－1986 的规定；d>26 mm 20 钢按 GB/T699/1999 的规定。

(2)热处理：T10A 为 58～64HRC；20 钢渗碳深度为 0.8～1.2mm，58～64HRC。

(3)其他技术要求条件按 GB/T2259 的规定。

标记示例：

d=12 mm，公差带为 F7，D=18 mm，公差带 k6，H=16 mm 的可换钻套：钻套 12F×18k6 GB/T2265。

续表

d		D			D_1 滚花前	D_2	H			h	h_1	r	m_1	m	a	t	配用螺钉 GB/T2268
基本尺寸	极限偏差 F7	基本尺寸	极限偏差 m6	极限偏差 k6													
>0~3	+0.016 +0.006	8	+0.015 +0.006	+0.010 +0.001	15	12	10	16	—	8	3	11.5	4.2	4.2	50°	0.008	M5
>3~4	+0.022 +0.010																M6
>4~6		10			18	15	12	20	25			13	5.5	5.5			
>6~8	+0.028 +0.013	12	+0.018 +0.007	+0.012 +0.001	22	18				10	4	16	7	7			
>8~10		15			26	22	16	28	36			18	9	9	55°		M8
>10~12	+0.034 +0.016	18			30	26						20	11	11			
>12~15		22	+0.021 +0.008	+0.015 +0.002	34	30	20	36	45	12	5.5	23.5	12	12			
>15~18		26			39	35						26	14.5	14.5		0.012	
>18~22	+0.041 +0.020	30			46	42	25	45	56			29.5	18	18			
>22~26		35	+0.025 +0.009	+0.018 +0.002	52	46						32.5	21	21			M10
>26~30		42			59	53	30	56	67			36	25	24.5	65°		
>30~35	+0.050 +0.025	48			66	60				16	7	41	28	27			
>35~42		55	+0.030 +0.011	+0.021 +0.002	74	68						45	32	31			
>42~48		62			82	76	35	67	78			49	36	35	70°		
>48~50		70			90	84						53	40	39			
>50~55	+0.060 +0.030																
>55~62		78			100	94	40	78	105			58	45	44		0.040	
>62~70		85	+0.035 +0.013	+0.025 +0.003	110	104						63	50	49			
>70~78		95			120	114	45	89	112			68	55	54	75°		
>78~80		105			130	124						73	60	59			
>80~85	+0.071 +0.036																

注:当使用铰(扩)套使用时,d 公差带推荐如下;采用 GB/T 1132－1984《直柄机用绞刀》及 GB/T1132－1984《锥柄机用绞刀》规定的绞刀,绞 H7 孔时,取 F7;绞 H9 时,取 E7。绞(扩)其他精度孔时,公差带由设计选定。

表 5-55　钻套用衬套(摘自 GB/T2263－1991)/mm

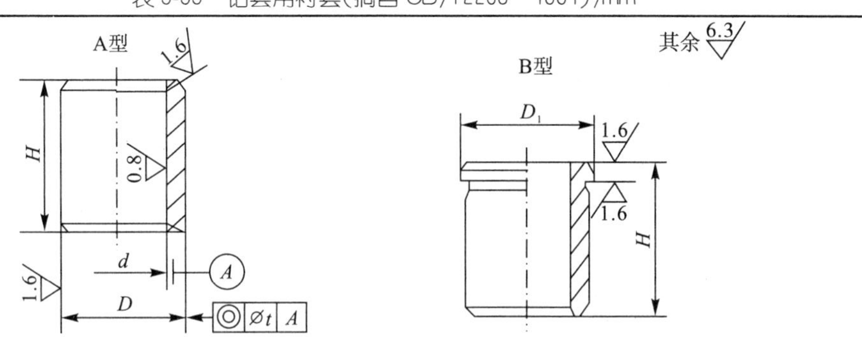

(1)材料:$d \leqslant 26$ mm T10A 按 GB/T1298—1986 的规定;$d > 26$ mm 20 钢按 GB/T699—1999 的规定。
(2)热处理:T10A 为 58～64HRC;20 钢渗碳深 0.8～1.2 mm,58～64HRC。
其他技术条件按 GB/T2259 的规定。
标记示例:
d=18 mm、H=28 mm 的 A 型钻套用衬套:
衬套 A18×28　GB/T2263。

d		D		D_1	H			t
基本尺寸	极限偏差 F7	基本尺寸	极限偏差 n6					
8	+0.028 +0.013	12	+0.023 +0.012	15	10	16	—	0.008
10		15		18	12	20	25	
12	+0.034 +0.016	18		22				
(15)		22	+0.028 +0.015	26	16	28	36	
18		26		30				0.012
22	+0.041 +0.020	30		34	20	36	45	
(26)		35	+0.033 +0.017	39				
30		42		46	25	45	56	
35	+0.050 +0.025	48		52				
(42)		55	+0.039 +0.020	59	30	56	67	
(48)		62		66				0.040
55	+0.060 +0.030	70		74				
62		78		82	35	67	78	
70		85	+0.045 +0.023	90				
78		95		100	40	78	105	
(85)	+0.071 +0.036	105		110				
95		115		120	45	89	112	
105		125	+0.052 +0.027	130				

注:因 F7 为装配后的公差,零件加工尺寸需由工艺决定(需要预留收缩量时,推荐为 0.006～0.012 mm)

表5-56　钻套螺钉(摘自GB/T2268－1991)/mm

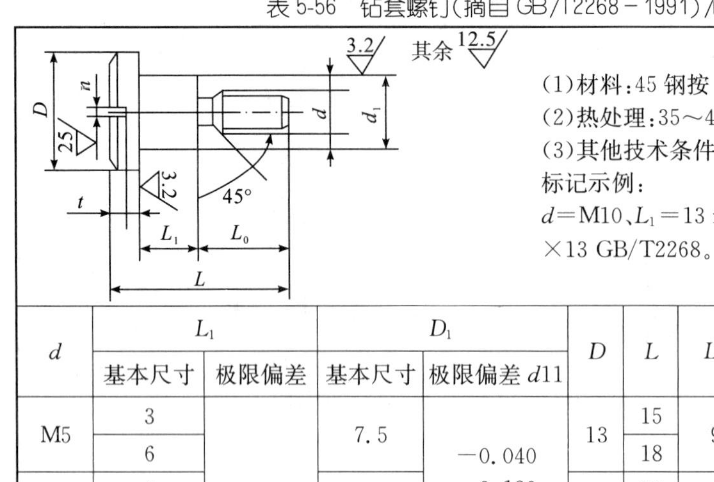

(1)材料:45钢按GB/T699—1999的规定。
(2)热处理:35～40HRC。
(3)其他技术条件按GB/T2259的规定。
标记示例:
d=M10、L_1=13 mm的钻套螺钉:螺钉M10×13 GB/T2268。

d	L_1		D_1		D	L	L_0	n	t	钻套内径
	基本尺寸	极限偏差	基本尺寸	极限偏差 $d11$						
M5	3	+0.200 +0.050	7.5	−0.040 −0.130	13	15	9	1.2	1.7	>0～6
	6					18				
M6	4		9.5		16	18	10	1.5	2	>6～12
	8					22				
M8	5.5		12	−0.050 −0.160	20	22	11.5	2	2.5	>12～30
	10.5					27				
M10	7		15		24	32	18.5	2.5	3	>30～85
	13					38				

五、常用夹紧元件

表5-57　带肩六角螺母(GB/T2148－1991)/mm

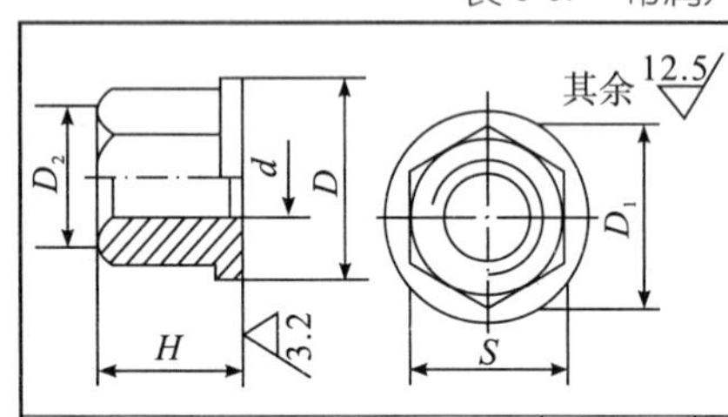

(1)材料:45钢按GB/T699—1999的规定。
(2)热处理:35～40HRC。
(3)细牙螺纹的支承面对螺纹轴心线的垂直度按GB/T1184—1996中附录B表B3规定的9级公差。
(4)其他技术条件按GB/T2259的规定。
标记示例:
d=M16×1.5的带肩六角螺母:螺母M16×1.5 GB/T2148。

d		D	H	S		D_1	D_2
普通螺纹	细牙螺纹			基本尺寸	极限偏差		
M5	—	10	8	8	0 −0.220	9.2	7.5
M6	—	12.5	10	10		11.5	9.5
M8	M8×1	17	12	13	0 −0.270	14.2	13.5
M10	M10×1	21	16	16		17.59	16.5
M12	M12×1.25	24	20	18	0 −0.330	19.85	17
M16	M16×1.5	30	25	24		27.7	23
M20	M20×1.5	37	32	30		34.6	29
M24	M24×1.5	44	38	36	0 −0.620	41.6	34
M30	M30×1.5	56	48	46		53.1	44
M36	M36×1.5	66	55	55	0 −0.740	63.5	53
M42	M42×1.5	78	65	65		75	62
M48	M48×1.5	92	75	75		86.5	72

表 5-58　球面带肩螺母(摘自 GB/T2149－1991)/mm

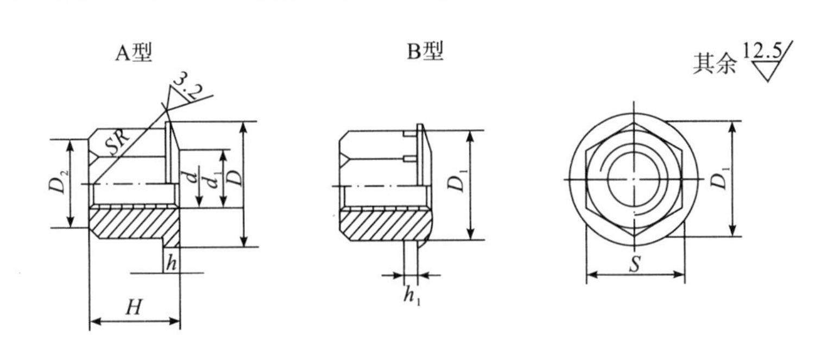

(1)材料:45 钢按 GB/T699－1999 的规定。
(2)热处理:35～40HRC。
(3)其他技术条件按 GB/T2259 的规定。
标记示例:
d=M16 的 A 型球面带肩螺母:螺母 AM16 GB/T2149。

d	D	H	SR	S		$D_1\approx$	$D_2\approx$	D_3	d_1	h	h_1
				基本尺寸	极限偏差						
M6	12.5	10	10	10	0 −0.220	11.5	9.5	10	6.4	3	2.5
M8	17	12	12	13	0 −0.270	14.2	13.5	14	8.4	4	3
M10	21	16	16	16		17.59	16.5	18	10.5		3.5
M12	24	20	20	18		19.85	17	20	13	5	4
M16	30	25	25	24	0 −0.330	27.7	23	26	17	6	5
M20	37	32	32	30		34.6	29	32	21	6.6	
M24	44	38	36	36	0 −0.620	41.6	34	38	25	9.6	6
M30	56	48	40	46		53.1	44	48	31	9.8	7
M36	66	55	50	55	0 −0.740	63.5	53	58	37	12	8
M42	78	65	63	65		75	62	68	43	16	9
M48	92	75	70	75		86.5	72	78	50	20	10

表 5-59 菱形螺母(摘自 GB/T2153－1991)/mm

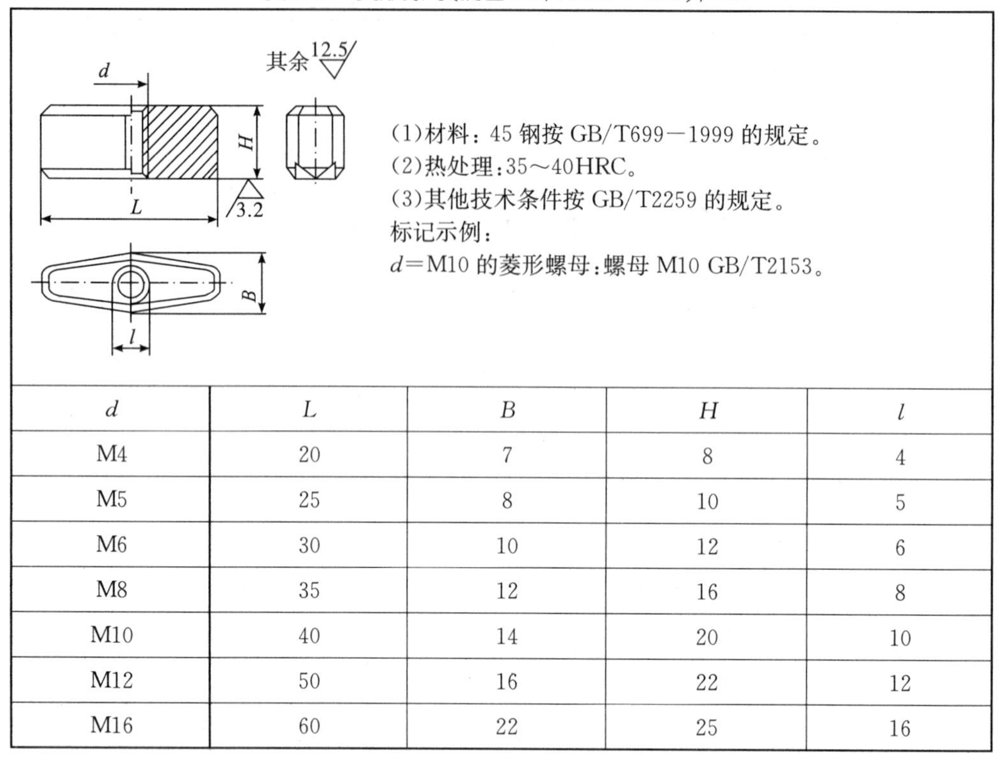

d	*L*	*B*	*H*	*l*
M4	20	7	8	4
M5	25	8	10	5
M6	30	10	12	6
M8	35	12	16	8
M10	40	14	20	10
M12	50	16	22	12
M16	60	22	25	16

表 5-60 固定手柄压紧螺钉(摘自 GB/T2062－1991)/mm

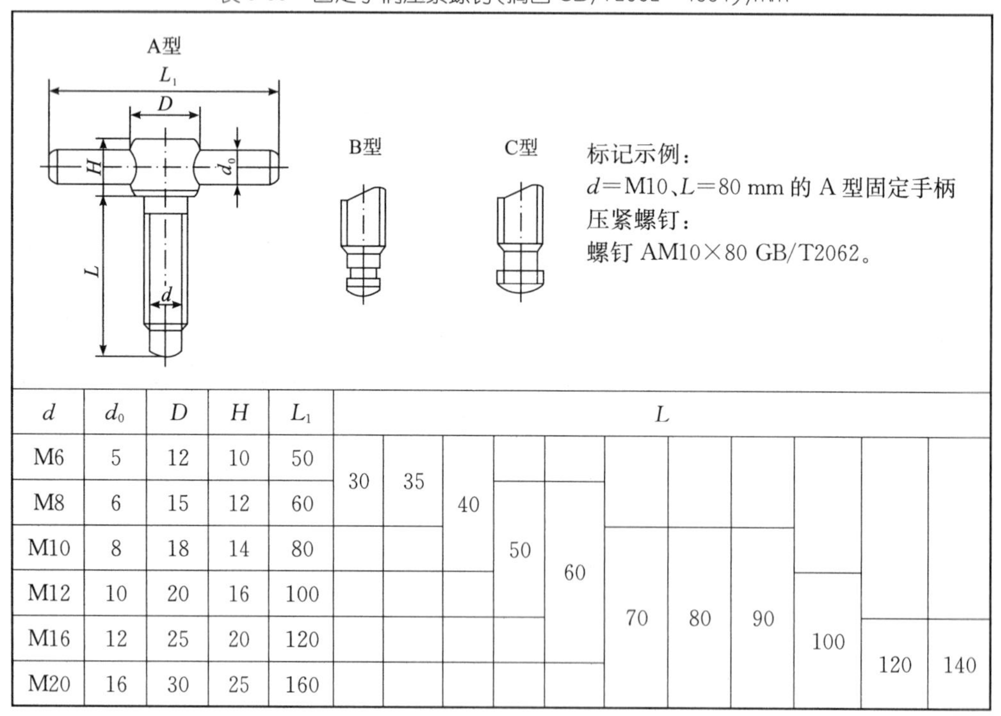

<table>
<tr><th>d</th><th>d₀</th><th>D</th><th>H</th><th>L₁</th><th colspan="11">L</th></tr>
<tr><td>M6</td><td>5</td><td>12</td><td>10</td><td>50</td><td rowspan="2">30</td><td rowspan="2">35</td><td rowspan="3">40</td><td></td><td></td><td rowspan="2"></td><td rowspan="2"></td><td rowspan="2"></td><td rowspan="3"></td><td rowspan="4"></td><td rowspan="4"></td></tr>
<tr><td>M8</td><td>6</td><td>15</td><td>12</td><td>60</td><td rowspan="3">50</td><td rowspan="4">60</td></tr>
<tr><td>M10</td><td>8</td><td>18</td><td>14</td><td>80</td><td></td><td></td><td rowspan="4">70</td><td rowspan="4">80</td><td rowspan="4">90</td></tr>
<tr><td>M12</td><td>10</td><td>20</td><td>16</td><td>100</td><td></td><td></td><td></td><td rowspan="3">100</td></tr>
<tr><td>M16</td><td>12</td><td>25</td><td>20</td><td>120</td><td></td><td></td><td></td><td></td><td rowspan="2">120</td><td rowspan="2">140</td></tr>
<tr><td>M20</td><td>16</td><td>30</td><td>25</td><td>160</td><td></td><td></td><td></td><td></td><td></td></tr>
</table>

表 5-61　固定手柄压紧螺钉　续表

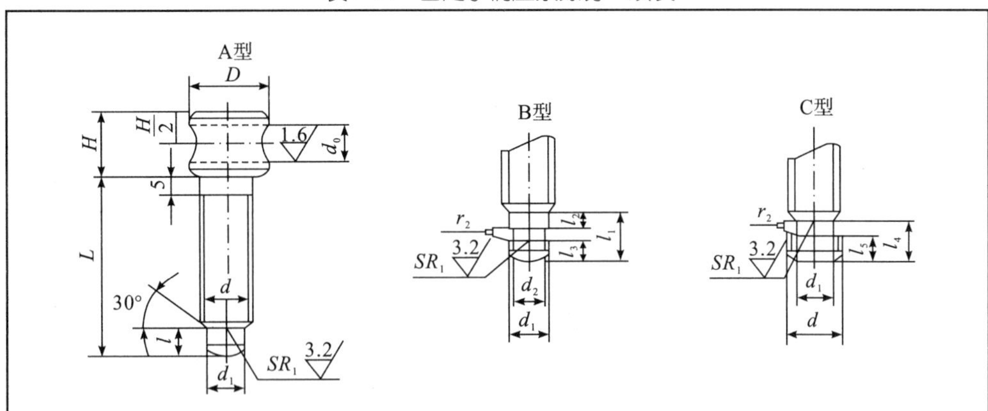

材料：45 钢按 GB/T699—1999 的规定
热处理：35～40HRC。

d		M6	M8	M10	M12	M16	M20
d_1		4.5	6	7	9	12	16
d_2		3.1	4.6	5.7	7.8	10.4	13.2
d_0	基本尺寸	5	6	8	10	12	16
	极限偏差 H7	$^{+0.012}_{0}$		$^{+0.015}_{0}$		$^{+0.018}_{0}$	
H		10	12	14	16	20	25
l		4	5	6	7	8	10
l_1		7	8.5	10	13	15	18
l_2		2.1	2.5			3.4	5
l_3		2.2	2.6	3.2	4.8	6.3	7.5
l_4		6.5	9	11	13.5	15	17
l_5		3	4	5	6.5	8	9
SH		6	8	10	12	16	20
SR_1		5	6	7	9	12	16
r_2		0.5				0.7	1
L		30	30				
		35	35				
		40	40	40			
			50	50	50		
			60	60	60	60	
				70	70	70	70
				80	80	80	80
				90	90	90	90
					100	100	100
						120	120

表 5-62　内六角圆柱头螺钉 (摘自 GB/T70.1－2000)/mm

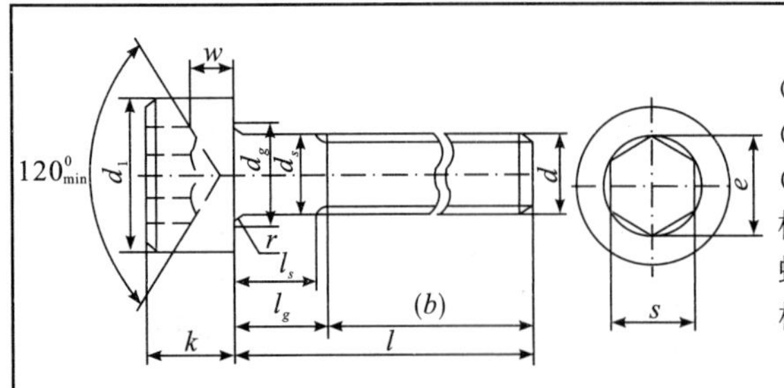

(1)材料:45 钢按 GB/T699—1999 的规定。
(2)热处理:35～40HRC。
(3)其他技术条件按 GB/T2259 的规定。
标记示例:
螺纹规格 d=M5、公称长度 l=20 mm 的内六柱头螺钉:螺母 GB/T70.1—2000。

螺纹规格 d		M5	M6	M8	M10	M12	M16
(b)		22	24	28	32	36	40
d_k	max	8.72	10.22	13.27	16.27	18.27	24.33
	min	8.28	9.78	12.73	15.73	17.73	23.67
d_a		5.7	6.8	9.2	11.2	13.7	17.7
d_s	max	5.00	6.00	8.00	10.00	12.00	16.00
	min	4.82	5.82	7.78	9.78	11.73	15.73
e		4.58	5.72	6.86	9.15	11.43	16
k	max	5.00	6.0	8.00	10.00	12.00	16.00
	min	4.82	5.7	7.64	9.64	11.57	15.57
r		0.2	0.25	0.4	0.4	0.6	0.6
s		4.095	5.140	6.140	8.175	10.175	14.212
w		1.9	2.3	3.3	4	4.8	6.8

l			L_s和l_k											
公称	min	max	l_s min	l_g max	l_s min	l_g max	l_s min	l_g max	l_s min	l_g max	l_s min	l_g max	l_s min	l_g max
30	29.58	30.48	4	8										
35	34.5	35.5	9	13	6	11								
40	39.5	40.5	14	18	11	16	5.75	12						
45	44.5	45.5	19	23	16	21	10.75	17	5.5	13				
50	49.5	50.5	24	28	21	26	15.75	22	10.5	18				
55	54.4	55.6			26	31	20.75	27	15.5	23	10.25	19		
60	59.4	60.6			31	36	25.75	32	20.5	28	15.25	24		
65	64.4	65.6					30.75	37	25.5	33	20.25	29	11	21
70	69.4	70.6					35.75	42	30.5	38	25.25	34	16	26
80	79.4	80.6					45.75	52	40.5	48	35.25	44	26	36
90	89.3	90.7							50.5	58	45.25	54	36	46
100	99.3	100.7							60.5	68	55.25	64	46	56

表 5-63　转动垫圈(摘自 GB/T2170－1991)/mm

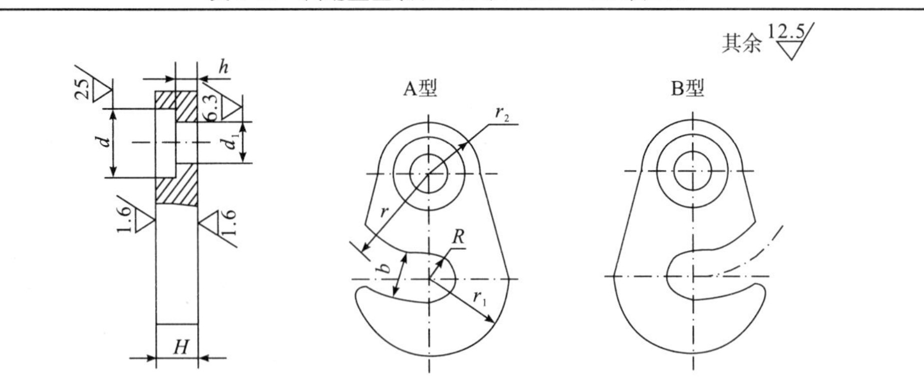

(1)材料:45 钢按 GB/T699－1999 的规定。
(2)热处理:35～40HRC。
(3)其他技术条件按 GB/T2259 的规定。
标记示例:
公称直径＝8 mm、r＝22 mm 的转动垫圈:垫圈 A8×22 GB/T2170。

<table>
<tr><th rowspan="2">公称直径
(螺钉直径)</th><th rowspan="2">r</th><th rowspan="2">r_1</th><th rowspan="2">H</th><th rowspan="2">d</th><th colspan="2">d_1</th><th colspan="2">h</th><th rowspan="2">b</th><th rowspan="2">r_2</th></tr>
<tr><th>基本尺寸</th><th>极限偏差 H11</th><th>基本尺寸</th><th>极限偏差 H11</th></tr>
<tr><td rowspan="2">5</td><td>15</td><td>11</td><td rowspan="2">6</td><td rowspan="2">9</td><td rowspan="2">5</td><td rowspan="4">+0.075
0</td><td rowspan="4">3</td><td rowspan="18"></td><td rowspan="2">7</td><td rowspan="2">7</td></tr>
<tr><td>20</td><td>14</td></tr>
<tr><td rowspan="2">6</td><td>18</td><td>13</td><td rowspan="2">7</td><td rowspan="2">11</td><td rowspan="2">6</td><td rowspan="2">8</td><td rowspan="2">8</td></tr>
<tr><td>25</td><td>18</td></tr>
<tr><td rowspan="2">8</td><td>22</td><td>16</td><td rowspan="2">8</td><td rowspan="2">14</td><td rowspan="2">8</td><td rowspan="6">+0.090
0</td><td rowspan="6">4</td><td rowspan="2">10</td><td rowspan="2">10</td></tr>
<tr><td>30</td><td>22</td></tr>
<tr><td rowspan="2">10</td><td>26</td><td>20</td><td rowspan="4">10</td><td rowspan="4">18</td><td rowspan="4">10</td><td rowspan="2">12</td><td rowspan="4">13</td></tr>
<tr><td>35</td><td>26</td></tr>
<tr><td rowspan="2">12</td><td>32</td><td>25</td><td rowspan="2">14</td></tr>
<tr><td>45</td><td>32</td></tr>
<tr><td rowspan="2">16</td><td>38</td><td>28</td><td rowspan="2">12</td><td rowspan="6">22</td><td rowspan="6">12</td><td rowspan="10">+0.110
0</td><td rowspan="2">5</td><td rowspan="2">18</td><td rowspan="6">15</td></tr>
<tr><td>50</td><td>36</td></tr>
<tr><td rowspan="2">20</td><td>45</td><td>32</td><td rowspan="2">14</td><td rowspan="2">6</td><td rowspan="2">22</td></tr>
<tr><td>60</td><td>42</td></tr>
<tr><td rowspan="2">24</td><td>50</td><td>38</td><td rowspan="2">16</td><td rowspan="4">8</td><td rowspan="2">26</td></tr>
<tr><td>70</td><td>50</td></tr>
<tr><td rowspan="2">30</td><td>60</td><td>45</td><td rowspan="2">18</td><td rowspan="4">26</td><td rowspan="4">16</td><td rowspan="2">32</td><td rowspan="4">18</td></tr>
<tr><td>80</td><td>58</td></tr>
<tr><td rowspan="2">36</td><td>70</td><td>55</td><td rowspan="2">20</td><td rowspan="2">10</td><td rowspan="2">38</td></tr>
<tr><td>95</td><td>70</td></tr>
</table>

表 5-64 球面垫圈(摘自 GB/T849－1988)/mm

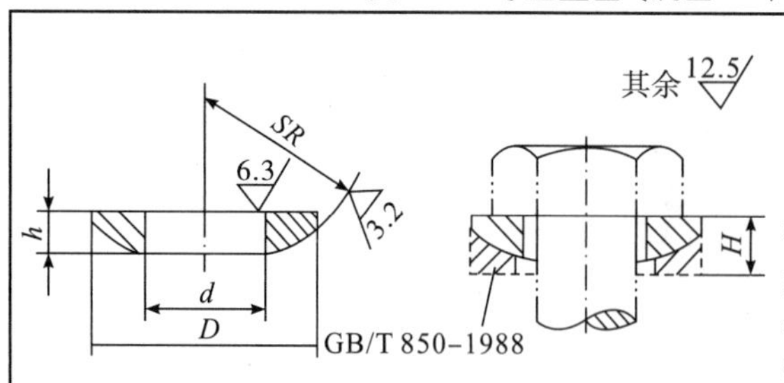

(1)材料:45 钢按 GB/T699—1999 的规定。
(2)热处理:40～48HRC。
(3)垫圈应进行表面氧化处理。
(4)其他技术条件按 GB/T2259 的规定。
标记示例:
规格为 16 mm、材料为 45 钢、热处理硬度 40～48HRC,表面氧化的球面垫:垫圈 16 GB/T849—1988。

规格(螺纹大径)	d		D		h		SR	H≈
	max	min	max	min	max	min		
8	8.60	8.40	17.00	16.57	4.00	3.70	12	5
10	10.74	10.50	21.00	20.48	4.00	3.70	16	6
12	13.24	13.00	24.00	23.48	5.00	4.70	20	7
16	17.24	17.00	30.00	29.48	6.00	5.70	25	8
20	21.28	21.00	37.00	35.38	6.60	6.24	32	10
24	25.28	25.00	44.00	43.38	9.60	9.24	36	13
30	31.34	31.00	56.00	55.26	9.80	9.44	40	16

表 5-65 锥面垫圈(摘自 GB/T850－1988)/mm

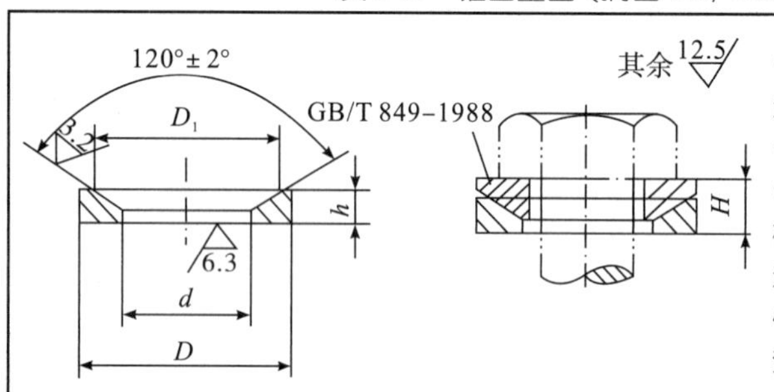

(1)材料:45 钢按 GB/T699—1999 的规定。
(2)热处理:40～48HRC。
(3)垫圈应进行表面氧化处理。
标记示例:
规格为 16 mm 材料为 45 钢、热理度 40～48HRC,表面氧化的锥面垫圈:垫圈 16 GB/T850—1988。

规格(螺纹大径)	d		D		h		D	H≈
	max	min	max	min	max	min		
8	10.36	10	17	16.57	32	2.9	16	5
10	12.93	12.5	21	20.48	4	3.70	18	6
12	16.43	16	24	23.48	4.7	4.40	23.5	7
16	20.52	20	30	29.48	5.1	4.80	29	8
20	25.52	25	37	35.38	6.6	6.24	34	10
24	30.25	30	44	43.38	6.8	6.44	38.5	13
30	36.62	36	56	55.26	8.9	9.54	45.2	16

表 5-66　快换垫圈(摘自 JB/T8008.5－1999)/mm

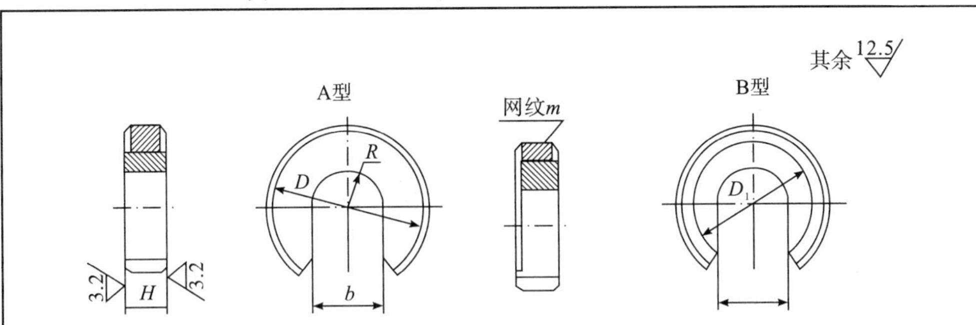

(1)材料：45 钢按 GB/T699－1999 的规定。
(2)热处理：35～40HRC。
(3)垫圈应进行表面氧化处理。
(4)其他技术条件按 GB/T2259 的规定。
标记示例：
公称直径＝6 mm、D＝30 mm 的 A 型快换垫圈：垫圈 A6×30 JB/T8008.5－1999。

<table>
<tr><td>公称直径
(螺纹直径)</td><td>5</td><td>6</td><td>8</td><td>10</td><td>12</td><td>16</td><td>20</td><td>24</td><td>30</td><td>36</td></tr>
<tr><td>b</td><td>6</td><td>7</td><td>9</td><td>11</td><td>13</td><td>17</td><td>21</td><td>25</td><td>31</td><td>37</td></tr>
<tr><td>D1</td><td>13</td><td>15</td><td>19</td><td>23</td><td>26</td><td>32</td><td>42</td><td>50</td><td>60</td><td>72</td></tr>
<tr><td>m</td><td colspan="4">0.3</td><td colspan="6">0.4</td></tr>
<tr><td>D</td><td colspan="10">H</td></tr>
<tr><td>16</td><td rowspan="4">4</td><td></td><td></td><td></td><td></td><td></td><td></td><td></td><td></td><td></td></tr>
<tr><td>20</td><td rowspan="2">5</td><td></td><td></td><td></td><td></td><td></td><td></td><td></td><td></td></tr>
<tr><td>25</td><td rowspan="2">6</td><td></td><td></td><td></td><td></td><td></td><td></td><td></td></tr>
<tr><td>30</td><td rowspan="2">6</td><td rowspan="2">7</td><td></td><td></td><td></td><td></td><td></td><td></td></tr>
<tr><td>35</td><td></td><td rowspan="3">7</td><td rowspan="3">8</td><td></td><td></td><td></td><td></td><td></td></tr>
<tr><td>40</td><td></td><td></td><td rowspan="3">8</td><td rowspan="4">10</td><td></td><td></td><td></td><td></td></tr>
<tr><td>50</td><td></td><td></td><td rowspan="3">10</td><td></td><td></td><td></td></tr>
<tr><td>60</td><td></td><td></td><td></td><td rowspan="3">10</td><td rowspan="4">12</td><td></td><td></td></tr>
<tr><td>70</td><td></td><td></td><td></td><td></td><td rowspan="4">14</td><td></td></tr>
<tr><td>80</td><td></td><td></td><td></td><td></td><td rowspan="3">12</td><td rowspan="3">12</td><td></td></tr>
<tr><td>90</td><td></td><td></td><td></td><td></td><td></td><td rowspan="2">16</td></tr>
<tr><td>100</td><td></td><td></td><td></td><td></td><td></td><td rowspan="2">14</td></tr>
<tr><td>110</td><td></td><td></td><td></td><td></td><td></td><td></td><td></td><td>16</td><td>—</td></tr>
</table>

表 5-67　光面压块(摘自 压块 GB/T2171－1991)/mm

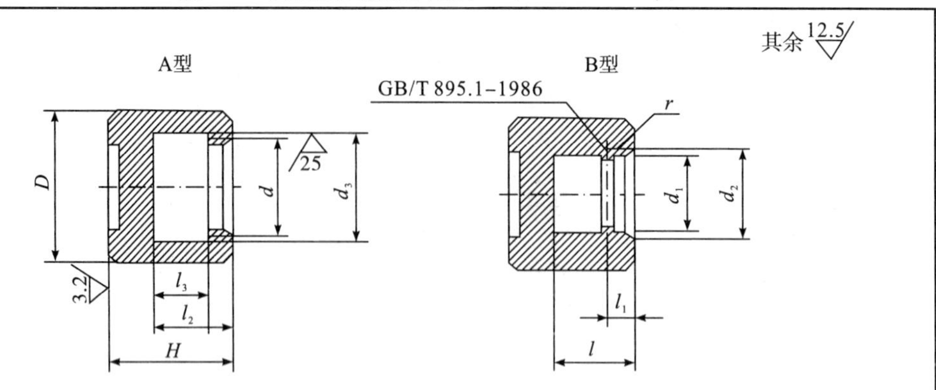

(1)材料:45 钢按 GB/T 699－1999 的规定。
(2)热处理:35～40HRC。
(3)其他技术条件按 GB/T2259 的规定。
标记示例:
公称直径＝12 mm 的 A 型光面压块:压块 A12 GB/T 2171。

公称直径	D	H	d	d_1	d_2		d_3	l	l_1	l_2	l_3	r	挡圈 GB/T895.1－1986
					基本尺寸	极限偏差							
4	8	7	M4	—	—	—	4.5	—	—	4.5	2.5	—	—
5	10	9	M5				6			6	3.5		
6	12		M6	4.8	5.3	$^{+0.10}_{0}$	7	6	2.4			0.4	5
8	16	12	M8	6.3	6.9		10	7.5	3.1	8	5		6
10	18	15	M10	7.4	7.9		12	8.5	3.5	9	6		7
12	20	18	M12	9.5	10		14	10.5	4.2	11.5	7.5		9
16	25	20	M16	12.5	13.1	$^{+0.12}_{0}$	18	13	4.4	13	9	0.6	12
20	30	25	M20	16.5	17.5		22	16	5.4	15	10.5	1	16
24	36	28	M24	18.5	19.5	$^{+0.28}_{0}$	26	18	6.4	17.5	12.5		18

表 5-68　移动压块(摘自 压块 GB/T2175－1991)/mm

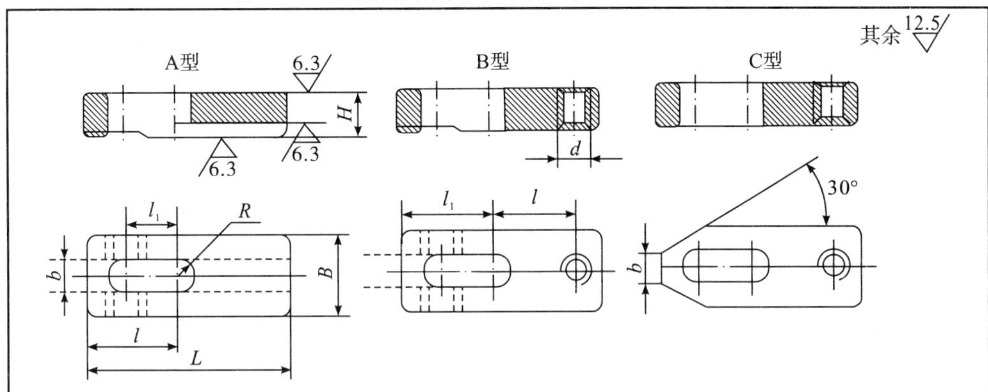

(1)材料:45 钢按 GB/T 699－1999 的规定。

(2)热处理:35～40HRC。

(3)其他技术条件按 GB/T2259 的规定。

标记示例:

公称直径＝12 mm 的 A 型移动压块:压块 A12 GB/T2175。

<table>
<tr><th rowspan="2">螺纹公称直径</th><th colspan="3">L</th><th rowspan="2">B</th><th rowspan="2">H</th><th rowspan="2">l</th><th rowspan="2">l_1</th><th rowspan="2">b</th><th rowspan="2">b_1</th><th rowspan="2">d</th></tr>
<tr><th>A 型</th><th>B 型</th><th>C 型</th></tr>
<tr><td rowspan="3">6</td><td>40</td><td>—</td><td>40</td><td>18</td><td>6</td><td>17</td><td>9</td><td rowspan="3">6.6</td><td rowspan="3">7</td><td rowspan="3">M6</td></tr>
<tr><td colspan="2">45</td><td>—</td><td>20</td><td>8</td><td>19</td><td>11</td></tr>
<tr><td colspan="3">50</td><td>22</td><td>12</td><td>22</td><td>14</td></tr>
<tr><td rowspan="3">8</td><td>45</td><td>—</td><td>—</td><td>20</td><td>8</td><td>18</td><td>8</td><td rowspan="3">9</td><td rowspan="3">9</td><td rowspan="3">M8</td></tr>
<tr><td colspan="3">50</td><td>22</td><td>10</td><td>22</td><td>12</td></tr>
<tr><td rowspan="2">60</td><td colspan="2">60</td><td rowspan="2">25</td><td>14</td><td rowspan="2">27</td><td>17</td></tr>
<tr><td rowspan="3">10</td><td>—</td><td>—</td><td>10</td><td>14</td><td rowspan="3">11</td><td rowspan="3">10</td><td rowspan="3">M10</td></tr>
<tr><td colspan="3">70</td><td>28</td><td>12</td><td>30</td><td>17</td></tr>
<tr><td colspan="3">80</td><td>30</td><td>16</td><td>36</td><td>23</td></tr>
<tr><td rowspan="4">12</td><td>70</td><td>—</td><td>—</td><td rowspan="2">32</td><td>14</td><td>30</td><td>15</td><td rowspan="4">14</td><td rowspan="4">12</td><td rowspan="4">M12</td></tr>
<tr><td colspan="3">80</td><td>16</td><td>35</td><td>20</td></tr>
<tr><td colspan="3">100</td><td rowspan="3">36</td><td>18</td><td>45</td><td>30</td></tr>
<tr><td colspan="3">120</td><td>22</td><td>55</td><td>43</td></tr>
<tr><td rowspan="4">16</td><td>80</td><td>—</td><td>—</td><td>18</td><td>35</td><td>15</td><td rowspan="4">18</td><td rowspan="4">16</td><td rowspan="4">M16</td></tr>
<tr><td colspan="3">100</td><td>40</td><td>22</td><td>44</td><td>24</td></tr>
<tr><td colspan="3">120</td><td rowspan="3">45</td><td>25</td><td>54</td><td>36</td></tr>
<tr><td colspan="3">160</td><td>30</td><td>74</td><td>54</td></tr>
<tr><td rowspan="4">20</td><td>100</td><td>—</td><td>—</td><td>22</td><td>42</td><td>18</td><td rowspan="4">22</td><td rowspan="4">20</td><td rowspan="4">M20</td></tr>
<tr><td colspan="3">120</td><td rowspan="2">50</td><td>25</td><td>52</td><td>30</td></tr>
<tr><td colspan="3">160</td><td>30</td><td>72</td><td>48</td></tr>
<tr><td colspan="3">200</td><td>55</td><td>35</td><td>92</td><td>68</td></tr>
<tr><td rowspan="4">24</td><td>120</td><td>—</td><td>—</td><td>50</td><td>28</td><td>52</td><td>22</td><td rowspan="4">26</td><td rowspan="4">24</td><td rowspan="4">M24</td></tr>
<tr><td colspan="3">160</td><td>55</td><td>30</td><td>70</td><td>40</td></tr>
<tr><td colspan="3">200</td><td rowspan="2">60</td><td>35</td><td>90</td><td>60</td></tr>
<tr><td colspan="3">250</td><td>40</td><td>115</td><td>85</td></tr>
<tr><td rowspan="3">30</td><td>160</td><td>—</td><td rowspan="3">—</td><td rowspan="3">65</td><td rowspan="2">35</td><td>70</td><td>35</td><td rowspan="3">33</td><td rowspan="3">—</td><td rowspan="3">M30</td></tr>
<tr><td colspan="2">200</td><td>90</td><td>55</td></tr>
<tr><td colspan="2">250</td><td>40</td><td>115</td><td>80</td></tr>
</table>

表 5-69　转动压板(摘自 GB/T2176－1991)/mm

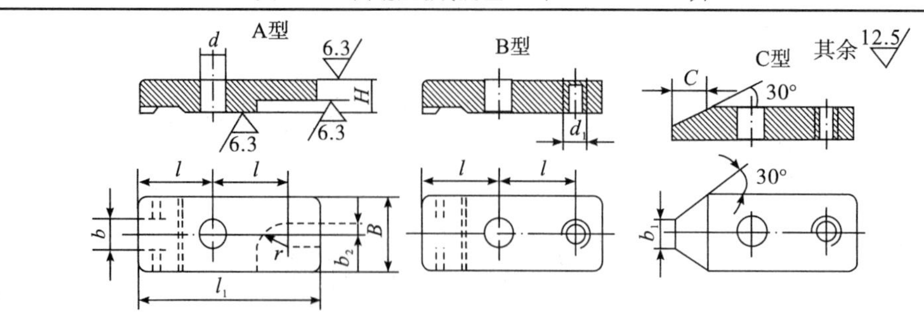

(1)材料:45 钢按 GB/T 699—1999 的规定。

(2)热处理:35～40HRC。

(3)其他技术条件按 GB/T2259 的规定。

标记示例:公称直径=6 mm,L=45 mm 的 A 型转动压块:压块 A6×45 GB/T2176。

公称直径(螺纹直径)	L			B	H	l	d	$d1$	b	$b1$	$b2$	r	C
	A 型	B 型	C 型										
6	40		40	18	6	17	6.6	M6	8	6	3	8	2
	45			20	8	19							
	50			22	12	22							10
8	45			20	8	18	9	M8	9	8	4	10	
	50			22	10	22							7
	60	60		25	14	27							14
10					10		11	M10	11	10	5	12.5	
	70			28	12	30							10
	80			30	16	36							14
12	70			32	14	30	14	M12	14	12	6	16	
	80				16	35							14
	100			36	20	45							17
	120				22	55							21
16	80				18	35	18	M16	18	16	8	17.5	
	100			40	22	44							14
	120			45	25	54							17
	160				30	74							21
20	100				22	42	22	M20	22	20	10	20	
	120			50	25	52							12
	160				30	72							17
	200			55	35	92							26
24	120			50	28	52	26	M24	26	24	12	22.5	
	160			55	30	70							17
	200			60	35	90							
	250				40	115							26
30	160			65	35	70	33	M30	33		15	30	
	200					90							
	250				40	115							
36	200			75		85	39	—	39		18		
	250				45	110							
	320			80	50	145							

表 5-70　偏心轮压板(摘自 GB/T2181－1991)/mm

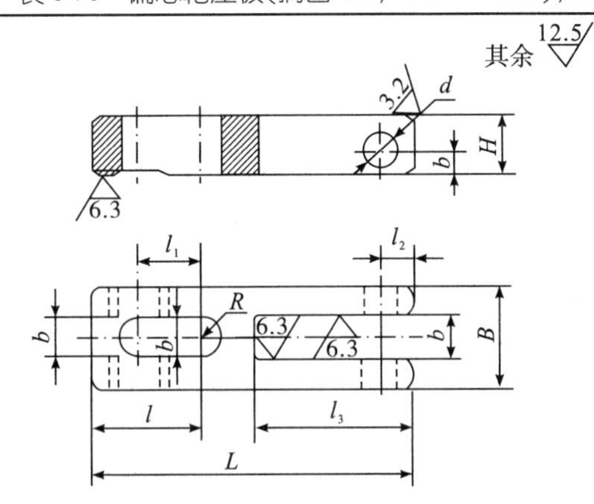

(1)材料:45 钢按 GB/T 699－1999 的规定。
(2)热处理:35～40HRC。
(3)其他技术条件按 GB/T2259 的规定。
标记示例:
公称直径＝8 mm、L＝70 mm 的偏心轮用压块:压板 8×70 GB/T2181。

公称直径(螺纹直径)	L	B	H	d		b	b_1		l	l_1	l_2	l_3	h
				基本尺寸	极限偏差 H7		基本尺寸	极限偏差 H11					
6	60	25	12	6	$^{+0.012}_{0}$	6.6	12	$^{+0.110}_{0}$	24	14	6	24	5
8	70	30	16	8	$^{+0.015}_{0}$	9	14		28	16	8	28	7
10	80	36	18	10		11	16		32	18	10	32	8
12	100	40	22	12	$^{+0.018}_{0}$	14	18		42	24	12	38	10
16	120	45	25	16		18	22	$^{+0.130}_{0}$	54	32	14	45	12
20	160	50	30			22	24		70	45	15	52	14

表5-71　平压板(摘自GB/T2183－1991)/mm

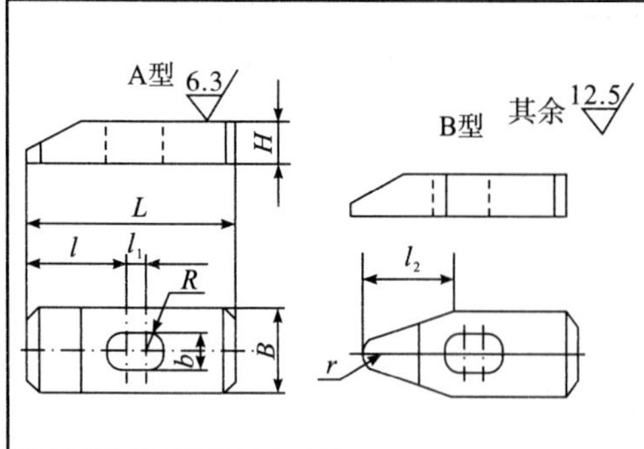

(1)材料:45钢按GB/T 699—1999的规定。
(2)热处理:35～40HRC。
(3)其他技术条件按GB/T2259的规定。
标记示例:
公称直径=20mm、L=200 mm的A型平压板:压板 A20×200 GB/T2183。

<table>
<tr><th>公称直径
(螺纹直径)</th><th>L</th><th>B</th><th>H</th><th>b</th><th>l</th><th>l₁</th><th>l₂</th><th>r</th></tr>
<tr><td rowspan="2">6</td><td>40</td><td>18</td><td>8</td><td rowspan="2">7</td><td>18</td><td rowspan="8">7</td><td>16</td><td rowspan="2">4</td></tr>
<tr><td>50</td><td rowspan="2">22</td><td>12</td><td>23</td><td>21</td></tr>
<tr><td rowspan="2">8</td><td>45</td><td>10</td><td rowspan="2">10</td><td>21</td><td>19</td><td rowspan="2">5</td></tr>
<tr><td rowspan="2">60</td><td rowspan="2">25</td><td rowspan="2">12</td><td rowspan="2">28</td><td rowspan="2">26</td></tr>
<tr><td rowspan="2">10</td><td rowspan="2">12</td><td rowspan="2">6</td></tr>
<tr><td rowspan="2">80</td><td>30</td><td rowspan="2">16</td><td rowspan="2">38</td><td rowspan="2">35</td></tr>
<tr><td rowspan="2">12</td><td>32</td><td rowspan="2">15</td><td rowspan="2">8</td></tr>
<tr><td>100</td><td>40</td><td>20</td><td>48</td><td>45</td></tr>
<tr><td rowspan="2">16</td><td>120</td><td rowspan="2">50</td><td rowspan="2">25</td><td rowspan="2">19</td><td>52</td><td>15</td><td>55</td><td rowspan="2">10</td></tr>
<tr><td>160</td><td>70</td><td rowspan="3">20</td><td>60</td></tr>
<tr><td rowspan="2">20</td><td>200</td><td>60</td><td>28</td><td rowspan="2">24</td><td>90</td><td>75</td><td rowspan="2">12</td></tr>
<tr><td rowspan="2">250</td><td>70</td><td>32</td><td rowspan="2">100</td><td>85</td></tr>
<tr><td rowspan="2">24</td><td rowspan="2">80</td><td rowspan="2">35</td><td rowspan="2">28</td><td rowspan="2">30</td><td>100</td><td rowspan="2">16</td></tr>
<tr><td rowspan="2">320</td><td rowspan="2">130</td><td rowspan="2">110</td></tr>
<tr><td rowspan="2">30</td><td rowspan="4">100</td><td rowspan="2">40</td><td rowspan="2">35</td><td rowspan="2">40</td><td rowspan="4">20</td></tr>
<tr><td>360</td><td>150</td><td>130</td></tr>
<tr><td rowspan="2">36</td><td>320</td><td rowspan="2">45</td><td rowspan="2">42</td><td>130</td><td rowspan="2">50</td><td>110</td></tr>
<tr><td>360</td><td>150</td><td>130</td></tr>
</table>

表 5-72　直压板(摘自 压块 GB/T2187－1991)/mm

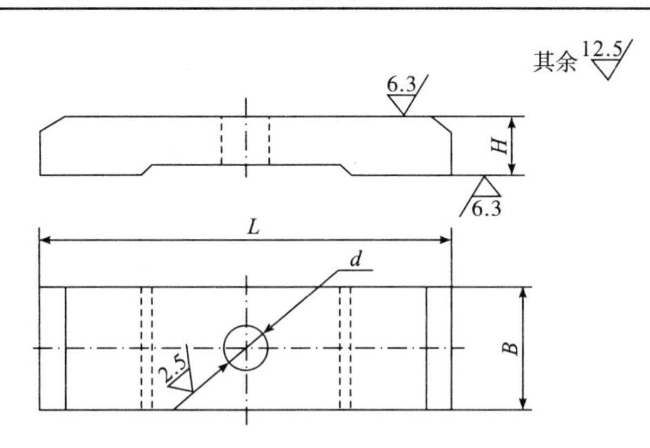

(1)材料:45 钢按 GB/T 699—1999 的规定。
(2)热处理:35～40HRC。
(3)其他技术条件按 GB/T2259 的规定。
标记示例:
公称直径=8 mm、L=80 mm 的直压板:压板 8×80 GB/T2187。

<table>
<tr><th>公称直径
(螺纹直径)</th><th>L</th><th>B</th><th>H</th><th>d</th></tr>
<tr><td rowspan="3">8</td><td>50</td><td rowspan="3">25</td><td rowspan="3">12</td><td rowspan="3">9</td></tr>
<tr><td>60</td></tr>
<tr><td>80</td></tr>
<tr><td rowspan="3">10</td><td>60</td><td rowspan="6">32</td><td rowspan="2">16</td><td rowspan="3">11</td></tr>
<tr><td>80</td></tr>
<tr><td>100</td><td rowspan="3">20</td></tr>
<tr><td rowspan="3">12</td><td>80</td><td rowspan="3">14</td></tr>
<tr><td>100</td></tr>
<tr><td>120</td><td rowspan="5">25</td></tr>
<tr><td rowspan="3">16</td><td>100</td><td rowspan="3">40</td><td rowspan="3">18</td></tr>
<tr><td>120</td></tr>
<tr><td>160</td></tr>
<tr><td rowspan="3">20</td><td>120</td><td rowspan="3">50</td><td rowspan="3">22</td></tr>
<tr><td>160</td><td rowspan="2">32</td></tr>
<tr><td>200</td></tr>
</table>

表 5-73　铰链压块(摘自压块 GB/T2188－1991)/mm

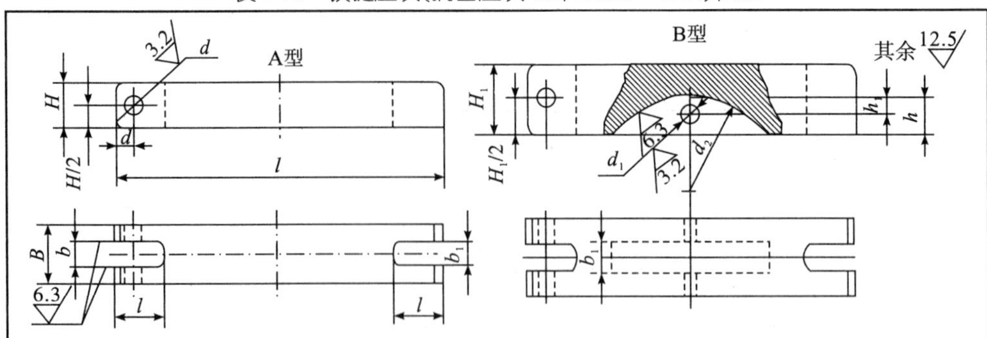

(1)材料:45 钢按 GB/T 699—1999 的规定。
(2)热处理:A 型 T215,B 型 35～40HRC。
(3)其他技术条件按 GB/T2259 的规定。
标记示例:
b=8 mm、L=1000 mm 的 A 型铰链压板:压板 A8×100 GB/T2188。

<table>
<tr><th>b</th><th colspan="2">L</th><th rowspan="2">B</th><th rowspan="2">H</th><th rowspan="2">HH1</th><th rowspan="2">b1</th><th rowspan="2">b2</th><th colspan="2">d</th><th rowspan="2">d2</th><th colspan="2">d1</th><th rowspan="2">a</th><th rowspan="2">l</th><th rowspan="2">h</th><th rowspan="2">h1</th></tr>
<tr><th>基本尺寸</th><th>基本偏差 H11</th><th></th><th>基本尺寸</th><th>极限偏差 H7</th><th>基本尺寸</th><th>极限偏差 H7</th></tr>
<tr><td rowspan="2">6</td><td rowspan="2">+0.075
0</td><td>70</td><td rowspan="2">16</td><td rowspan="2">12</td><td rowspan="2">—</td><td rowspan="2">—</td><td rowspan="2">—</td><td rowspan="2">4</td><td rowspan="6">+0.012
0</td><td rowspan="2">—</td><td rowspan="2">—</td><td rowspan="6">+0.010
0</td><td rowspan="2">5</td><td rowspan="2">12</td><td rowspan="2">—</td><td rowspan="2">—</td></tr>
<tr><td>90</td></tr>
<tr><td rowspan="2">8</td><td rowspan="3">+0.090
0</td><td>100</td><td>18</td><td rowspan="2">15</td><td rowspan="4">20</td><td rowspan="2">8</td><td>10</td><td rowspan="2">5</td><td rowspan="4">63</td><td rowspan="4">3</td><td rowspan="2">6</td><td rowspan="2">15</td><td rowspan="4">10</td><td rowspan="4">6.2</td></tr>
<tr><td rowspan="2">120</td><td rowspan="3">24</td><td>14</td></tr>
<tr><td rowspan="2">10</td><td rowspan="2">18</td><td rowspan="2">10</td><td>10</td><td rowspan="2">6</td><td rowspan="2">7</td><td rowspan="2">18</td></tr>
<tr><td rowspan="9">+0.110
0</td><td rowspan="2">140</td><td>14</td></tr>
<tr><td rowspan="3">12</td><td rowspan="6">32</td><td rowspan="3">22</td><td rowspan="3">26</td><td rowspan="3">12</td><td>10</td><td rowspan="3">8</td><td rowspan="6">+0.015
0</td><td rowspan="3">80</td><td rowspan="3">4</td><td rowspan="9">+0.012
0</td><td rowspan="3">9</td><td rowspan="3">22</td><td rowspan="3">14</td><td rowspan="3">7.5</td></tr>
<tr><td>160</td><td>14</td></tr>
<tr><td rowspan="2">180</td><td>18</td></tr>
<tr><td rowspan="3">14</td><td rowspan="3">26</td><td rowspan="3">32</td><td rowspan="3">14</td><td>10</td><td rowspan="3">10</td><td rowspan="3">100</td><td rowspan="3">5</td><td rowspan="3">10</td><td rowspan="3">25</td><td rowspan="3">18</td><td rowspan="3">9.5</td></tr>
<tr><td>200</td><td>14</td></tr>
<tr><td rowspan="2">220</td><td>18</td></tr>
<tr><td rowspan="3">18</td><td rowspan="3">40</td><td rowspan="3">32</td><td rowspan="3">38</td><td rowspan="3">18</td><td>14</td><td rowspan="3">12</td><td rowspan="6">+0.018
0</td><td rowspan="3">125</td><td rowspan="3">6</td><td rowspan="3">14</td><td rowspan="3">32</td><td rowspan="3">22</td><td rowspan="3">10.5</td></tr>
<tr><td>250</td><td>16</td></tr>
<tr><td rowspan="7">+0.130
0</td><td>280</td><td>20</td></tr>
<tr><td rowspan="3">22</td><td>250</td><td rowspan="3">50</td><td rowspan="3">40</td><td rowspan="6">45</td><td rowspan="3">22</td><td>14</td><td rowspan="3">16</td><td rowspan="3">160</td><td rowspan="6">8</td><td rowspan="6">+0.015
0</td><td rowspan="3">18</td><td rowspan="3">40</td><td rowspan="6">26</td><td rowspan="3">12.5</td></tr>
<tr><td>280</td><td>16</td></tr>
<tr><td rowspan="2">300</td><td>20</td></tr>
<tr><td rowspan="3">26</td><td rowspan="3">60</td><td rowspan="3">45</td><td rowspan="3">26</td><td rowspan="2">16</td><td rowspan="3">20</td><td rowspan="3">+0.021
0</td><td rowspan="3">220</td><td rowspan="3">22</td><td rowspan="3">48</td><td rowspan="3">14.5</td></tr>
<tr><td>320</td></tr>
<tr><td>360</td><td>20</td></tr>
</table>

表 5-74　铰链支座(摘自 GB/T2247－1991)/mm

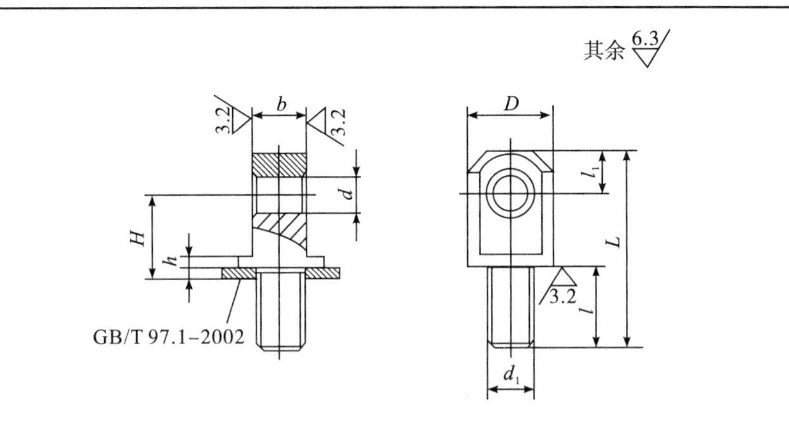

(1)材料:45 钢按 GB/T 699—1999 的规定。
(2)热处理:35～40HRC。
(3)其他技术条件按 GB/T2259 的规定。
标记示例:
b=12 mm 的铰链支座:压板 12 GB/T2247。

<table>
<tr><th colspan="2">b</th><th rowspan="2">D</th><th rowspan="2">d</th><th rowspan="2">d_1</th><th rowspan="2">L</th><th rowspan="2">l</th><th rowspan="2">l_1</th><th rowspan="2">H～</th><th rowspan="2">h</th></tr>
<tr><th>基本尺寸</th><th>极限偏差 d11</th></tr>
<tr><td>6</td><td>−0.030
−0.105</td><td>10</td><td>4.1</td><td>M5</td><td>25</td><td>10</td><td>5</td><td>11</td><td rowspan="2">2</td></tr>
<tr><td>8</td><td rowspan="2">−0.040
−0.130</td><td>12</td><td>5.2</td><td>M6</td><td>30</td><td>12</td><td>6</td><td>13.5</td></tr>
<tr><td>10</td><td>14</td><td>6.2</td><td>M8</td><td>35</td><td>14</td><td>7</td><td>15.5</td><td rowspan="2">3</td></tr>
<tr><td>12</td><td rowspan="3">−0.050
−0.160</td><td>18</td><td>8.2</td><td>M10</td><td>42</td><td>16</td><td>9</td><td>19</td></tr>
<tr><td>14</td><td>20</td><td>10.2</td><td>M12</td><td>50</td><td>20</td><td>10</td><td>22</td><td>4</td></tr>
<tr><td>18</td><td>28</td><td>12.2</td><td>M16</td><td>65</td><td>25</td><td>14</td><td>29</td><td>5</td></tr>
</table>

表 5-75　铰链轴(摘自 GB/T2246－1991)/mm

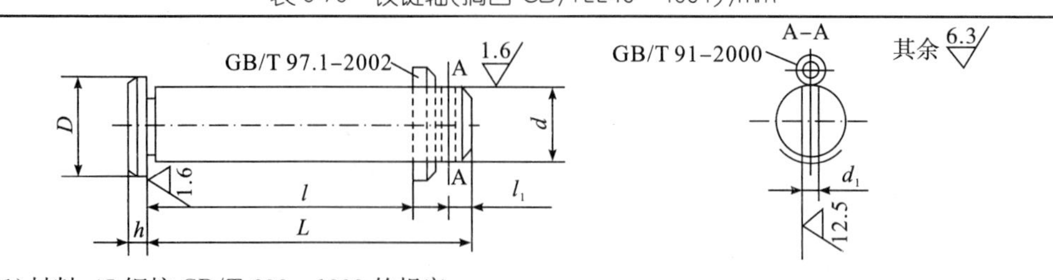

(1)材料:45 钢按 GB/T 699—1999 的规定。

(2)热处理:35～40HRC。

(3)其他技术条件按 GB/T2259 的规定。

标记示例:

d=10 mm、偏差为 f9 L=45 mm 的铰链轴:铰链轴 10f9×45 GB/T 2246。

d	基本尺寸	4	5	6	8	10	12	16	20	25
	极限偏差 h6	0 -0.008			0 -0.009		0 -0.011		0 -0.013	
	极限偏差 F9	-0.010 -0.040			-0.013 -0.049		-0.016 -0.059		-0.020 -0.072	
D		6	8	9	12	14	18	21	26	32
d_1		1		1.5		2		2.5	3	4
l		L-4		L-5		L-7	L-8	L-10	L-12	L-15
l_1		2		2.5		3.5	4.5	5.5	6	8.5
h		1.5	2		2.5		3		5	
L		20	20	20	20					
		25	25	25	25	25				
		30	30	30	30	30	30			
			35	35	35	35	35	35		
			40	40	40	40	40	40		
				45	45	45	45	45		
				50	50	50	50	50	50	
					55	55	55	55	55	
					60	60	60	60	60	60
					65	65	65	65	65	65
						70	70	70	70	70
						75	75	75	75	75
						80	80	80	80	80
							90	90	90	90
							100	100	100	100
								110	110	110
								120	120	120
									140	140
									160	160
									180	180
									200	200
										220
										240
相配件	垫圈 GB/T97.1—1985	B4	B5	B6	B8	B10	B12	B16	B20	B24
	开口销 GB/T91—2000	1×8		1.5×10	1.5×16	2×20		2.5×25	3×30	4×35

表 5-76　回转压板(摘自 GB/T2189－1991)/mm

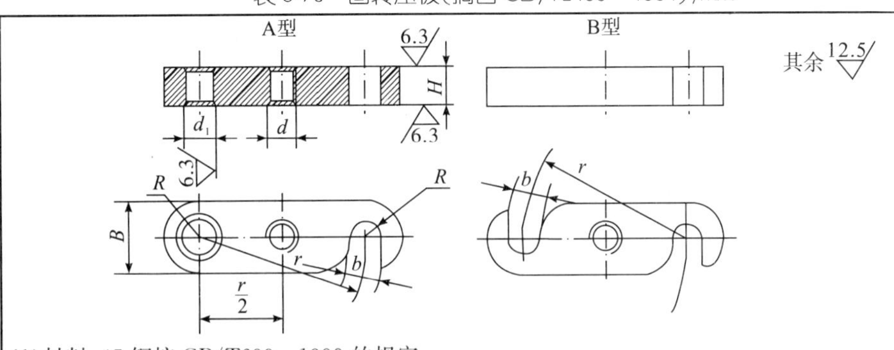

(1)材料:45 钢按 GB/T699－1999 的规定。
(2)热处理:35～40HRC。
(3)其他技术条件按 GB/T2259 的规定。
标记示例:
d=M10、r=50 mm 的 A 型回转压板:压板 AM10×50 GB/T2189。

d		M5	M6	M8	M10	M12	M16
B		14	18	20	22	25	32
H	基本尺寸	6	8	10	12	16	20
	极限偏差 h11	0 －0.075	0 －0.090		0 －0.110		0 －0.130
b		5.5	6.6	9	11	14	18
d_1	基本尺寸	6	8	10	12	14	18
	极限偏差 h11	＋0.075 0	＋0.090 0		＋0.110 0		
r		20					
		25					
		30	30				
		35	35				
		40	40	40			
			45	45			
			50	50	50		
				55	55		
				60	60	60	
				65	65	65	
				70	70	70	
					75	75	
					80	80	80
					85	85	85
					90	90	90
						100	100
							110
							120
配用螺钉 GB/T830－1988		M5×6	M6×8	M8×10	M10×12	M12×16	M16×20

表5-77　钩型压板(摘自GB/T2196－1991)/mm

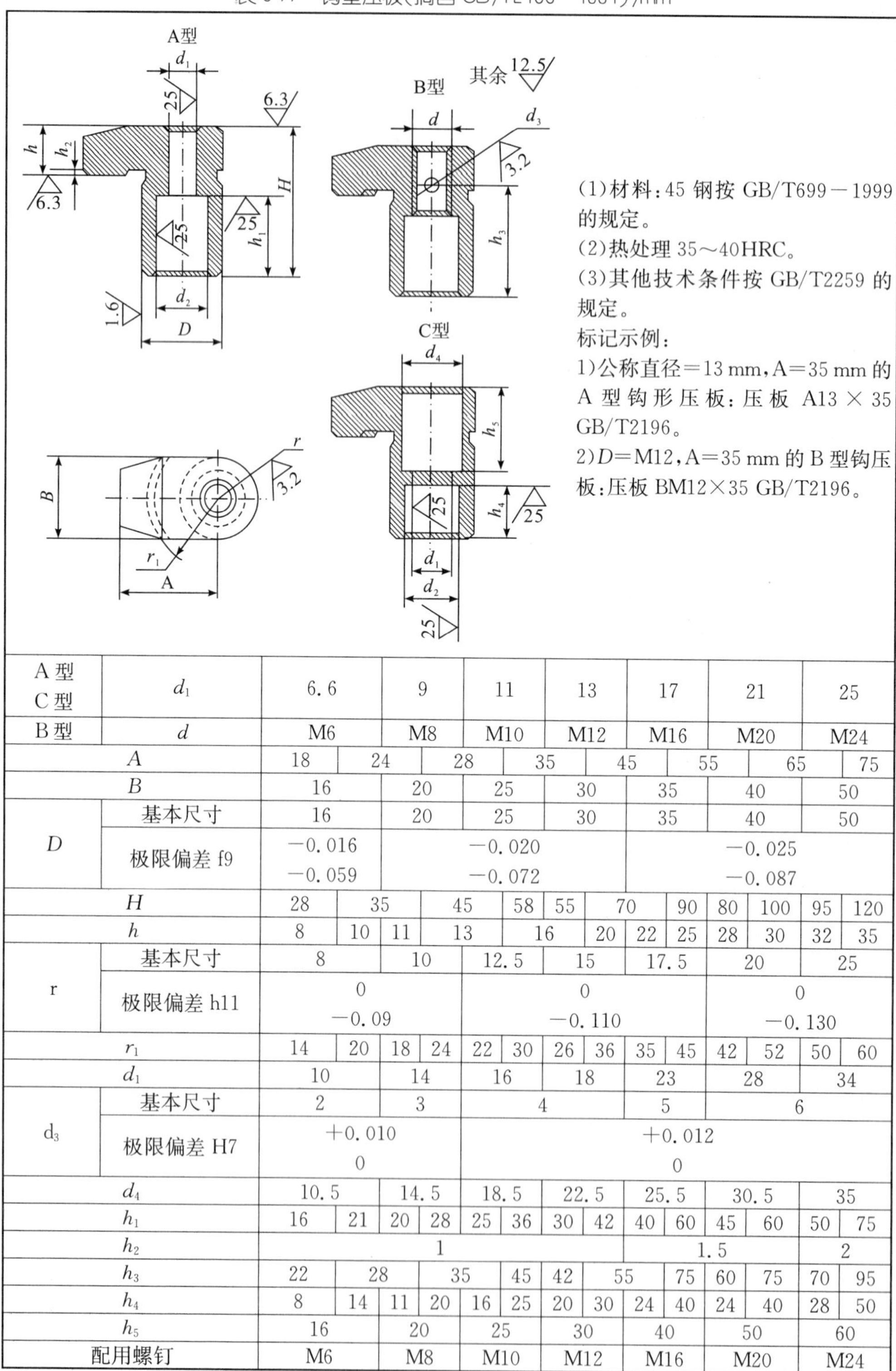

(1)材料:45钢按GB/T699－1999的规定。
(2)热处理35～40HRC。
(3)其他技术条件按GB/T2259的规定。
标记示例:
1)公称直径＝13 mm,A＝35 mm的A型钩形压板:压板 A13×35 GB/T2196。
2)D＝M12,A＝35 mm的B型钩压板:压板BM12×35 GB/T2196。

A型 C型	d_1	6.6		9		11		13		17		21		25	
B型	d	M6		M8		M10		M12		M16		M20		M24	
A		18	24		28		35		45		55		65		75
B		16		20		25		30		35		40		50	
D	基本尺寸	16		20		25		30		35		40		50	
	极限偏差 f9	−0.016 −0.059		−0.020 −0.072						−0.025 −0.087					
H		28	35		45		58	55	70		90	80	100	95	120
h		8	10	11	13		16		20	22	25	28	30	32	35
r	基本尺寸	8		10		12.5		15		17.5		20		25	
	极限偏差 h11	0 −0.09				0 −0.110						0 −0.130			
r_1		14	20	18	24	22	30	26	36	35	45	42	52	50	60
d_1		10		14		16		18		23		28		34	
d_3	基本尺寸	2		3		4				5		6			
	极限偏差 H7	+0.010 0				+0.012 0									
d_4		10.5		14.5		18.5		22.5		25.5		30.5		35	
h_1		16	21	20	28	25	36	30	42	40	60	45	60	50	75
h_2		1								1.5				2	
h_3		22	28		35		45	42	55		75	60	75	70	95
h_4		8	14	11	20	16	25	20	30	24	40	24	40	28	50
h_5		16		20		25		30		40		50		60	
配用螺钉		M6		M8		M10		M12		M16		M20		M24	

表 5-78　钩型压板(组合)(摘自 GB/T2197－1991)/mm

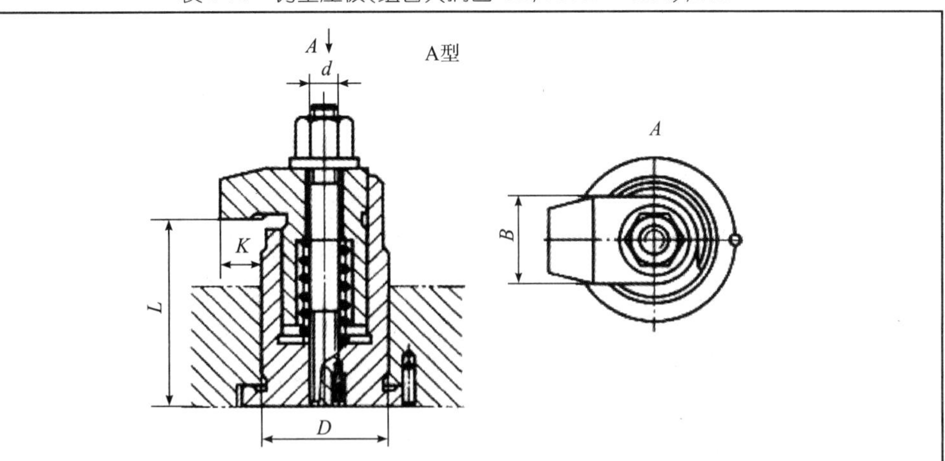

标记示例：
d=M12，K=14 mm 的 A 型钩形压板：压板 AM12×14 GB/T2197。

<table>
<tr><th rowspan="2">d</th><th rowspan="2">K</th><th rowspan="2">D</th><th rowspan="2">B</th><th colspan="2">L</th></tr>
<tr><th>min</th><th>max</th></tr>
<tr><td rowspan="2">M6</td><td>7</td><td rowspan="2">22</td><td rowspan="2">16</td><td>31</td><td>36</td></tr>
<tr><td>13</td><td>36</td><td>42</td></tr>
<tr><td rowspan="2">M8</td><td>10</td><td rowspan="2">28</td><td rowspan="2">20</td><td>37</td><td>44</td></tr>
<tr><td>14</td><td>45</td><td>52</td></tr>
<tr><td rowspan="2">M10</td><td>10.5</td><td rowspan="2">35</td><td rowspan="2">25</td><td>48</td><td>58</td></tr>
<tr><td>17.5</td><td>58</td><td>70</td></tr>
<tr><td rowspan="2">M12</td><td>14</td><td rowspan="2">42</td><td rowspan="2">30</td><td>57</td><td>68</td></tr>
<tr><td>24</td><td rowspan="2">70</td><td>82</td></tr>
<tr><td rowspan="2">M16</td><td>21</td><td rowspan="2">48</td><td rowspan="2">35</td><td>86</td></tr>
<tr><td>31</td><td>87</td><td>105</td></tr>
<tr><td rowspan="2">M20</td><td>27.5</td><td rowspan="2">55</td><td rowspan="2">40</td><td>81</td><td>100</td></tr>
<tr><td>37.5</td><td>99</td><td rowspan="2">120</td></tr>
<tr><td rowspan="2">M24</td><td>32.5</td><td rowspan="2">65</td><td rowspan="2">50</td><td>100</td></tr>
<tr><td>42.5</td><td>125</td><td>145</td></tr>
</table>

表 5-79　圆偏心轮(摘自 GB/T2191－1991)

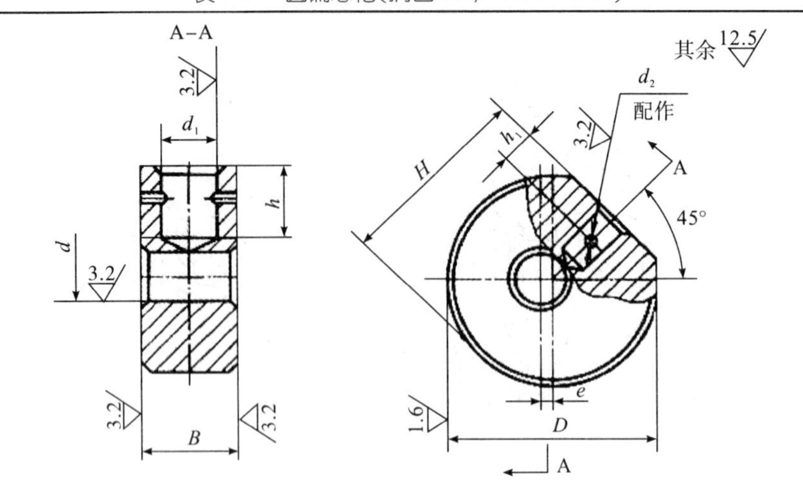

(1)材料:20 钢按 GB/T699－1999 的规定
(2)热处理:渗碳深度 0.8～1.2mm,58～64HRC
(3)其他技术条件按 GB/T2259 的规定
标记示例:
D=32 mm 的圆偏心轮:偏心轮 32 GB/T2191。

D	e		B		d		d_1		d_2		H	h	h_1
	基本尺寸	极限偏差	基本尺寸	极限偏差 d11	基本尺寸	极限偏差	基本尺寸	极限偏差	基本尺寸	极限偏差			
25	1.3	±0.200	12	−0.050 −0.160	6	+0.060 +0.030	6	+0.012 0	2	+0.010 0	24	9	4
32	1.7		14		8	+0.076 +0.040	8		3		31	11	5
40	2		16	−0.065 −0.195	10		10	+0.015 0			38.5	14	6
50	2.5		18		12	+0.093 +0.050	12	+0.018 0	4	+0.012 0	48	18	8
60	3		22		16		16		5		58	22	10
70	3.5		24								68	24	

表 5-80　偏心轮用垫板(摘自 JB/T8001.5－1999)/mm

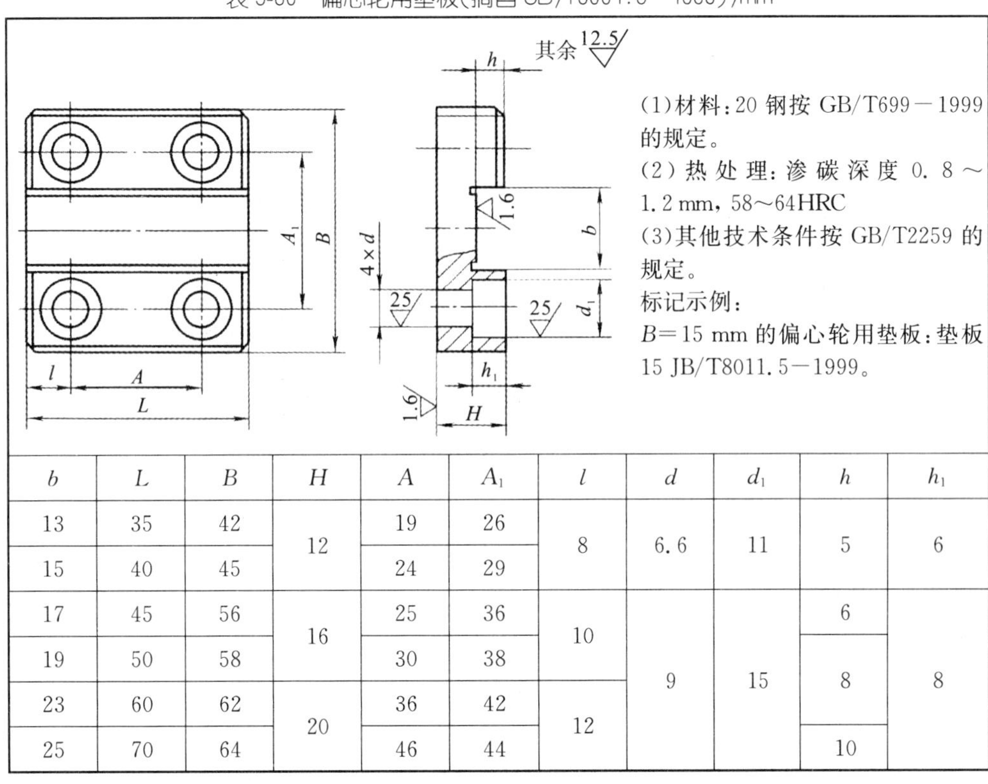

(1)材料：20 钢按 GB/T699－1999 的规定。

(2)热处理：渗碳深度 0.8～1.2 mm，58～64HRC

(3)其他技术条件按 GB/T2259 的规定。

标记示例：

B＝15 mm 的偏心轮用垫板：垫板 15 JB/T8011.5－1999。

b	L	B	H	A	A_1	l	d	d_1	h	h_1
13	35	42	12	19	26	8	6.6	11	5	6
15	40	45		24	29					
17	45	56	16	25	36	10	9	15	6	8
19	50	58		30	38				8	
23	60	62	20	36	42	12				
25	70	64		46	44				10	

表 5-81　滚花把手(摘自 GB/2218－1991)/mm

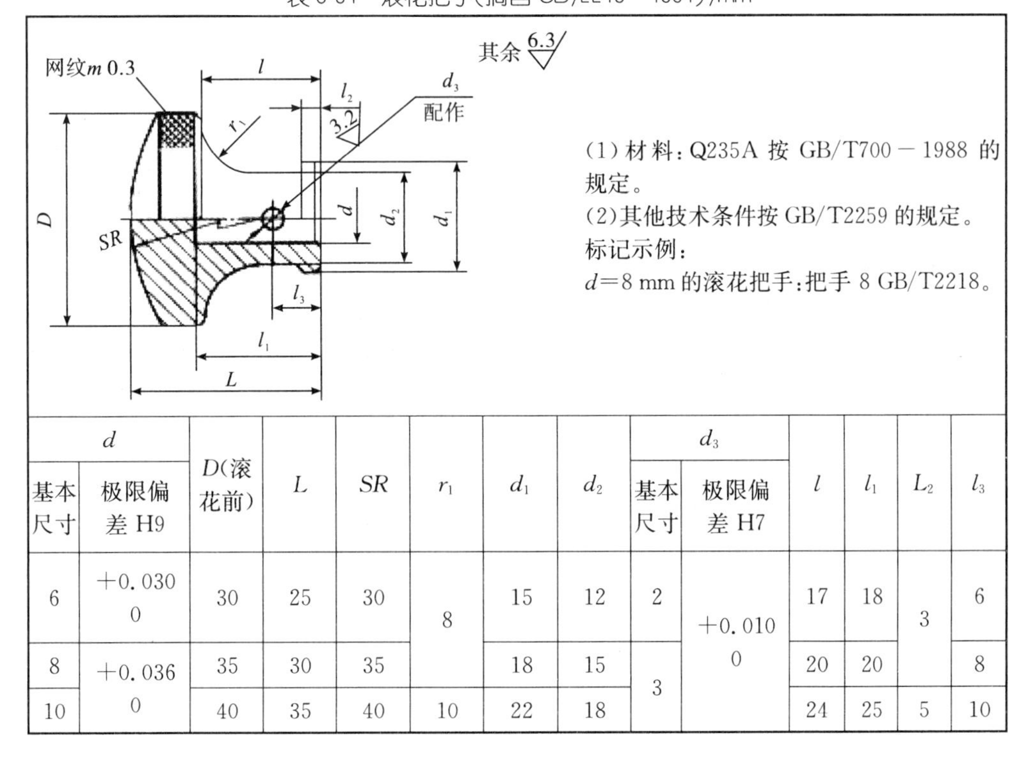

(1)材料：Q235A 按 GB/T700－1988 的规定。

(2)其他技术条件按 GB/T2259 的规定。

标记示例：

d＝8 mm 的滚花把手：把手 8 GB/T2218。

d		D(滚花前)	L	SR	r_1	d_1	d_2	d_3		l	l_1	L_2	l_3
基本尺寸	极限偏差 H9							基本尺寸	极限偏差 H7				
6	+0.030 0	30	25	30	8	15	12	2	+0.010 0	17	18	3	6
8	+0.036 0	35	30	35		18	15	3		20	20		8
10		40	35	40	10	22	18			24	25	5	10

表 5-82　星形把手(摘自 GB/T2219)/mm

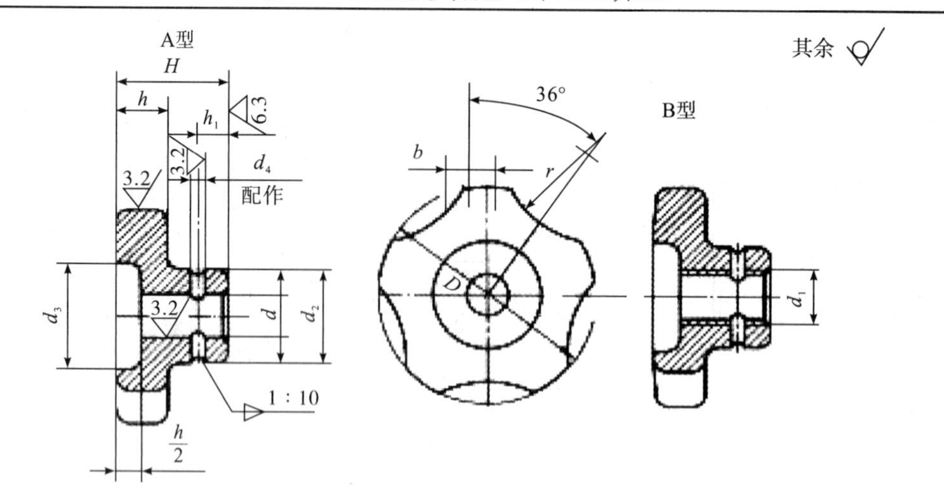

(1)材料:ZG45 按 GB/T979 的规定。
(2)零件表面应喷沙处理。
(3)其他技术条件 GB/T2259 的规定。
标记示例:
d=10 mmA 型把手:把手 A10 GB/T2219。
D_1=M10 的 B 型星形把手:把手 BM10 GB/T2219。

<table>
<tr><th colspan="2">d</th><th rowspan="2">d_1</th><th rowspan="2">D</th><th rowspan="2">H</th><th rowspan="2">d_2</th><th rowspan="2">d_3</th><th colspan="2">d_4</th><th rowspan="2">h</th><th rowspan="2">h_1</th><th rowspan="2">b</th><th rowspan="2">r</th></tr>
<tr><th>基本尺寸</th><th>极限偏差 H9</th><th>基本尺寸</th><th>极限偏差 H7</th></tr>
<tr><td>6</td><td>+0.030
0</td><td>M6</td><td>32</td><td>18</td><td>14</td><td>14</td><td rowspan="2">2</td><td rowspan="4">+0.010
0</td><td>8</td><td>5</td><td>6</td><td>16</td></tr>
<tr><td>8</td><td rowspan="2">+0.036
0</td><td>M8</td><td>40</td><td>22</td><td>18</td><td>16</td><td>10</td><td>6</td><td>8</td><td>20</td></tr>
<tr><td>10</td><td>M10</td><td>50</td><td>26</td><td>22</td><td>25</td><td rowspan="2">3</td><td>12</td><td>7</td><td>10</td><td>25</td></tr>
<tr><td>12</td><td rowspan="2">+0.043
0</td><td>M12</td><td>65</td><td>35</td><td>24</td><td>32</td><td>16</td><td>9</td><td>12</td><td>32</td></tr>
<tr><td>16</td><td>M16</td><td>80</td><td>45</td><td>30</td><td>40</td><td>4</td><td>+0.012
0</td><td>20</td><td>11</td><td>15</td><td>40</td></tr>
</table>

表 5-83 法兰式汽缸 /mm

D	C(行程)	P①	D_1	D_2 基本尺寸	D_2 极限偏差	D_3	D_4	d	$d1$/in	d_2 基本尺寸	d_2 孔数	$L=$	l	l_1	a
50	35	750	20	48	0 −0.050	64	80	M16×1.5	Z1/4	M8	4	120	20	15	45°
	70											155			
75	35	1700	22	53	0 −0.060	86	105					125			
	70											160			
100	35	3100	25	62		105	135	M20×1.5		M10		134	25		50°
	70											174			
150	40	7000	35	75		142	187	M24×1.5	Z3/8			150	30	18	22°30′
	90											200			
200	40	12000					245			M12		160			
	90											210			
250	40	20000	40	80		190	295	M30×1.5	Z1/2			170	35	35	
	100											230			
300	40	28000					350			M16		170			
	100											230			

件号		1	2	3	4	6	7	8	9	10	11	12	13
名称		活塞杆	前盖	密封圈	垫片	垫片	活塞	密封圈	后盖	垫圈	螺母	垫圈	螺钉
数量		1	1	1	2	1	1	2	1	1	1	见下	见下
标准					橡胶石棉板	橡胶石棉板				GB/T 858—1998	GB/T 812—1988	GB/T 93—1987	GB/T 70—2000
50	20x112	50	24	No. 1	1150x80	14	50	50	50	12	M12×1.25	6—8 件	M6X22 8 件
	20x147				1150x115								
75	22x115	75	26	No. 2	1175x80	14	75	75	75	12			
	22x150				1175x115								
100	25x120	100	31	No. 3	11100x85	18	100	100	100	16	M16×1.5	6—12 件	M6×22 12 件
	25x160				11100x125								
150	35x135	150	41	No. 4	11150x95	25	150	150	150	24	M24×1.5	8—16 件	M8×25 16 件
	35x185				11150x145								
200	35x135	200	41	No. 5	11200x105	25	200	200	200	24		10—16 件	M10×30 16 件
	35x190				11200x160								
250	40x145	250	46	No. 6	11250x105	28	250	250	250	27	M27×1.5		
	40x205				11250x165								
300	40x145	300	46	No. 7	11300x105	28	300	300	300	27		12—16 件	M12×35 16 件
	40x205				11300x165								

①1 气压为 0.4MPa 时活塞上的推力。

表 5-84 地脚式液压缸的基本尺寸 /mm

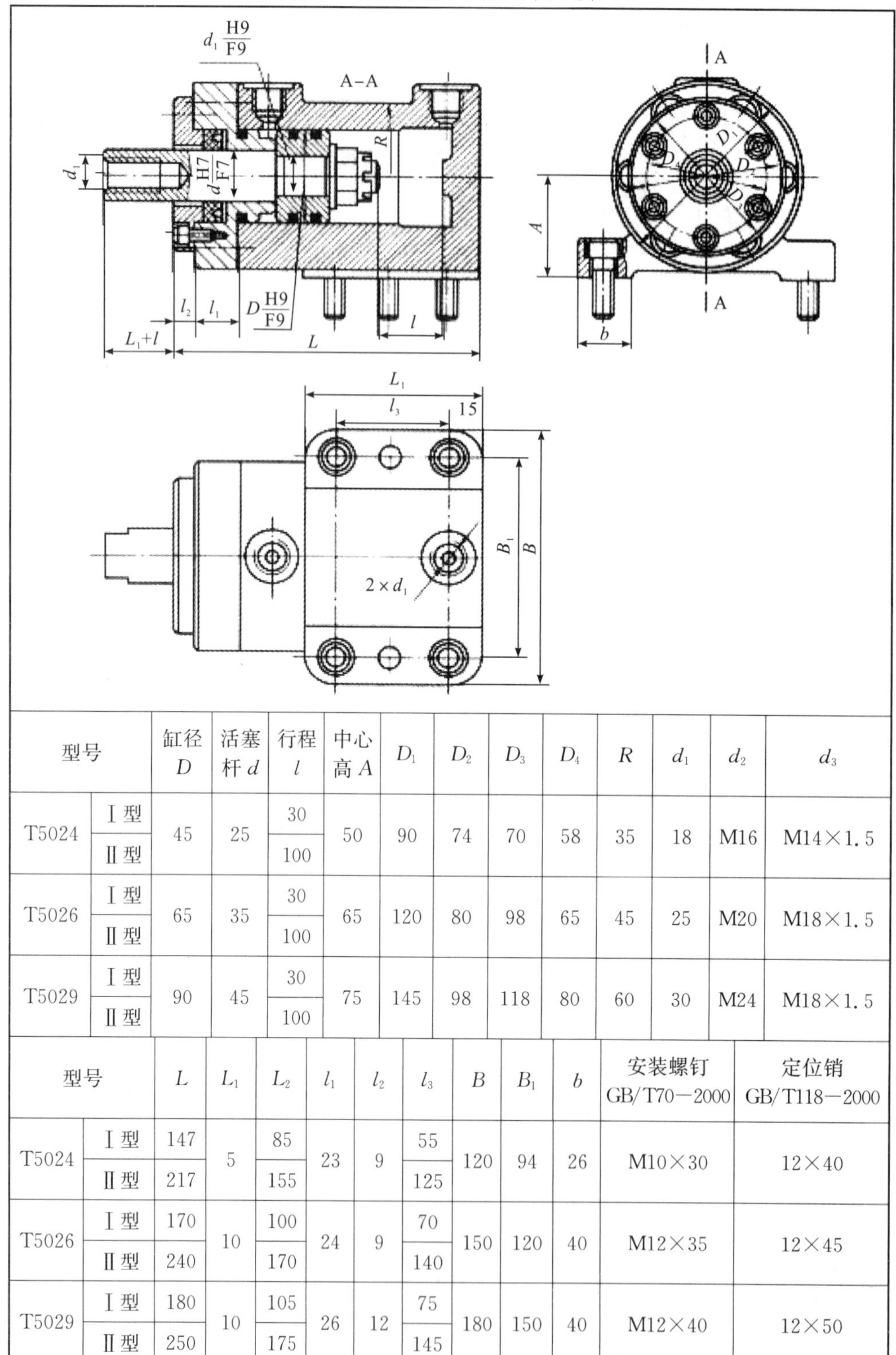

型号		缸径 D	活塞杆 d	行程 l	中心高 A	D_1	D_2	D_3	D_4	R	d_1	d_2	d_3
T5024	Ⅰ型	45	25	30	50	90	74	70	58	35	18	M16	M14×1.5
	Ⅱ型			100									
T5026	Ⅰ型	65	35	30	65	120	80	98	65	45	25	M20	M18×1.5
	Ⅱ型			100									
T5029	Ⅰ型	90	45	30	75	145	98	118	80	60	30	M24	M18×1.5
	Ⅱ型			100									

型号		L	L_1	L_2	l_1	l_2	l_3	B	B_1	b	安装螺钉 GB/T70—2000	定位销 GB/T118—2000
T5024	Ⅰ型	147	5	85	23	9	55	120	94	26	M10×30	12×40
	Ⅱ型	217		155			125					
T5026	Ⅰ型	170	10	100	24	9	70	150	120	40	M12×35	12×45
	Ⅱ型	240		170			140					
T5029	Ⅰ型	180	10	105	26	12	75	180	150	40	M12×40	12×50
	Ⅱ型	250		175			145					

表 5-85　法兰式液压缸的基本尺寸 /mm

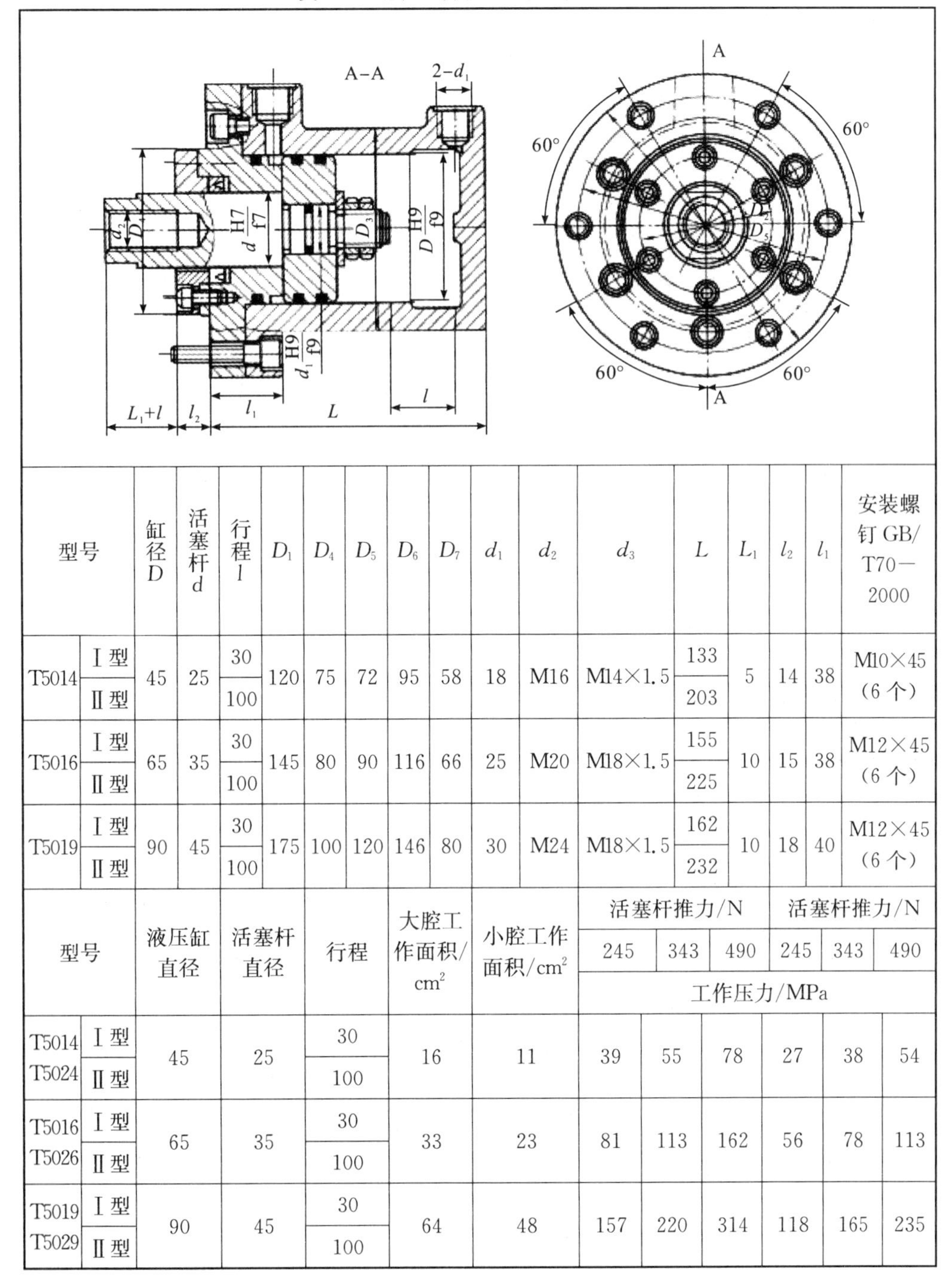

型号		缸径 D	活塞杆 d	行程 l	D_1	D_4	D_5	D_6	D_7	d_1	d_2	d_3	L	L_1	l_2	l_1	安装螺钉 GB/T70—2000
T5014	Ⅰ型	45	25	30	120	75	72	95	58	18	M16	M14×1.5	133	5	14	38	M10×45（6 个）
	Ⅱ型			100									203				
T5016	Ⅰ型	65	35	30	145	80	90	116	66	25	M20	M18×1.5	155	10	15	38	M12×45（6 个）
	Ⅱ型			100									225				
T5019	Ⅰ型	90	45	30	175	100	120	146	80	30	M24	M18×1.5	162	10	18	40	M12×45（6 个）
	Ⅱ型			100									232				

型号		液压缸直径	活塞杆直径	行程	大腔工作面积/cm^2	小腔工作面积/cm^2	活塞杆推力/N			活塞杆推力/N		
							245	343	490	245	343	490
							工作压力/MPa					
T5014 T5024	Ⅰ型	45	25	30	16	11	39	55	78	27	38	54
	Ⅱ型			100								
T5016 T5026	Ⅰ型	65	35	30	33	23	81	113	162	56	78	113
	Ⅱ型			100								
T5019 T5029	Ⅰ型	90	45	30	64	48	157	220	314	118	165	235
	Ⅱ型			100								

六、常用连接元件

表 5-86 部分通用铣床工作台 T 型槽尺寸与定位键选择 /mm

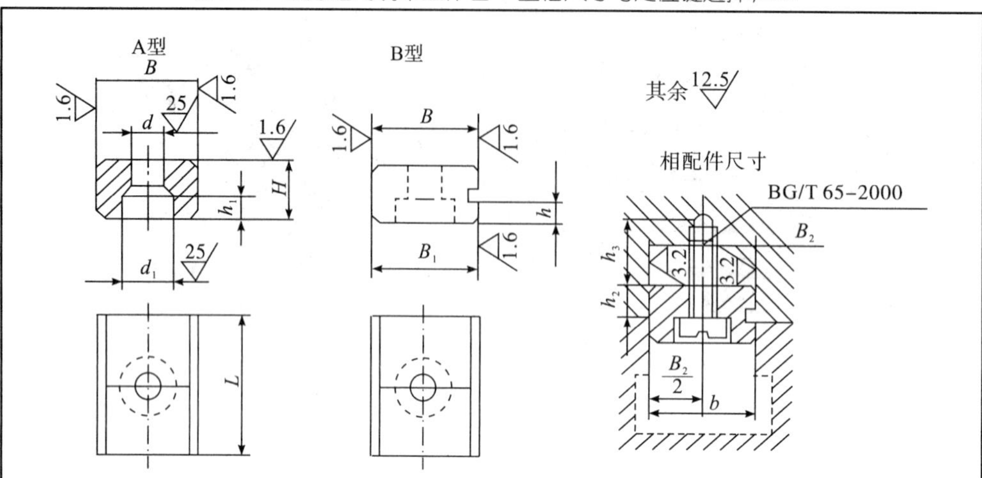

(1)材料:45 钢 GB/T699—1999 的规定。

(2)热处理:40～45HRC。

(3)其他技术条件按 GB/T2259 的规定。

标记示例:

B=18 mm,公差带为 h_6。

A 型定位键:

定位键 A18h6 GB/T2206。

B			B_1	L	H	h	h_1	d	d_1	相配件						
基本尺寸	极限偏差 h_6	极限偏差 h_8								T 型槽宽度	B_2 基本尺寸	B_2 极限偏差 H_7	B_2 极限偏差 Js6	h_2	h_3	螺钉 GB/T65—2000
8	0 −0.009	0 −0.022	8	14	8	3	3.4	3.4	6	8	8	+0.015 0	±0.0045	4	8	M3×10
10			10	16			4.6	4.5	8	10	10					M4×10
12	0 +0.011	0 −0.027	12	20			5.7	5.5	10	12	12	+0.018 0	±0.0055		10	M5×12
14			14							14	14					
16			16	25	10	4	6.8	6.6	11	(16)	16			5	13	M6×16
18			18		12	5				18	18			6		
20	0 −0.013	0 −0.033	20	32						(20)	20	+0.021 0	±0.0065			
22			22							22	22					

注:1. 尺寸 B_1 留磨量 0.5 mm。按机床 T 型槽宽度配做。公差带为 h_6 或 h_8。

2. 括号内尺寸尽量不采用。

表 5-87　部分通用铣床工作台 T 型槽尺寸与定位键选择 /mm

机床		T 形槽宽度	T 形槽中心距	T 形槽数	与 T 形槽相配的定位键尺寸（长×宽×高）
立式铣床	X51	14	50	3	20×14×8
	X52K	18	70	3	25×18×12
	X53K	18	90	3	25×18×12
卧式铣床	X60/X60W	14	45	3	20×14×8
	X61/X61W	14	50	3	20×14×8
	X62/X62W	18	70	3	25×18×12

第 4 节 CAXA 工艺图表软件卡片填写使用说明

CAXA 电子图板工艺版是 CAXA 工艺解决方案系统的重要组成部分。它不仅包含了 CAXA 电子图板的全部功能，而且专门针对工艺技术人员的需要开发了实用的计算机辅助工艺设计功能，是一个方便快捷、易学易用的 CAD/CAPP 编辑软件。

CAXA 电子图板工艺版是高效快捷有效的工艺卡片编制软件，可以方便地引用设计的图形和数据，同时为生产制造准备各种需要的管理信息。它提供了大量的工艺卡片模板和工艺规程模板，可以帮助技术人员提高工作效率，缩短产品的设计和生产周期，把技术人员从繁重的手工劳动中解脱出来，并有助于促进产品设计和生产的标准化、系列化、通用化。利用它提供的大量标准模板，可以直接生成工艺卡片，用户也可以根据需要定制工艺卡片和工艺规程。

一、创建文件

1. 创建工艺规程

选择“文件”下拉菜单中的“新建”，系统弹出文件类型选择对话框，如图 5-1 所示。

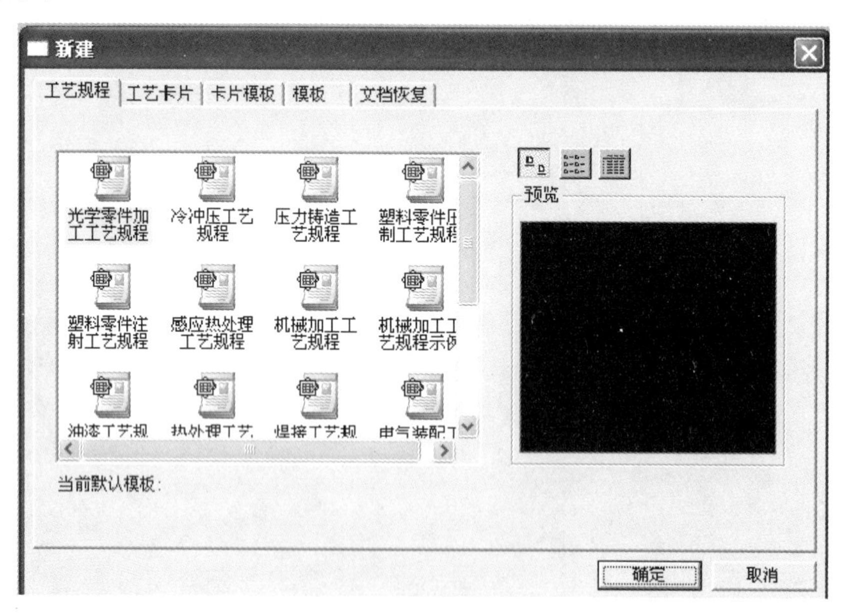

图 5-1 新建文件对话框

点取标签“工艺规程”，系统会列出可使用的工艺规程模板列表，选择一个模板后，按下“确定”按钮，系统会将过程卡片设置为第一张卡片，并进入填写状态，如图 5-2 所示。

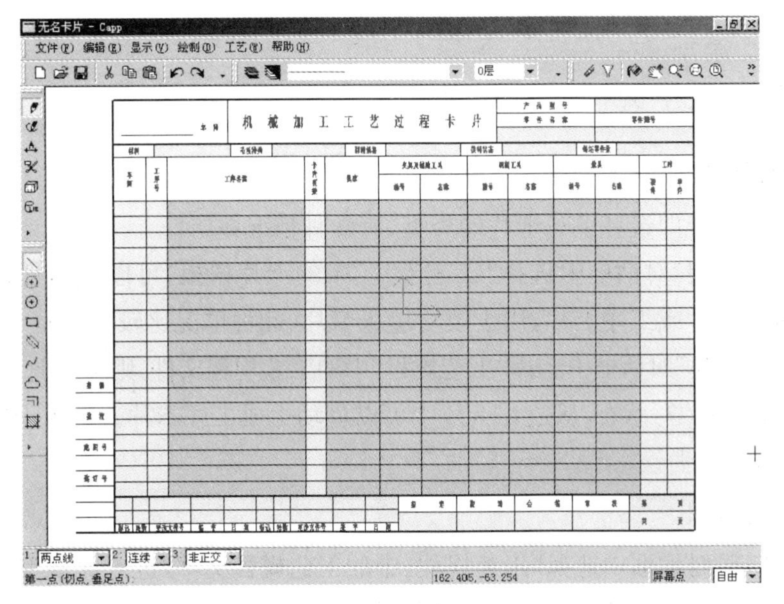

图 5-2　卡片填写界面

图形区中显示的是过程卡片，绿色及蓝色的格子用户可用鼠标点取进行所见即所得的填写，其中蓝色的格子还提供知识库的导航。右侧为工艺卡片树，加黑显示的为当前卡片，用户可通过鼠标左键双击打开任何一张卡片，也可通过 SHIFT＋方向键进行卡片间的导航切换。当用户选择单元格填写时，卡片树中的内容被知识库的内容替代，用户选择后可直接将选中的内容填写到单元格中。

2. 创建工艺卡片

(1)选择“文件”下拉菜单中的“新建”，系统弹出文件类型选择对话框(图 5-3)。

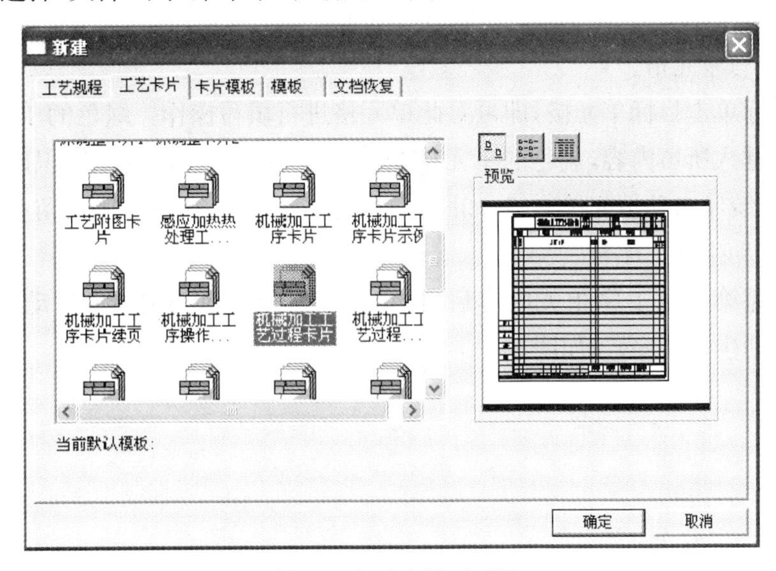

图 5-3　新建文件对话框

(2)点取标签“工艺卡片”,则系统会列出可以使用的工序卡片模板,选择一张卡片模板,按下按钮“确定”,系统直接进入卡片填写状态,如图 5-2 所示。

二、填写工艺卡片

1. 模板选择

模板的选择即选择填写卡片的类型,有两种情况:

(1)在“新建”对话框中选择“工艺卡片”中的卡片模扳,可以填写任何一张定制好的过程卡片或工序卡片,用于填写单张卡片(此种情况比较少见)。

(2)在“新建”对话框中选择“工艺规程”中的工艺规程文件,则进入此规程中“工艺过程”卡片的填写状态,从过程卡片中可以自动生成工序卡片。常用于填写工艺规程的一整套卡片。

2. 填写步骤

在“新建”对话框中选择“工艺规程”中的工艺规程文件,进入此规程中工艺过程卡片的填写状态,如图 5-4。卡片填写操作步骤如下:

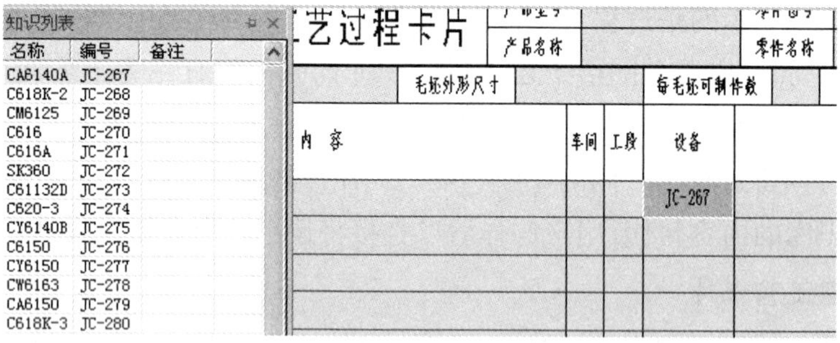

图 5-4　工艺过程卡片的填写操作界面

(1)填写单元格。

用鼠标单击目标单元格,即可对此单元格进行填写操作。绿色的单元格需要用户手工键入所填内容,蓝色的单元格与知识库相连,点击右边“知识库”中的相关内容,系统将自动填充单元格,如图 5-4。需注意的是,工序之间要留有空白行。

(2)自动生成工序号。

填写完第一道工序相关内容后,选取“工艺”下拉菜单中的“自动生成工序号”,可自动生成工序号,如图 5-5。

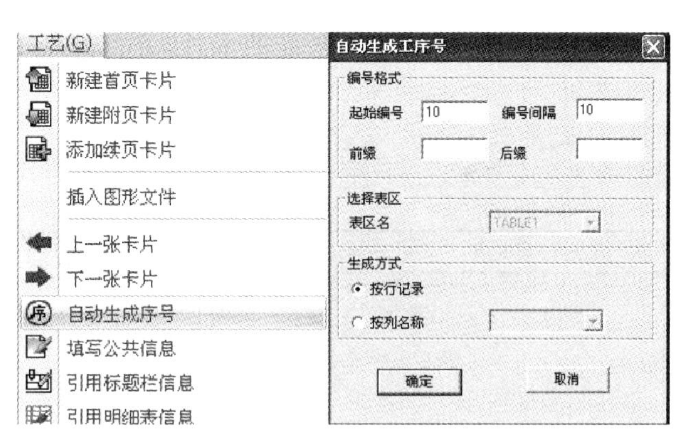

图 5-5　生成工序号对话框

(3)生成工艺卡片。

按下 Ctrl 键,在目标工序行中任意位置单击鼠标左键,行被选中;再单击鼠标右键,弹出菜单,如图 5-6。

	机械加工工艺过程卡片				产品型号			
					产品名称			
材料牌号	HT200	毛坯种类	铸件	毛坯外形尺寸				每毛坯可制件
工序号	工序名称	工 序 内 容				车间	工段	设备
10	粗铣	以T2为粗基准，粗铣Φ22、Φ55的下端面						XA5032立式铣床
20	粗铣	以T1……头孔Φ22的上端面						XA5032立式铣床
30	粗铣	以T4……头孔Φ55的上端面						XA5032立式铣床
40	钻、扩	以Φ……钻、扩小头孔Φ22至尺寸Φ21.8mm						Z525立式钻床
50	粗镗	以D1……头孔Φ55至尺寸Φ52mm						T616卧式镗床

生成工序卡片
添加行记录
删除行记录
拷贝行记录
粘贴行记录

图 5-6　生成工艺卡片操作界面

选择“生成工序卡片”,弹出选择工艺卡片模板对话框,这里有用户在规程模板中指定的工序卡片,如图 5-7 所示。

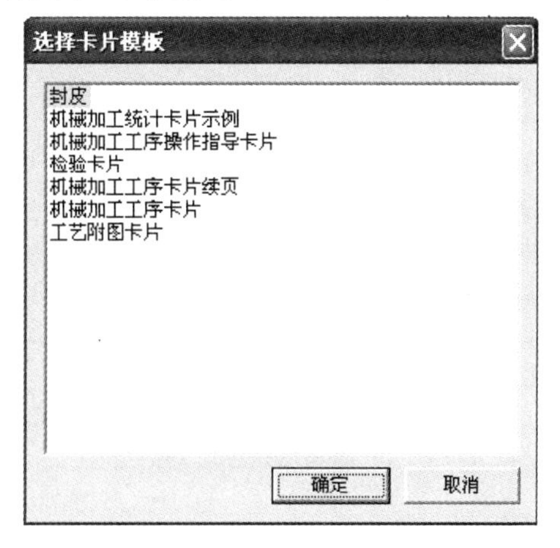

图 5-7　选择工艺卡片模板对话框

用户选择卡片模板后，系统会创建一张新的卡片，并打开新卡片填写操作界面，如图 5-8 所示。

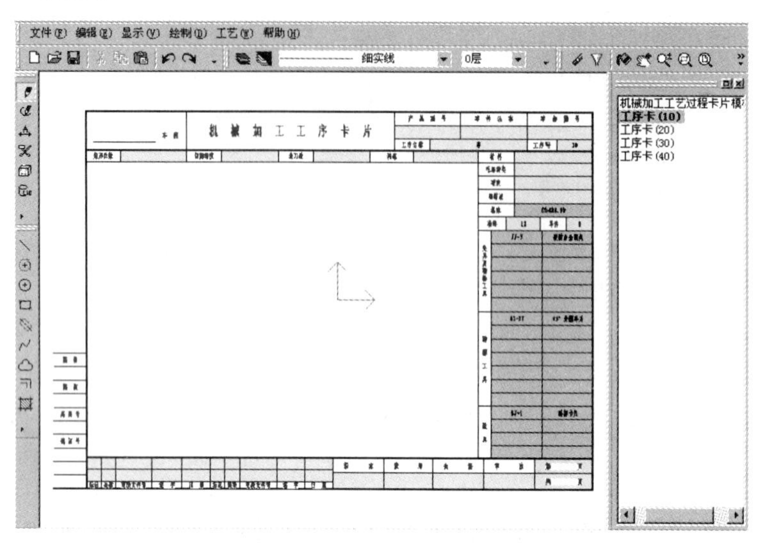

图 5-8　卡片填写操作界面

将当前记录的内容填写到新卡片相应的单元格中，该卡片和记录保持一种对应关系，再次选择该记录，快捷菜单将添加新的菜单命令："打开工序卡片"和"删除工序卡片"，并去除菜单命令"删除行记录"，在行记录生成相应的卡片后，不能直接删除行记录。

另外，工序卡片可以插入图形文件，选择"工艺"下拉菜单中的"插入图形文件"便可插入 exb 格式的图形文件。

(4)填写公共信息。

公共信息是在工艺规程中，各个卡片都需要填写的单元格，将这些单元格列为公共信息，可以在填写时一次填写完成所有卡片中的单元格，如图 5-9 所示。

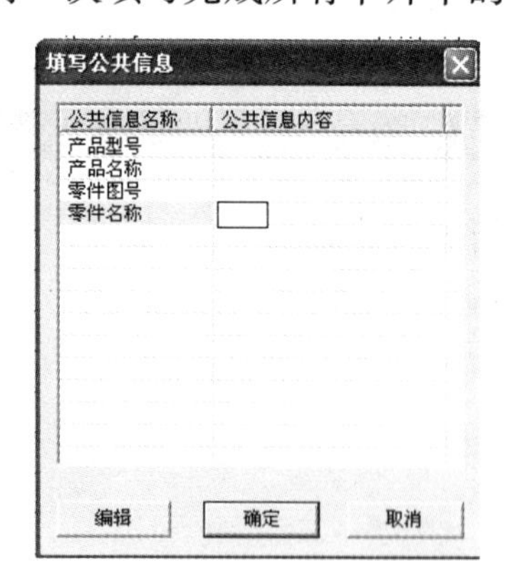

图 5-9　填写公共信息对话框

3. 行记录的操作

用户在表中的单元格上按下 Ctrl＋鼠标左键时，会建立一条行记录，如在过程卡中的一道工序记录，系统会加亮当前行记录，如图 5-10 所示。

机械加工工艺过程卡片		产品型号		零件图号	
		产品名称		零件名称	CA6140车

材料牌号	HT200	毛坯种类	铸件	毛坯外形尺寸		每毛坯可制件数	2	每台件数

工序号	工序名称	工序内容	车间	工段	设备	工艺装
10	粗铣	以T2为粗基准，粗铣Φ22、Φ55的下端面			XA5032立式铣床	专用夹具，YG6硬
20	粗铣	以T1为定位基准，粗铣小头孔Φ22的上端面			XA5032立式铣床	专用夹具，YG6硬
30	粗铣	以T4为定位基准，粗铣大头孔Φ55的上端面			XA5032立式铣床	专用夹具，YG6硬
40	钻、扩	以Φ36外圆和T2为基准，钻、扩小头孔Φ22至尺寸Φ21.8mm			Z525立式钻床	专用夹具，高速钢
50	粗镗	以D1为定位基准，粗镗大头孔Φ55至尺寸Φ52mm			T616卧式镗床	专用夹具，高
60	精铣	以T2为基准，小头孔Φ22下端面			XA5032立式铣床	专用夹具，YG6硬

图 5-10　行记录操作界面

选择表中的单元格才能创建行记录，用户选择了行记录后按下鼠标右键，系统弹出快捷菜单，如图 5-11 所示。

(1)添加行记录：在当前行记录前添加一条空的行记录。

(2)删除行记录：删除当前行记录，后续记录顺序前移。

(3)拷贝行记录：将当前行记录中的内容拷贝下来，拥有粘贴行记录。

(4)粘贴行记录：将用户拷贝的行记录内容粘贴到当前行记录上。

(5)创建工序卡片：若用户创建的是工艺规程，则在过程卡片中选择一条行记录后，快捷菜单会增加新的菜单项："生成工序卡片"，如图 5-12 所示。

用户选择该命令后，系统弹出对话框，如图 5-13。

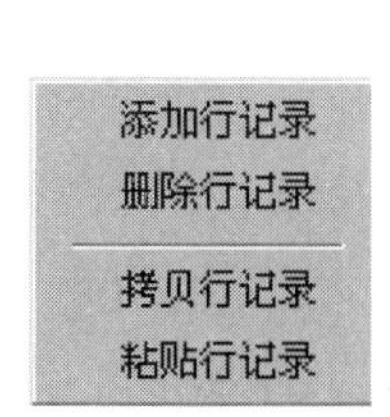

图 5-11　快捷菜单 1

生成工序卡片

添加行记录

删除行记录

拷贝行记录

粘贴行记录

图 5-12　快捷菜单 2

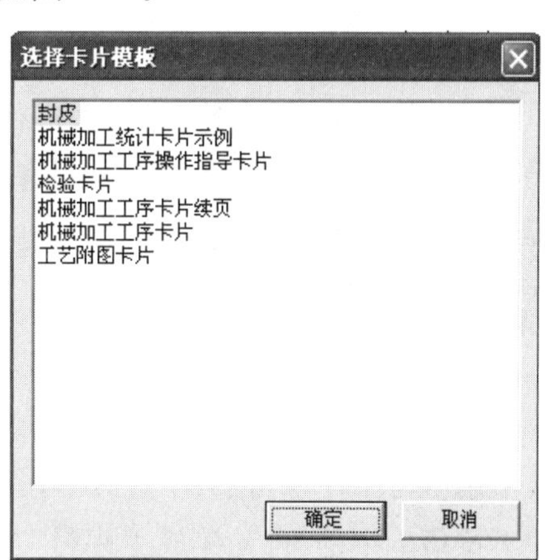

图 5-13　选择工艺卡片对话框

用户选择卡片模板后，系统会创建一张新的卡片，并打开新卡片，将当前记录的内容填写到新卡片相应的单元格中，该卡片和记录保持一种对应关系，再次选择该记录，快捷菜单将添加新的菜单命令："打开工序卡片"和"删除工序卡片"，并去除菜单命令"删除行记录"，在行记录生成相应的卡片后，不能直接删除行记录，如图5-14所示。

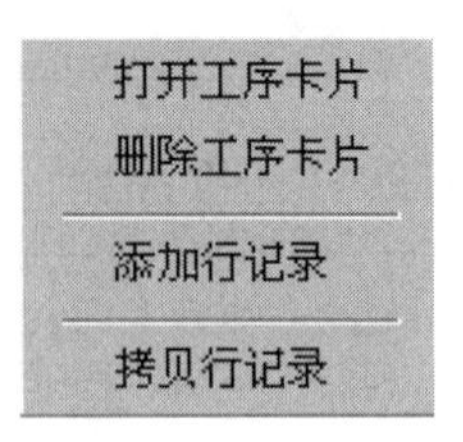

图5-14 快捷菜单3

(6)删除工序卡片:删除当前行记录对应的卡片。

4. 卡片的操作

(1)生成。

卡片的生成有两种途径,一种是在工艺规程的过程卡片中选择行记录,利用快捷菜单中的"生成工序卡片"创建卡片,另外一种是选择下拉菜单"工艺"|"创建新卡片"创建卡片。

(2)删除。

用户可通过选择卡片对应的行记录,利用快捷菜单"删除工序卡片"命令删除卡片,也可在右侧的卡片树中选择要删除的卡片,利用快捷菜单"删除卡片"进行删除。

(3)打开。

用户可通过选择卡片对应的行记录,利用快捷菜单"打开工序卡片"命令打开卡片,也可在右侧的卡片树中选择要打开的卡片,利用快捷菜单"打开"。

5. 卡片导航

卡片树在屏幕的右侧,可用来进行卡片间的切换,实现卡片的导航。双击对应的卡片名即可切换到相应卡片的填写状态。Ctrl+T快捷键可以打开或关闭卡片树,双击某张卡片则打开卡片,也可以通过回车键打开。按下Shift键时通过方向键可直接打开卡片。

6. 自动生成工序号

用户在填写工艺过程卡片时,可直接填写工序名称及涉及的刀具、夹具、量具,不用填写工序号,在整个过程卡填写过程中,或填写完毕后,都可利用菜单"工艺"下拉菜单中的"自动生成工序号"自动创建工序号,工序号对话框允许用户对工序号的生成方式进行设置,如图5-15所示。

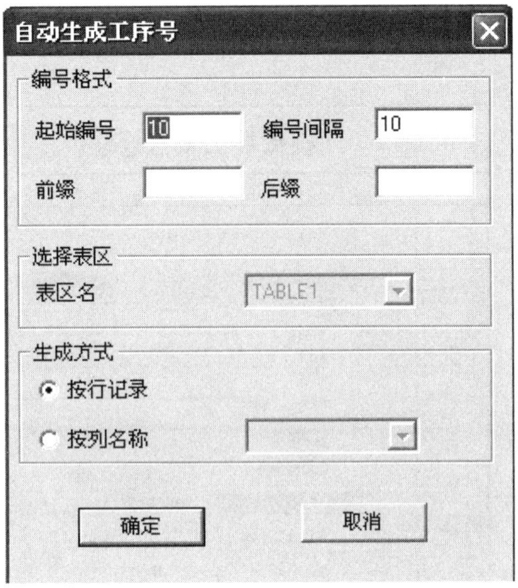

图 5-15　自动生成工序号对话框

用户使用该命令后，系统会自动填写工艺过程卡中的工序号和所有相关工序卡片中的工序号以及卡片树中工序卡片的命名。

7. 填写公共信息

公共信息是在工艺规程中，各个卡片都需要填写的单元格，将这些单元格列为公共信息，可以在填写时一次填写完成所有卡片中的单元格，如图 5-16 所示。

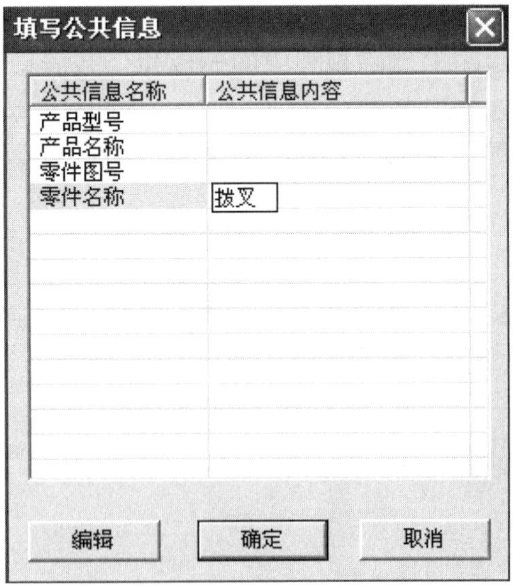

图 5-16　填写公共信息对话框

8. 特殊字符填写

在卡片填写时，经常会遇到特殊字符的填写，用户只需在相应单元格中单击鼠标右键,即可弹出快捷菜单,如图5-17所示。选择“插入”打开并选择需插入的特殊字符即可。

图5-17　特殊字符的填写

三、编辑工艺规程模板

在绘制卡片状态下,选取“工艺”下拉菜单中的“编辑当前工艺规程中模板”,弹出“编辑当前工艺规程中模板”对话框,如图5-18所示。可以对所有的工艺规程模板进行管理,包括增加、删除规程中的模板和公共信息。在填写模板状态下只能对当前模板进行编辑。如图5-19所示。

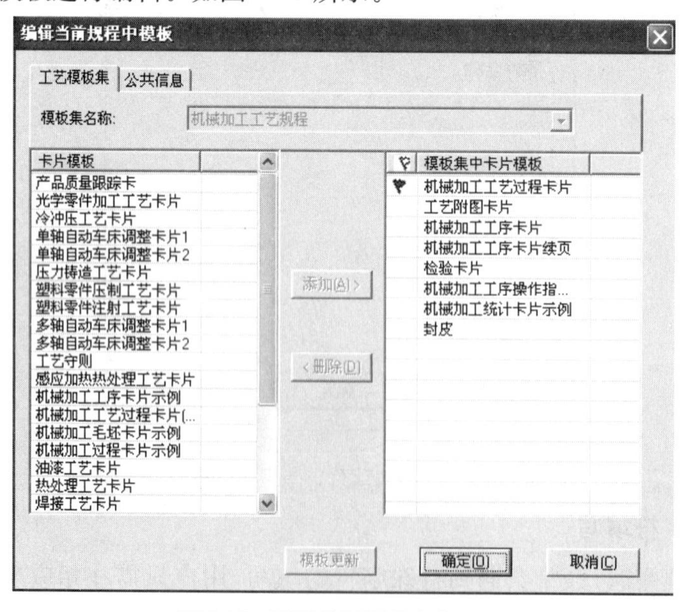

图5-18　工艺模板规程名称列表

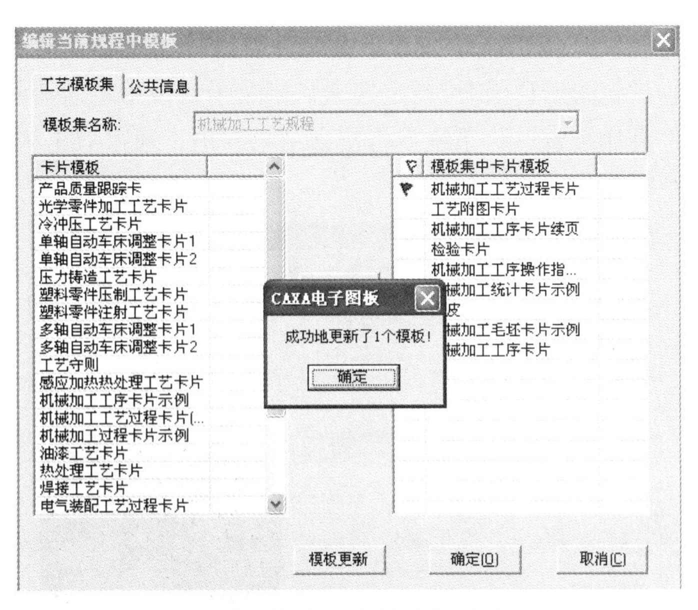

图 5-19　编辑工艺规程模板对话框

在填写卡片状态下,选取“工艺”下拉菜单中的“编辑当前工艺规程中模板”,可以对当前的工艺规程模板进行编辑,包括增加、删除规程中的模板和公共信息,如图 5-20。

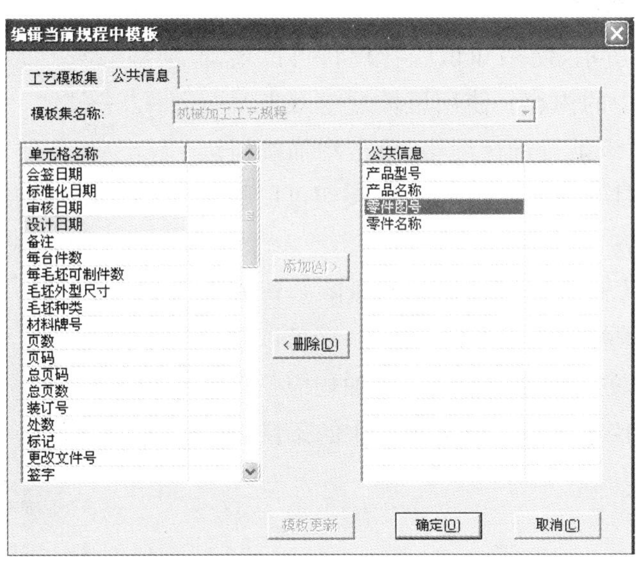

图 5-20　编辑工艺规程对话框

四、辅助功能

1. 卡片检索

选择“工艺”下拉菜单中的“工艺文件检索”,系统弹出对话框,如图 5-21 所示。用户可通过双击匹配条件中的各项进行条件设定,如零件名称为“拨叉”等,通过按钮“浏览”设定搜索路径,“完全匹配文件名称”是精确匹配查找包含条件字串的工艺文件。“包含子目录”可设定搜索目录及子目录中的所有符合条件的文件。按下按钮“开始搜索”后,系统会将搜索结果列出。通过双击列出的文件,可进一步查看文件的公共信息。

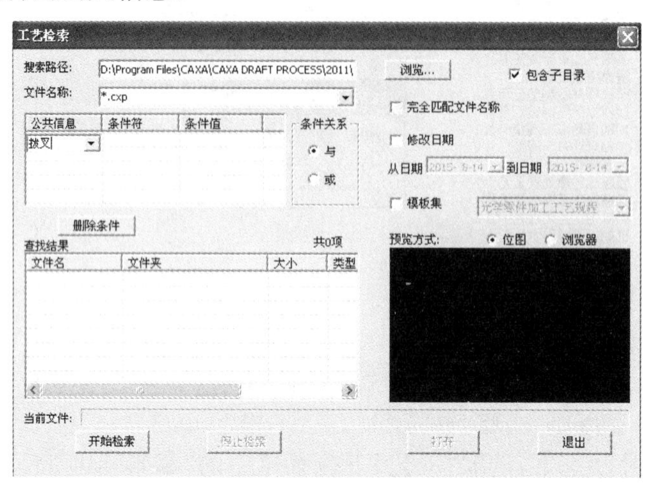

图 5-21　工艺文件检索对话框

2. 知识库管理

如图 5-22 所示,使用知识库管理将可以增加和删除知识库中的内容。使用鼠标左键双击某一条目,即可以对该条目进行编辑;单击增加按钮可以增加相应条目下的内容;单击删除按钮可以删除所选中的条目。

使用知识库管理将可以增加和删除知识库中的内容。使用鼠标左键双击某一条目,即可以对该条目进行编辑;单击增加按钮可以增加相应条目下的内容;单击删除按钮可以删除所选中的条目。

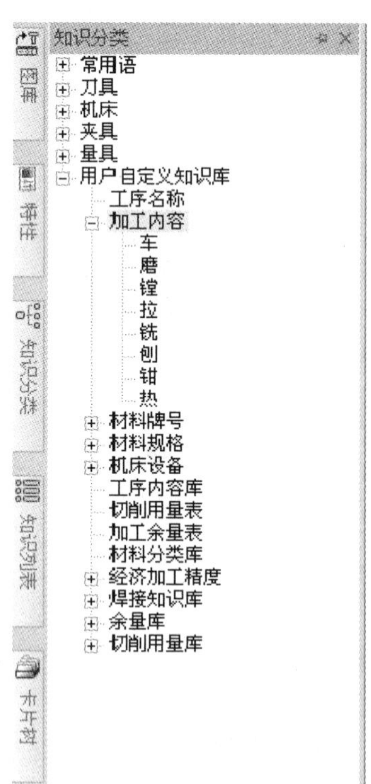

图 5-22　知识库管理对话框

第 5 节　SolidWorks 三维建模使用说明

SolidWorks 软件是世界上第一个基于 Windows 开发的三维 CAD 系统，它具有功能强大、易学易用和技术创新三大特点，这使得 Solidworks 能成为领先的主流三维 CAD 解决方案之一的软件。

一、SolidWorks 三维建模操作使用入门

首先，在 SolidWorks 三维软件中，所有的操作都可以通过键盘和鼠标来进行。本小节主要介绍 SolidWorks 三维软件的一些入门操作。

1.【新建】命令

首先打开 SolidWorks 三维软件，然后选择【文件】→【新建】命令，或单击工具栏中的【新建】按钮，如图 5-23 所示，将弹出【新建 Solid Works 文件】对话框。新建文件主要有 3 种类型：分别是零件、装配体和工程图。

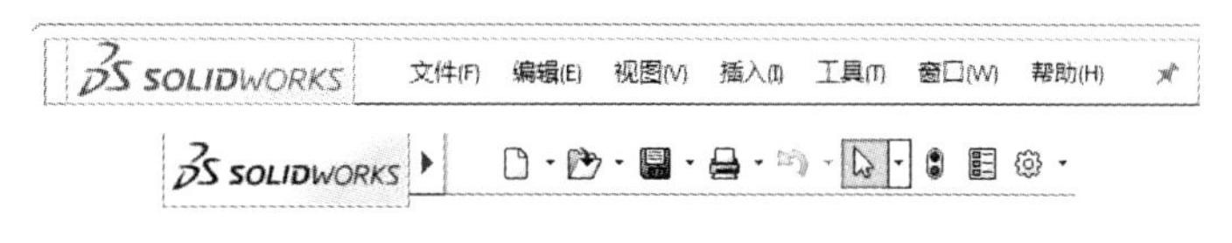

图 5-23　SolidWorks 菜单和标准工具栏

2.【打开】命令

选择【文件】→【打开】命令，或单击工具栏中的【打开】按钮，会弹出一个浏览窗口，在这里可找到先前保存的文件并打开它。在菜单里还有用户最近打开过的文件，便于直接选择打开文件，如图 5-24 所示。

图 5-24　【打开】对话框

3.【打包】命令

新建一个文件后,再选择【文件】→【打包】命令,将弹出【打包】对话框,如图5-25所示。此命令是将文件打包进行整体保存,文件打包后存储可以减少其所占空间。装配文件打包为一个压缩文件,以方便保存。【打包】命令经常用于复杂的装配图中,以便于整体保存。

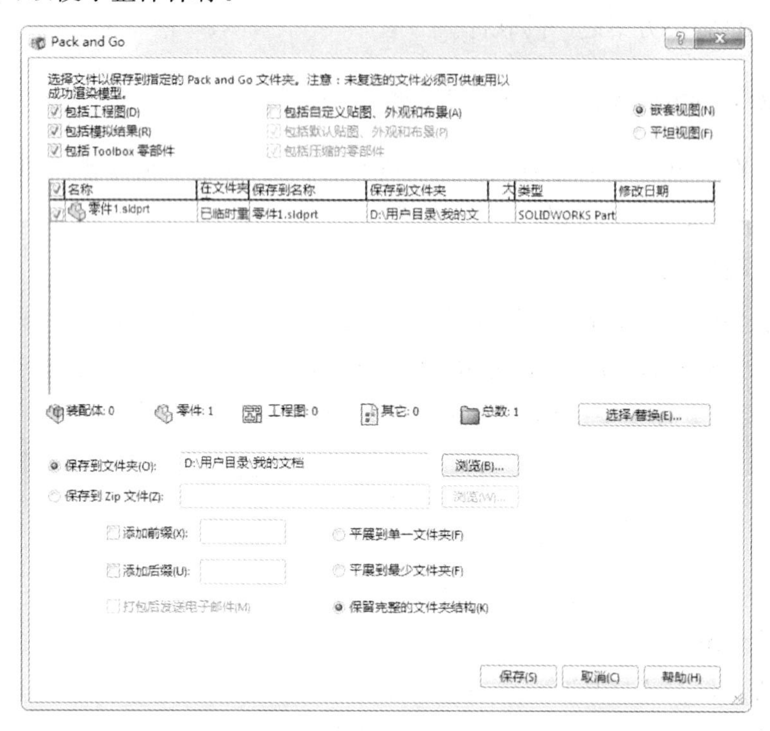

图5-25 【打包】对话框

4.【保存】命令

绘制好的图形只有保存后,才能在以后需要的时候打开进行相应的编辑和操作。保存文件可按以下步骤进行,选择菜单栏中的【文件】→【保存】命令,或者单击标准工具栏中的【保存】按钮,此时系统会弹出一个对话框,如图5-26所示。在【文件名】文本框中输入要保存的文件名称,在【保存类型】下拉列表框中选择要保存文件的类型,在不同的工作模式下,系统会自动设置文件的保存类型。在SolidWorks中不仅可以保存为自身的类型,还可保存为其他类型文件,以便其他软件能调用和进行操作。

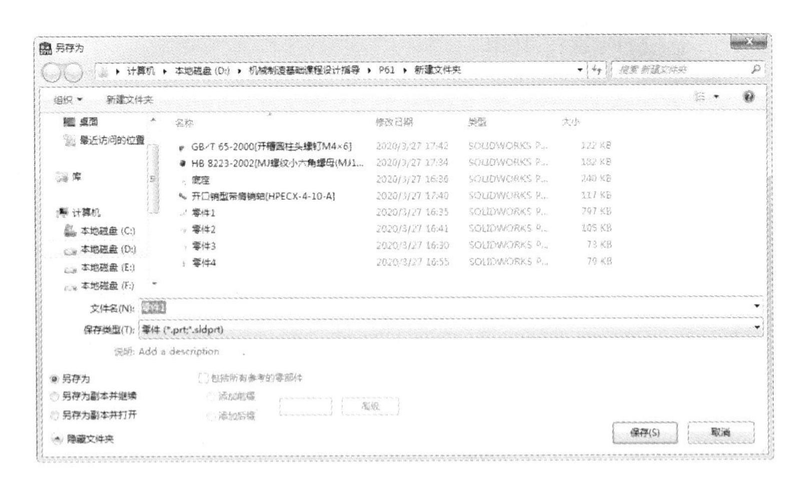

图 5-26　【另存为】对话框

另外，在绘图过程中要防止意外死机等情况，否则会造成之前绘制的图形丢失，因此在绘图过程中需要不断地进行保存。在 SolidWorks 中可以设置自动保存功能以防止上述情况的发生，其设置对话框如图 5-27 所示。系统会根据用户的设定每隔一定时间自动保存文件，以防文件丢失。

图 5-27　【备份与恢复】对话框

5.【自定义】命令

打开菜单，选择最下面的【自定义】命令，对每一个菜单下面的命令可以选择，打开【自定义】菜单，如图 5-28 所示，此时可以通过单击每一个命令前面的 ✔ 图标来选择或取消该命令,以简化菜单。

图5-28 【自定义】命令

二、草图绘制基础

SolidWorks 的大部分特征是由二维草图绘制开始的,草图绘制在该软件使用中占有重要地位。草图一般是由点、线、圆弧、圆和抛物线等基本图形构成的封闭或不封闭的几何图形,是三维实体建模的基础。

当你打开一新零件文件时,首先生成草图。草图是 3D 模型的基础。你可在任何默认基准面(前视基准面、上视基准面及右视基准面)或生成的基准面上生成草图。

设计意图在生成 SolidWorks 模型时是重要的考虑因素,所以绘制草图时作计划很重要。绘制草图一般过程是:

(1)在零件文档中选取一个草图基准面或平面(可在步骤 2 之前或之后进行此操作)。

(2)通过以下操作之一进入草图模式:

单击草图绘制工具栏上的草图绘制 。

在草图工具栏上选取一草图工具(如矩形)。

单击“特征”工具栏上的拉伸凸台/基体 。

在 FeatureManager 设计树中,用右键单击一现有草图,然后选择编辑草图。

(3)生成草图(如直线、矩形、圆、样条曲线等之类的草图实体)。

(4)添加尺寸和几何关系(可大致绘制,然后准确标注尺寸)。

(5)生成特征(这将关闭草图)。

1. 草图尺寸标注

可生成特征而不给草图添加尺寸。然而,给草图标注尺寸是好的做法。根据模型的设计意图标注尺寸,例如,可能想离边线远一点来给孔标注尺寸,或相互间留一点距离。

若想将孔放置于离块的边线有一段距离,给圆的直径标注尺寸,然后在其中心和块的每条边线之间标注距离的尺寸,如图 5-29 所示。

若想将孔放置于离另一孔有一段距离,在孔的中心之间标注距离的尺寸。也可将尺寸指定到圆上的最小或最大点,如图 5-30 所示。

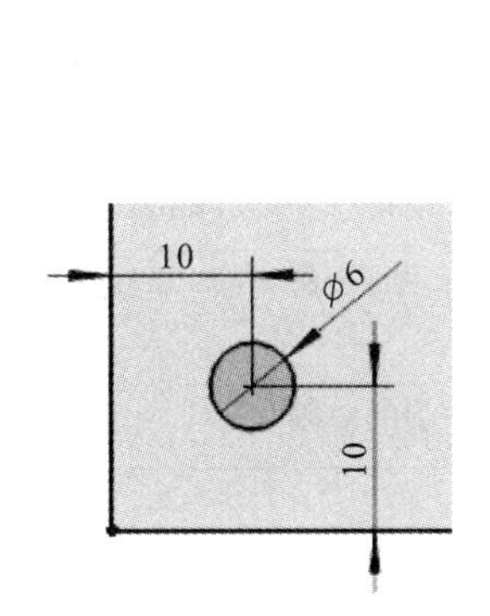

图 5-29　草图尺寸标注 1

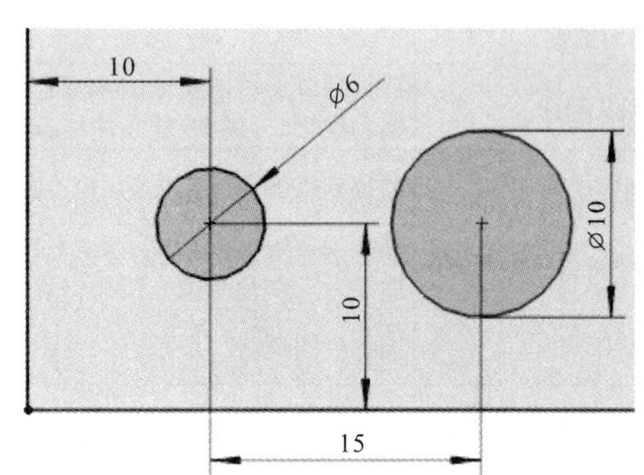

图 5-30　草图尺寸标注 2

大部分尺寸(线性、圆周、角度)可使用尺寸/几何关系工具栏上的智能尺寸这一单一工具而插入。

其他尺寸工具(基准尺寸、尺寸链、倒角)可在尺寸/几何关系工具栏上选用。

可使用完全定义草图,以单一操作标注草图中所有实体的尺寸。

要更改尺寸,双击尺寸然后在修改对话框中编辑数值,或拖动草图实体,如图 5-31 所示。

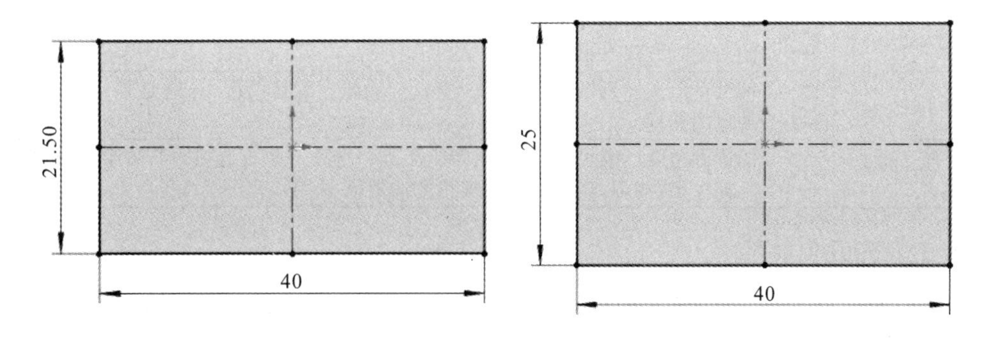

图 5-31　修改草图尺寸

2. 草图捕捉

每个“草图捕捉”可在绘制草图时允许自动捕捉到所选实体。根据默认，除了网格线以外的所有草图捕捉都被激活。可通过“捕捉选项”控制所有草图捕捉。

通过快速捕捉工具栏、草图工具栏上的快速捕捉  弹出项或者快捷键菜单访问草图捕捉。可与零件、装配体及工程图中的草图实体、模型边线使用草图捕捉。在具有多项实体的草图上，只有当前草图实体才显示捕捉。草图捕捉类型如表5-88所示。

表5-88　草图捕捉类型

草图捕捉	工具	说明
端点和草图点		捕捉到以下草图实体的末端：直线、多边形、矩形、平行四边形、圆角、圆弧、抛物线、部分椭圆、样条曲线、点、倒角和中心线。捕捉到圆弧中心。
中心点		捕捉到以下草图实体的中心：圆、圆弧、圆角、抛物线和部分椭圆。
中间点		捕捉到直线、多边形、矩形、平行四边形、圆角、圆弧、抛物线、部分椭圆、样条曲线、点、倒角和中心线的中点。
象限点		捕捉到圆、圆弧、圆角、抛物线、椭圆和部分椭圆的象限。
交叉点		捕捉到相交或交叉实体的交叉点。
最近点		支持所有实体。单击最近点捕捉，激活所有捕捉。指针不需要紧邻其他草图实体，即可显示推理点或捕捉到该点。选择最近点捕捉，仅当指针位于捕捉点附近时才会激活捕捉。
相切		捕捉到圆、圆弧、圆角、抛物线、椭圆、部分椭圆和样条曲线的切线。
垂直		将直线捕捉到另一直线。
平行		给直线生成平行实体。
水平/竖直线		竖直捕捉直线到现有水平草图直线，以及水平捕捉到现有竖直草图直线。
与点水平/竖直		竖直或水平捕捉直线到现有草图点。
Length		捕捉直线到网格线设定的增量，无需显示网格线。若想启用长度捕捉，在绘制草图时按住 Shift。
网格	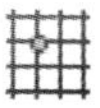	捕捉草图实体到网格的水平和竖直分隔线。默认情况下，这是唯一未激活的草图捕捉。
角度		捕捉到角度。欲设定角度，请单击工具>选项>系统选项>草图绘制，选择几何关系/捕捉，然后设定捕捉角度的数值。

3. 草图几何关系

在 SolidWorks 中，2D 或 3D 草图中草图实体和模型几何体之间的几何关系是设计意图中一个重要创建手段。

除了草图捕捉外，可显示代表草图实体之间几何关系的图标。绘制草图时，实体显示代表草图捕捉的图标；一旦单击则标志草图实体已完成，几何关系将显示。

单击添加几何关系 (尺寸/几何关系工具栏)，或单击工具>几何关系>添加，以在草图实体之间或在草图实体与基准面、轴、边线或顶点之间生成几何关系(如相切或垂直)。或使用显示/删除几何关系 工具编辑现有几何关系。

4. 草图修剪

可以剪裁草图实体，包括无限直线和延伸草图实体(直线、中心线和圆弧)以符合其他实体。剪裁实体 包括表 5-89 所示选项。

表 5-89　剪裁实体选项

强劲剪裁	将指针拖过实体即可剪裁多个相邻草图实体，或选中实体并拖动指针即可延伸实体。
边角	剪裁或延伸两个草图实体，直到它们在虚拟边角处相交。
在内剪除	剪裁位于两个边界实体内打开的草图实体。
在外剪除	剪裁位于两个边界实体外打开的草图实体。
剪裁到最近端	剪裁或延伸草图实体到最近交叉点

三、简单零件的三维建模

【STEP1】建立零件文件

选择【文件】→【新建】命令，或单击标准工具栏中的【新建】按钮，弹出【新建 SolidWorks 文件】对话框，如图 5-32 所示，单击【零件】图标，确定后进入绘图状态。

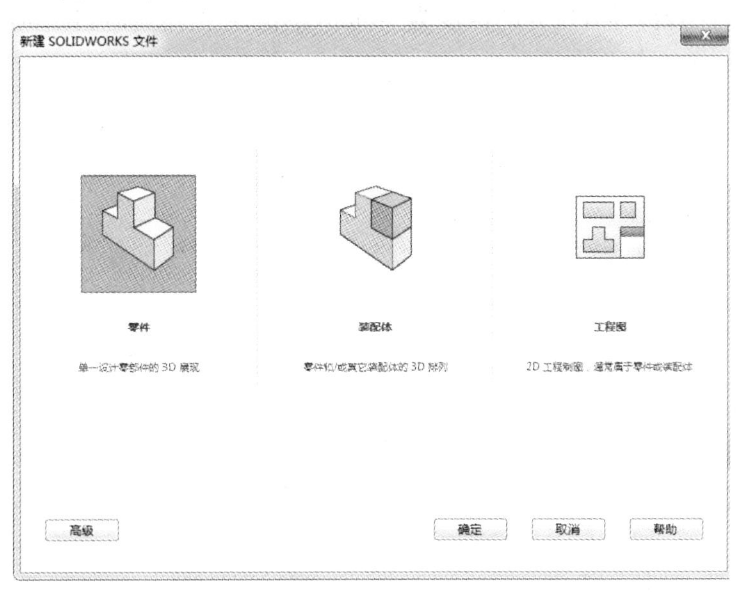

图 5-32　【新建 SolidWorks 文件】对话框

【STEP2】绘制压板零件的三维模型

以教材第3章的接头零件铣槽口工序夹具为例,绘制该夹具的压板零件三维模型。选择【草图】→【草图绘制】进入草图绘制页面,选择上视基准面,然后选择【矩形】按钮,绘制一个长100 mm宽80 mm的矩形。再选择【圆】按钮,并以矩形的中心为圆心,绘制一个直径为30 mm的圆。在矩形的两个对角并与两边距离都为10 mm的位置为圆心,绘制两个直径为6 mm的圆,如图5-33所示。

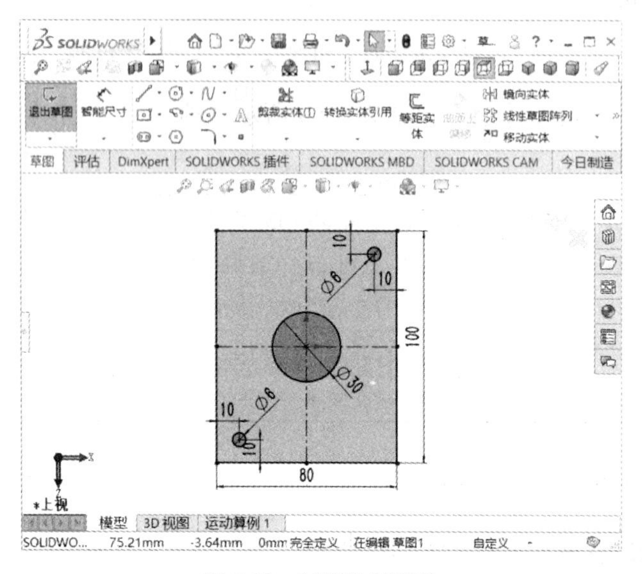

图5-33 草图绘制界面

单击【退出草图绘制】按钮,退出草图。单击【特征】按钮,单击【拉伸凸台/基体】按钮进行凸台拉伸,拉伸的深度为20mm,单击✔按钮,即可拉伸得到一个凸台体,如图5-34所示。

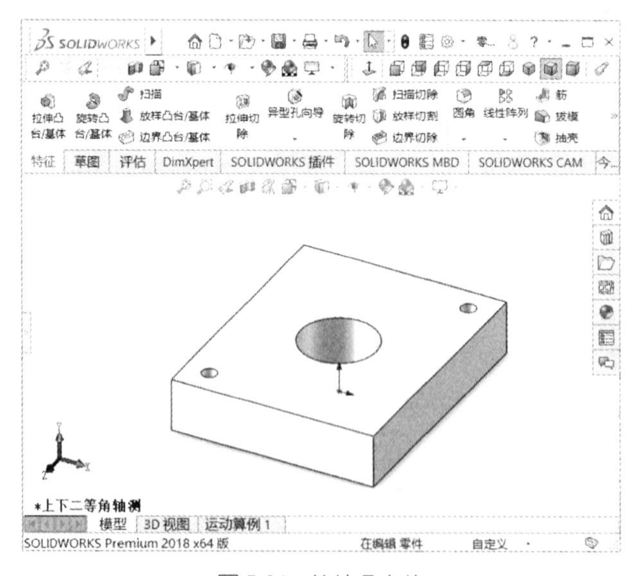

图5-34 拉伸凸台体

继续选择进入草图绘制界面，选择凸台的上表面为基准面，在凸台的另外两个对角且距离两边都为 10 mm 处为圆心，绘制直径为 8 mm 的圆，如图 5-35 所示，然后退出草图。

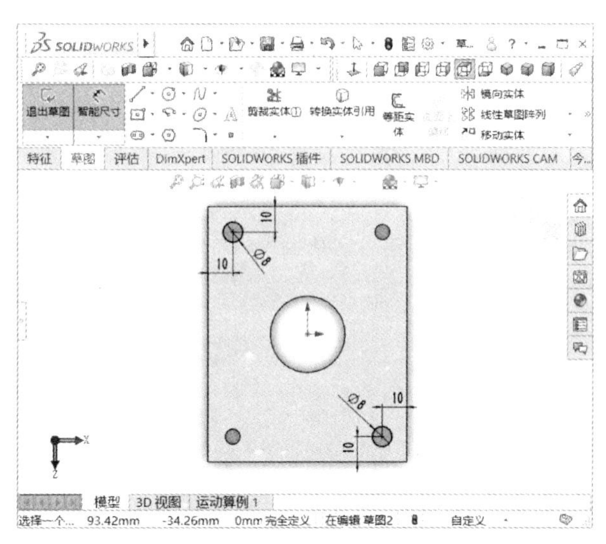

图 5-35　创建异形孔位置

单击【异形孔导向】按钮，在页面左侧选择孔的类型为柱形孔，类型为六角螺钉，孔的大小为 M8，终止条件为完全贯穿，然后以之前已画好的圆的圆心为中心画出所需的孔。此时，定位块零件的三维模型已完全绘制好，并加以保存，如图 5-36所示。同理，可以分别绘制出该夹具的其余零件的三维模型。

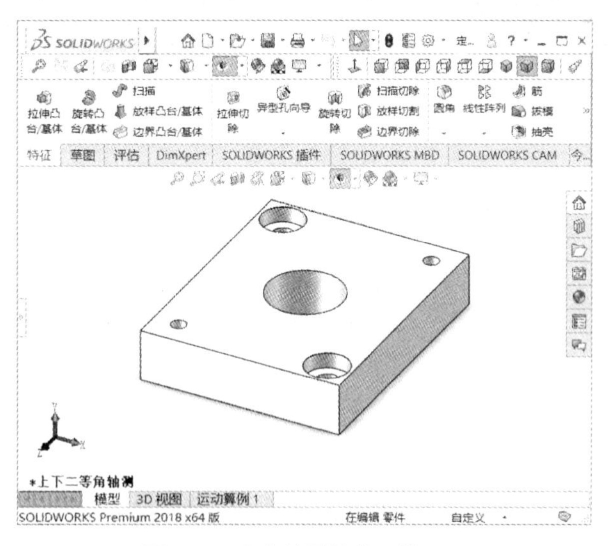

图 5-36　定位块零件的三维模型

四、装配体建模

装配体是在一个 SolidWorks 文件中两个或多个零件(也称为零部件)的组合。

使用形成零部件之间几何关系的配合来确定零部件的位置和方向。在这一节中,根据之前已绘制好的零件三维模型,创建接头零件铣槽口工序夹具的装配体。

【STEP1】建立装配体文件

单击标准工具栏上的【新建】,单击装配体,然后单击确定,如图 5-37 所示。

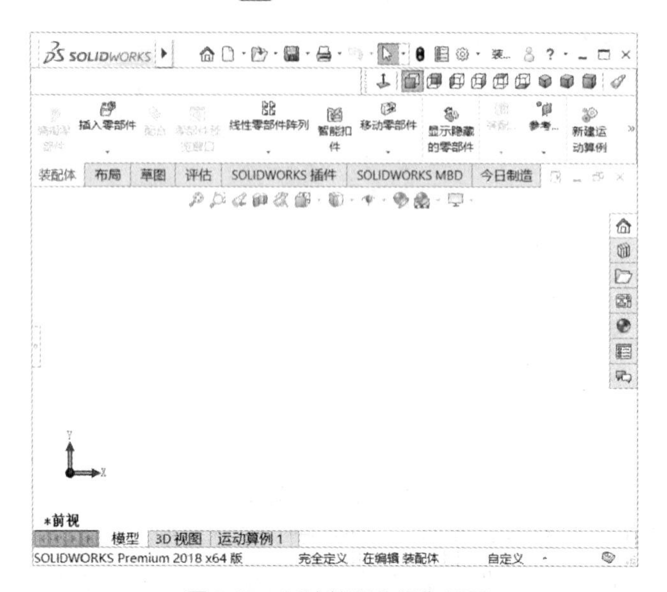

图 5-37　新建装配体操作界面

【STEP2】插入零部件

单击工具栏上的【插入零部件】,选择底板零件,在图形区域中任何地方单击以放置底板。重复以上操作,在底板零件上插入定位块,如图 5-38 所示。

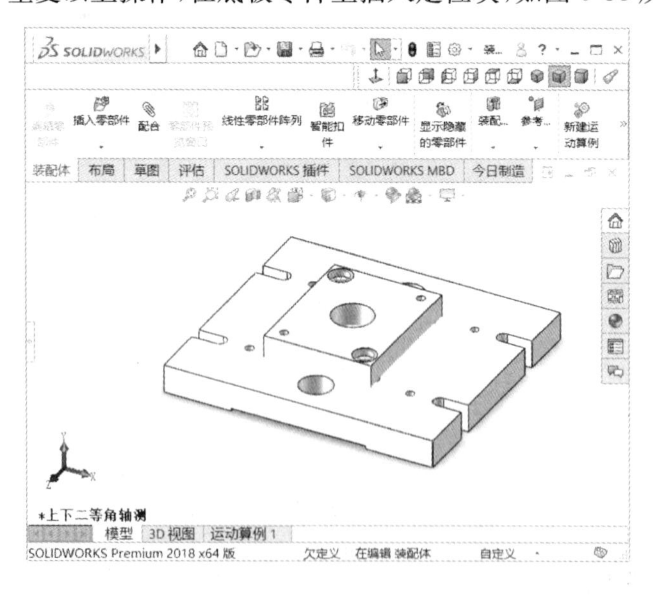

图 5-38　插入零部件

【STEP3】零件的配合

这一步将要定义零部件之间的装配配合关系，使零部件对正并配合。单击【配合】（装配体工具栏），在图形区域中选择两个零件对应位置的孔，单击同轴心，单击 ✔，如图 5-39 所示。

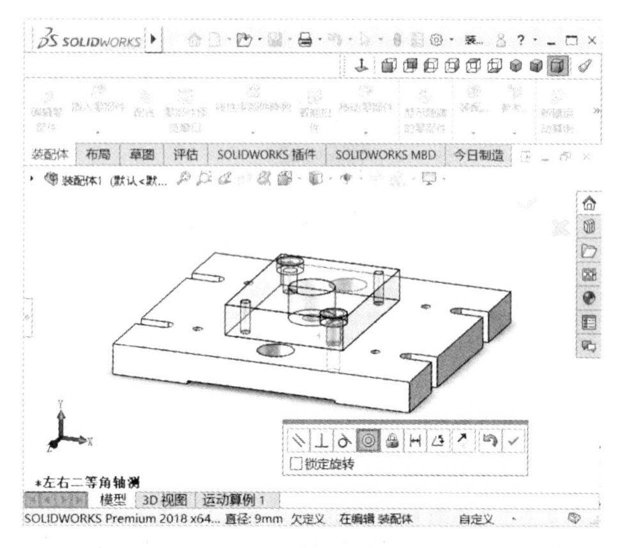

图 5-39　零部件的孔配合

依次重复上述零部件之间孔的配合操作，使其余相互对应的三个孔也产生同轴心配合。接着，在图形区域中选择定位块零件的下表面和底板的上表面，在配合工具栏中单击作为配合类型的重合，单击 ✔。这样两零部件已完成配合，如图 5-40 所示。按住鼠标左键可来回移动零件来测试自由度。

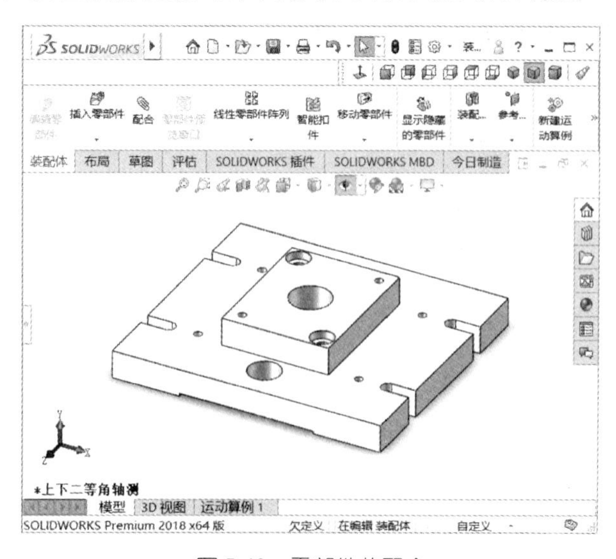

图 5-40　零部件的配合

这样便完成了该夹具的局部配合，参照以上配合过程，分别将该夹具的其余零件配合到一起，便可以得到该夹具的完整装配体，如图 5-41 所示。

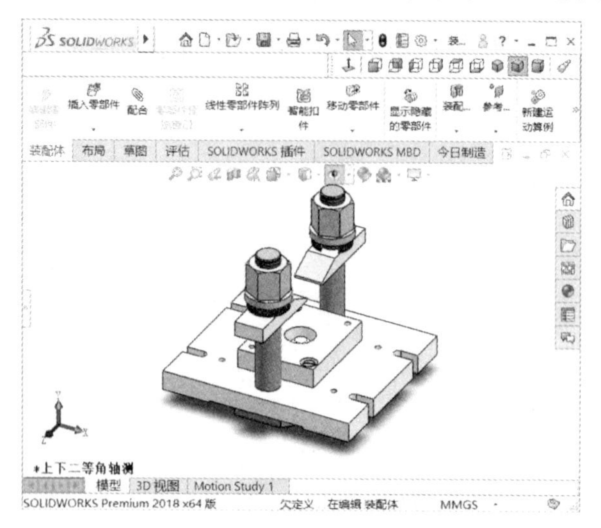

图 5-41　接头零件铣槽口工序夹具装配体

五、创建工程图

可以为设计的 3D 实体零件和装配体生成 2D 工程图。零件、装配体和工程图是互相链接的文件；您对零件或装配体所做的任何更改会导致工程图文件的相应变更。这一部分将根据之前创建的零件和装配体，创建多张零件的工程图。

【STEP1】新建工程图

单击标准工具栏上的【新建】，选择工程图的模板文件【gb_a4p】绘制，如图 5-42 所示。单击【确定】进入绘制工程图的页面，如图 5-43 所示。

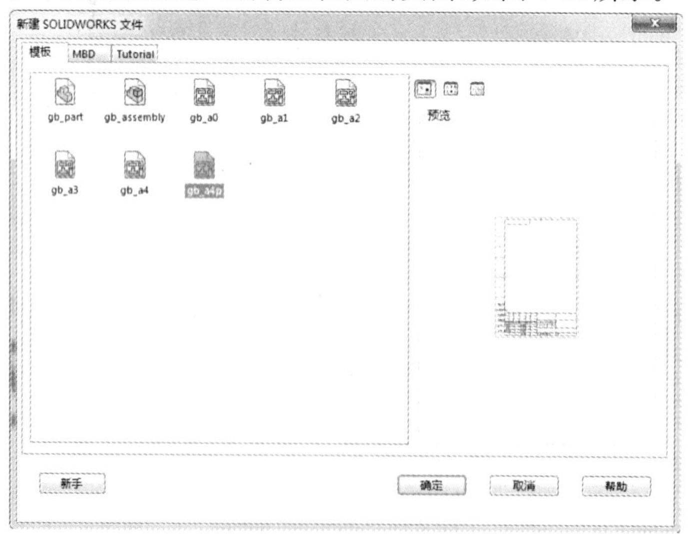

图 5-42　选择创建工程图界面

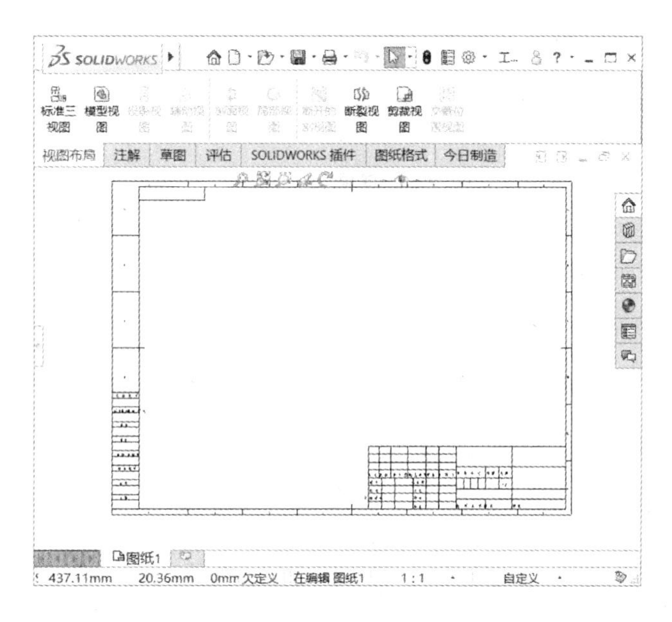

图 5-43　工程图的绘制界面

【STEP2】创建零件的工程图

单击工程图工具栏上的模型视图，指针将变为，在要插入的零件/装配体下，选择之前绘制好的定位块零件。

单击以将前视图作为工程图视图 1 放置，向上移动指针，单击以放置工程图视图 2，然后移动到一侧，单击以放置工程图视图 3，单击确定，如图 5-44 所示。

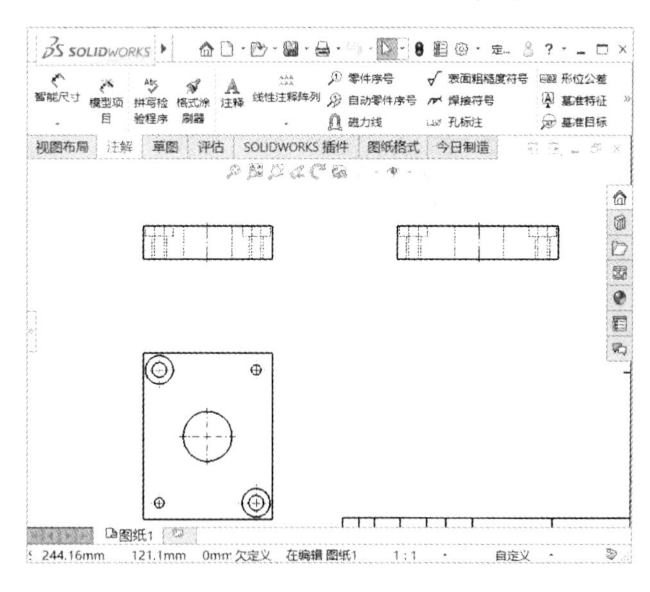

图 5-44　绘制的定位块零件的工程图

【STEP3】在工程图上添加尺寸

单击注解工具栏上的模型项目 。

1. 在源/目标下

(1)在源下选择整个模型以输入所有模型尺寸。

(2)选取将项目输入到所有视图。

2. 在尺寸下

(1)单击为工程图标注 ,以仅插入零件工程图中标注的尺寸。

(2)选择消除重复,只插入独特模型项目。

(3)单击确定 。

一般在最能清楚体现其描述特征的视图上进行尺寸标注,如图 5-45 所示。单击标准工具栏上的保存 ,即可保存所绘制的定位块零件的工程图。

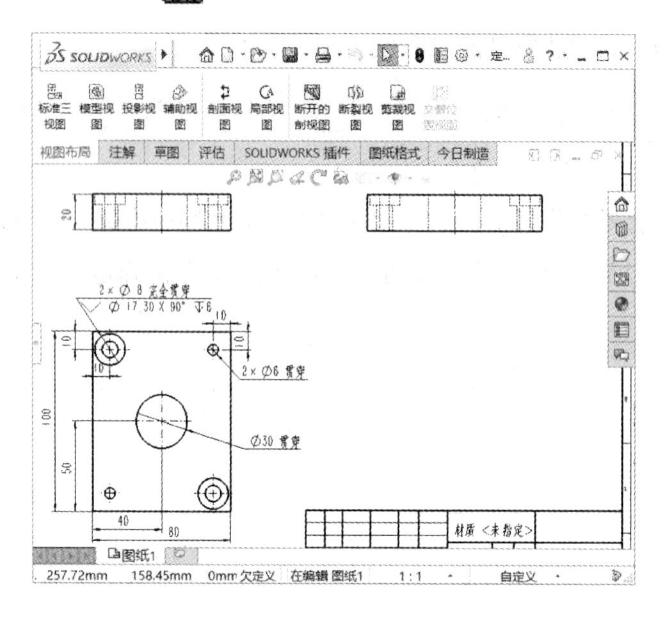

图 5-45　添加了尺寸标注的定位块零件工程图